高等职业学校旅游类专业教材

中国旅游客源国概况

主　编　万红珍　王丽琴
副主编　王国红　许　欣

中国轻工业出版社

图书在版编目（CIP）数据

中国旅游客源国概况 / 万红珍，王丽琴主编. —北京：中国轻工业出版社，2019.2
高等职业学校旅游类专业教材
ISBN 978-7-5184-0529-9

Ⅰ. ① 中… Ⅱ. ① 万… ② 王… Ⅲ. ① 旅游客源—概况—中国—高等职业教育—教材 Ⅳ.① F592.6

中国版本图书馆CIP数据核字（2015）第176464号

责任编辑：史祖福　秦　功
策划编辑：史祖福　　责任终审：劳国强　　封面设计：锋尚设计
版式设计：锋尚设计　　责任校对：燕　杰　　责任监印：张　可

出版发行：中国轻工业出版社（北京东长安街6号，邮编：100740）
印　　刷：河北鑫兆源印刷有限公司
经　　销：各地新华书店
版　　次：2019年2月第1版第3次印刷
开　　本：787×1092　1/16　　印张：17.5
字　　数：392千字
书　　号：ISBN 978-7-5184-0529-9　定价：42.00元
邮购电话：010-65241695
发行电话：010-85119835　传真：85113293
网　　址：http：//www.chlip.com.cn
Email：club@chlip.com.cn
如发现图书残缺请与我社邮购联系调换
190077J2C103ZBW

PREFACE 前言

进入21世纪以来，随着中国经济的飞速发展，综合国力的不断增强，国民生活水平的显著提高，中国旅游业也迅速发展起来。根据世界旅游组织预测，中国将在2020年成为世界第一大旅游目的地国。所以，将会有越来越多的人从世界各地来到中国旅游，了解客源国的相关概况成为广大旅游从业者和旅游专业学生的迫切要求。对于高职院校旅游专业的学生而言，主要旅游客源国的概况成为必备知识，《中国旅游客源国概况》也就成为高职旅游类专业的一门重要课程。

本教材选择了中国25个主要旅游客源国加以介绍。全书共六大项目。项目一是绪论，主要介绍世界旅游业和中国入境旅游市场的概况；项目二至项目六分别对亚洲、欧洲、美洲、大洋洲和非洲主要客源国的国家概况、政治经济、科技教育、民俗文化、旅游资源等内容做相应的介绍。

本教材为适应21世纪高职类教材建设与职业教育改革发展的需求，坚持以就业为导向，构建以能力为本位，以培养基本职业素质和职业能力为主线。在本书编写过程中，每个项目设计都罗列出了知识目标、能力目标、重点和难点内容，并设计了教学过程和教学手段。为了使本书内容更加丰富，本书采用图文并茂的方式，将一些知识链接穿插在书中。每个项目介绍结束后，设有课后习题。本教材既适用于高等院校、高职院校旅游管理专业的师生使用，也可作为旅游行政管理工作者、旅游服务人员和出境旅游者的参考书目。

本教材具有以下创新之处。

1. 教材编写以职业活动过程（工作过程）为导向，以项目、任务为驱动，按照工作过程形成应用性教学体系；改变传统教材篇、章、节式的编写体例，采用创新性项目为编写体例，以一个工作过程为一个项目，下设若干个任务项目，按真实工作过程来编写教材。

2. 教材的编著者有来自教育界、企业界的专家学者，他们根据行业、企业的需要确定教材中知识结构，从而保证教材的内容质量。

3. 强调能力本位，理论知识以“必需、够用”为原则，符合国家职业教育的精神。

本书的编写，参阅了国家旅游局、各国旅游局官方网站等的最新资料，在此向相关单位表示诚挚的谢意。

本教材由刘升华教授组织策划，万红珍、王丽琴主编并统稿，王国红、许欣任副主编，并由粤名师、知名旅游专家李丽审定。具体分工如下：万红珍（绪论、项目一、项目五、项目六）；王丽琴（项目三）；王国红（项目二的任务一至任务八）；许欣（项目二的任务九至任务十、项目四）。

由于编者水平有限，书中难免有疏漏不足之处，恳请各位专家和广大读者批评指正，以求改进和提高，也便于日后修订，使教材日臻完善。

编著者

2014 年 10 月

CONTENTS 目录

项目一 绪论

项目二 亚洲客源国家

项目四　美洲客源国家

项目五　大洋洲客源国家

项目六　非洲客源国家

项目一 绪论

知识目标

1. 了解世界各旅游区基本情况
2. 了解世界人口的分布状况和民族特点
3. 了解中国海外客源市场的特点

能力目标

1. 分析国际旅游业发展趋势
2. 分析中国入境旅游的现状
3. 能够根据世界各民族的特征制定相应的优质服务

重点内容

重点分析中国海外客源国市场的战略目标并阐述国内旅游业的发展趋势

难点内容

世界旅游业发展的基本格局

世界旅游市场的发展预测

授课过程和教学手段

1. **过程：**课前阅读（学生）→项目讲解（老师）→任务分化（老师）→提出问题（老师）→现场做答（学生）→分组互评（学生）→陈述总结（老师）
2. **手段：**项目分解—任务驱动法、课堂讨论法、资料分析法

世界旅游业

一、世界旅游业概况

据世界旅游组织2013年统计，全球旅游业对GDP的直接贡献达到2.8%，旅游经济总量占全球GDP的9%，超过石油、汽车工业，成为略低于银行业的全球第二大产业。因此，越来越多的国家加大对旅游产业的导向性投入：改善公共服务设施、开发旅游精品、加大本国旅游观光的宣传力度，把发展旅游业上升到国家战略。

世界旅游业对外界环境变化较为敏感，它容易受到诸如政治状况、经济波动、自然灾害以及疫病爆发等多种因素的影响，因而其增长呈现出波动性。尽管如此，世界旅游业呈总体上升的趋势不会改变。全球国际入境旅游人次从2001年的6.78亿增长到2012年的10.35亿人次，年均增长3.92%；国际入境旅游收入增长更快，从2001年4660亿美元增加到2012年的10750亿美元，年平均增长率达7.90%。人均花费也由2001年的605美元上升到2011年的1051美元，年均增长5.67%，可见无论从总收入还是人均花费来看增长率都快于近10年的全球经济增长率。

不过，由于旅游资源具有很强的地域性，各地区旅游资源禀赋不同，加上各国旅游发展战略和旅游开发能力的制约，各国旅游业发展水平也参差不齐。从世界旅游组织（UNWTO）2013年公布的统计数据可知，虽然欧洲地区依然是最受欢迎的旅游目的地，但是，其入境旅游人数份额正从2001年的57.9%下滑到2012年的51.7%，表明欧洲地区对国际旅游者的吸引力正在下降，而增长最快的亚太地区市场份额自2001年的17.9%上升到2012年的22.5%，反映出世界经济重心由欧美国家向亚太地区转移的趋势。亚太地区经济高速增长首先带动了商务旅游的快速增长，各国政府逐渐增加对旅游业的重视与投入并纷纷调整旅游战略，使得这一地区的旅游发展潜力逐步释放出来，与2001年之前占据第二位的美洲地区之间的差距逐渐拉大。而非洲与中东地区由于经济落后、旅游资源相对贫乏，加上自然气候条件较为恶劣，以及种族、宗教矛盾、地区冲突不断加剧，这些都制约了这两个地区的旅游发展，其2012年入境旅游份额均只占5%。

据世界旅游组织预测，2020年全球将有14亿人次出境旅游，亚太地区增长前景更为乐观，将接待4.17亿人次的入境旅游者。其中中国将超过美国成为全球最受青睐的旅游目的地，接待入境旅游者将达到1.37亿人次，占据全球入境旅游市场8.6%的份额，届时中国也将成为全球第四大客源输出国。预计到2030年，全球国际游客人数将达到18亿，并且大部分的增长将来自前往亚洲国家的游客。世界旅游业将在巨大的社会需求和激烈的市场竞争中持续发展。据世界旅游协会预测，2010—2020年，世界旅游经济的年增长率达4.4%。

世界经济全球化和区域一体化的潮流推动着世界旅游市场全球化和区域合作化的发展。进入21世纪，世界旅游市场形成欧洲、美洲、亚太三足鼎立的格局，亚太地区超过美洲地区跃居世界第二。亚太地区也是世界旅游市场中发展迅速、潜力最大的地区，因而也是竞争最为激烈的地区。欧洲经济共同体以及东南亚国家联盟旅游业发展态势表明：面对国际市场的激烈竞争，单靠一个国家单打独斗已不足取，开展区域性合作竞争是必然趋势。

二、世界旅游区概况

1. 世界旅游区的划分

按照世界旅游组织（WTO）的统计标准，全球分为6个旅游区：非洲区、美洲区、东亚及大洋洲、欧洲区、中东区和南亚旅游区。

（1）非洲旅游区　非洲的全称为阿非利加洲（Africa），总面积3020万平方千米，约占世界陆地面积的20%；人口7.48亿，约占世界人口的12%。有53个国家，均属于发展中国家。

非洲有丰富的历史文化遗迹、迷人的自然风光和奇异的野生动植物。

非洲旅游区主要旅游活动有奇特风光游、民族风情游、沙漠探险游、珍稀动植物考察游、考古游和海上游等。

非洲旅游区主要国家有埃及、南非、摩洛哥、突尼斯、尼日利亚等。

（2）美洲地区　美洲的全称为亚美利加洲（America）。陆地面积4472万平方千米，约占世界陆地面积的30%。人口约7.49亿，约占世界总人口的1/7。包括51个国家和地区。通常把美洲分为北美地区、拉丁美洲地区和加勒比地区。

美洲地区经济发展非常不平衡，北美是世界经济（旅游业）最发达的地区之一，拉美为发展中地区。

美国、加拿大是北美旅游业最发达的地区。以墨西哥为代表的拉美风情，极具吸引力。

（3）东亚及大洋洲地区（东亚太地区）　亚洲是亚细亚洲（Asia）的简称。面积4400万平方千米，占世界陆地面积的29.4%。人口35.13亿，约占世界总人口的60.5%，为世界人口最稠密的大陆。

大洋洲（Oceanica）意即大洋中的陆地。陆地面积为897.1万平方千米，约占世界陆地面积的6%，人口约2900万，占世界总人口的0.5%，是世界上面积最小、人口最少的洲。

主要国家有日本、澳大利亚、新加坡、韩国、泰国、中国，该洲是极为重要的旅游区。

（4）欧洲地区　欧洲的全称为欧罗巴洲（Europe）。全洲面积1016万平方千米，占世界陆地面积的6.8%。人口7.28亿。欧洲现有46个国家和地区，在地理上习惯分为南欧、西欧、中欧和东欧。

欧洲是近代旅游业的发源地，旅游业十分发达。主要的旅游国家有：希腊、英国、法国、德国、意大利、西班牙、俄罗斯等。

（5）中东地区　中东地区地扼欧、亚、非三大洲的要道，曾经是世界文明的发祥地之一，是基督教、伊斯兰教和犹太教的发源地和圣地，本地区也是世界上最大的石油输出地。

宗教问题、民族纷争、恐怖主义和战争，是影响本地区旅游业发展的重要原因。

本地区具有独特的民俗风情和宗教文化，有海滨、沙漠、死海等自然旅游景观。

中东地区主要旅游国家和城市有土耳其、黎巴嫩和耶路撒冷等。

（6）南亚　南亚地区包括斯里兰卡、马尔代夫、巴基斯坦、印度、孟加拉国、尼泊尔、不丹和锡金等国，人口超过10亿。

本地区是世界文明发源地之一，是佛教和印度教的发源地。这里有悠久的历史文化、珍奇的名胜古迹、独特的民俗风情、雄伟的“世界屋脊”与滨海风光。

本地区旅游业起步晚、发展慢、起伏大。其主要旅游国有印度、尼泊尔等。

2. 世界人口概况

（1）人口　世界人口总数已达60多亿，分布非常不均匀。亚洲的东部和南部、欧洲、北美洲的东南部是世界人口最密集的三个地区。

（2）人种　人种即种族，是指在体质形态（如肤色、发色、发型、脸形、眼色、身材等）上具有某些共同遗传特征的人群。

全球人类可分为四大人种，即蒙古利亚人种（黄种人）、尼格罗人种（黑种人）、欧罗巴人种（白种人）和其他人种（马来人种）。

（3）民族　民族是指历史形成的、有共同语言、共同地域、共同经济生活以及表现于共同文化上的共同心理素质人们的共同体。

由于历史原因，同一民族可以分布于不同国家和地区，一个国家也可以由多个民族组成。

汉民族（中国的主体民族）、兴都斯坦民族（印度斯坦人）、盎格鲁——撒克逊民族（英格兰人、苏格兰人和他们的后裔“美利坚人”）、俄罗斯民族（乌克兰人、白俄罗斯人）、孟加拉民族、大和民族、德意志民族（日耳曼人）。

（4）语言　语言是人类区别于其他动物的本质之一，是人类最重要的交往工具，也是区分民族的最重要的标志。

世界上确定的语言共有5651种，公认的语言有4200种左右。

英语、法语、俄语、汉语、阿拉伯语和西班牙语被联合国法定为国际通用语言。

三、世界旅游客源国市场格局及国际旅游业发展趋势

1. 世界旅游客源国市场格局

近60年来，相对稳定的和平环境、高速发展的社会经济和突飞猛进的科学技术，促进了世界旅游业的快速发展，全世界国际旅游人数和国际旅游收入呈现持续上升的趋势。1950—2005年，国际旅游人数从2520万增加到8107亿，增长了32倍；国际旅游收入由21亿美元增加到6827亿美元，增长了325倍。

2012年，全球旅游业持续增长，全球国际游客数量比2011年上升了4%，达到10亿3500万

人次，历史上首次突破10亿大关；国际旅游业目前已经成为全球最大的经济部门之一，其产出占全球服务出口的30%。

旅游业已经成为各国政府促进经济增长的支柱产业之一。2010年—2020年的十年，全球游客数量平均每年将增长3.8%。2012年以及2013年的数据都在这个范围之内。这表明，全球旅游业正走在健康发展的轨道上。

从区域来看，新兴国家与地区的旅游业保持着强劲增长势头，到亚太地区旅游的国际游客人数上升了7%，达到2亿3300万人次。其一，到东南亚地区旅游的国际游客上升了9%。另外，到北非地区、中东欧地区的国际游客人次也增长了8%。其二，到欧洲旅游的国际游客数量增长了3%，目前，欧洲仍然是全球最大的旅游目的地。其三，到国外旅游花费增长最快的国家比如中国与俄罗斯，其中，中国人到国外旅游消费增长了42%，俄罗斯增长了31%，美国和加拿大增长了7%。

从国际旅游接待量方面来看，近年来稳居世界前15位的旅游目的地国家或地区中，欧洲有10个（法国、西班牙、意大利、英国、俄罗斯、奥地利、德国、匈牙利、波兰、希腊），美洲有3个（美国、墨西哥、加拿大），亚太地区有2个（中国、中国香港），其他各大洲大部分国家或地区的国际游客接待量一般较少。目前法国、西班牙、美国、意大利、中国是世界五大旅游目的地。美国、西班牙、法国、意大利是四大国际旅游收入国。国际旅游消费水平稳居世界前15位的国际旅游支出国，欧洲有10个（德国、英国、法国、意大利、荷兰、比利时、奥地利、瑞典、俄罗斯、瑞士），美洲有2个（美国、加拿大），亚太地区有3个（日本、中国、韩国）。德国、美国、日本、英国四个国家的国际旅游消费在全世界旅游消费总额中所占比重超过1/3。

从目前国际旅游市场情况分析，在国际旅游客流中，近距离的出国旅游（特别是前往邻国的国际旅游）一直占据绝对地位（近距离的出国旅游人次约占全世界国际旅游人次的3/4）。远程国际旅游客流主要来自欧洲（特别是西欧）、北美洲和东北亚（特别是日本）。西欧和北美一直是世界上最重要的国际旅游客源地区和接待地区，这也决定了这两个地区之间的客流也是国际远程旅游中最大的。但由于西欧、北美地区经济增长速度明显放慢，客流输出增幅空间有限，有些国家旅游市场规模已接近“极限”，接待能力增幅较小，短期内远程旅游客流增幅空间不大。随着东北亚地区经济的迅速发展，居民生活水平不断提高，旅游消费能力大大增强，具备了产生大量国际旅游客流的条件，不仅吸引着越来越多的欧美旅游者，而且也向欧美地区输送了越来越多的国际旅游者。国际旅游客流的重心正向亚太地区（特别是东北亚地区）转移，亚太地区成为国际旅游市场最具活力、发展最快的地区和极富发展潜力的国际旅游客源地和接待地。西欧、北美、东北亚三个地区之间的客流，基本上构成了世界国际旅游客流的主体。但各国国际旅游发展很不平衡，如埃及、摩洛哥、突尼斯、肯尼亚、南非五国，接待国际游客总数占非洲总数的3/4左右。绝大多数国家国际旅游市场竞争力较弱，有能力出境旅游的人数不多。中东、南亚旅游资源十分丰富，但由于目前受一些政治经济因素的影响，国际旅游业发展较缓慢。

2. 国际旅游业发展的基本趋势

随着人民生活水平的提高，闲暇时间的增多，交通运输手段的革新，旅游资源的深度开发，旅游服务设施的不断完善，国际交往的日益频繁，世界旅游业将出现快速发展的局面，国际旅游市场也将发生明显的变化。旅游业将继续保持世界上第二大产业的地位。根据世界旅游组织预测，2020年世界国际旅游者将达14亿人次，国际旅游业收入将达到20000亿美元。欧洲仍将是最受欢迎的旅游地，但其增速放缓，所占市场份额有所下降。亚太地区仍将是发展最快的地区，在世界旅游市场仍将占居第二位，而且份额将会有较大的提高，国际旅游区域的重心将向亚太地区转移。非洲、中东、南亚将以较快的速度增长。中国、美国、法国、西班牙、中国香港、意大利、英国、墨西哥、俄罗斯、捷克将成为世界十大旅游目的地。德国、日本、美国、中国、英国、法国、荷兰、加拿大、俄罗斯、意大利将成为世界十大旅游客源地。

（1）旅游市场全球化和多样化　随着世界经济的好转和各国旅游业的快速发展，全球范围内跨国旅游活动将日趋增多，旅游市场发展空间将迅速扩大，旅游市场全球化速度将进一步加快，绝大多数国家的旅游市场将逐步融入世界旅游市场。随着各国人民整体收入水平的提高，低收入人群逐步达到小康水平，中产阶层人群将逐步成为主体，富有阶层人数将明显增多，绝大多数人有经济实力和闲暇时间外出旅游。不过，随着不同收入人群的不同需求和个性化旅游消费意识的增强，世界旅游市场结构将开始呈现多样化的趋势。那些单纯游山玩水的消遣观光，将逐渐被多样化旅游方式所取代。传统的旅游方式（娱乐型、观光型、疗养型和商务型）已不能满足人们“自我爱好”“自由娱乐”“情感展示”的要求，各种内容丰富、新颖独特的旅游方式和旅游项目将应运而生，探险旅游（如徒步、登山、漂流）、健身、观鸟、摄影、探求文化和精神根基的知识性旅游等将大受欢迎，旅游方式必将朝着个性化、多样化的方向发展。

（2）旅游市场多极化和区域化　旅游消费规模的迅速扩大，必然要求旅游产品的加速开发。所以，在世界范围内，那些具有良好发展条件的国家和地区，必将成为旅游业新的增长极，旅游空间布局将呈现多极化的趋势。由于区域合作、资源整合和客源市场共享，能给区域旅游发展带来极大的收益，所以国家之间开展旅游合作，推动产业一体化、市场一体化、交通一体化、形态一体化，建立互利互惠的区域旅游协作区，将成为世界旅游业发展的必然趋势。

（3）旅游企业集团化和现代化　为了促进旅游业的快速发展，越来越多的国家在简化签证手续，缩短签证时间，或实施落地签证，甚至取消签证政策，允许国际跨国公司或外国公司在本国以合资、独资等各种形式开办旅游企业，从事旅游经营活动。这样，必然促使国际上一些资金充足、实力雄厚、网络化基础好、行业优势明显的大企业，通过各种方式进入旅游行业，从而促进旅游产业的重新组合，逐步建成一批跨国、跨区域的现代化旅游企业集团。国际航空公司、饭店和旅游批发商将进一步联合成大型跨国集团，从而在全球旅游市场上更有能力推出大规模、多样化的旅游产品。旅游经营走向国际化后，旅游市场竞争将进一步加剧。为了适应日益激烈的竞争，旅游企业在走向集团化的同时，必须实现现代化，以便增强实力，降低成本，提高市场竞争力。

（4）旅游营销网络化和科技化　随着旅游距离的不断扩大、游客数量的迅速增加，旅游需求的日益复杂化和旅游服务智能化、特色化趋势的增强，势必要求旅游企业全面推进旅游信息化建设，进一步开发电子预订系统，发展旅游电子商务，完善旅游预订服务，健全旅游信息调查和预报制度，建立以游客满意度为中心的管理模式，为旅游者提供更便捷的全球化、智能化的全天候旅游服务，以迎合人们自由旅游的愿望。为了提升旅游企业的核心竞争力，将高科技应用于旅游开发、旅游管理、旅游营销和旅游服务中，以便迅速提高旅游产品的科技含量，实现网络化、品牌化营销，推动新型旅游产品市场的成长，促进旅游业规模的加速扩张和旅游产业竞争格局的快速重组，实现旅游业向科技型、质量型和效益型方向发展。

（5）旅游服务个性化　由于人们生活水平和文化水平的提高，人们已不满足于过去的从众游、感性游和赶场游，追求身心享受、智力发展和品质提升的自我欲求越来越强烈，对观光、会展、商务、购物、修学、祭祖、考察、游乐、健身、休闲、探险、工业、农业、生态、自助等系列旅游项目的要求越来越个性化和多样化，旅游服务既要满足游客的个性化需求，又要满足游客的全面化需求。

（6）旅游产品品牌化和特色化　在世界旅游市场竞争日益激烈的情况下，旅游知名品牌和旅游特色产品将越来越多的成为旅游组织形象的标志、区域旅游经济实力的标尺和旅游市场地位的象征。产品的竞争将日趋激烈，品牌的影响力将日渐凸显，品牌和特色将成为旅游竞争的法宝。拥有旅游品牌和特色产品更易争得旅游发展先机。所以，旅游产品的品牌塑造、扩张、延伸和特色旅游产品的创新、深化、管理将受到各国旅游企业的高度重视。

（7）旅游管理法制化和规范化　为了优化市场环境，提高服务质量，各国的旅游法律法规和行业管理制度开始日趋完善，执法行为更加规范，旅游发展规划将更加系统科学，旅游发展将逐渐步入有序化、规范化、法制化的轨道。

（8）旅游方式将从团体转向散客　由于散客旅游具有个性化、灵活性和自由化的特点，在旅游活动过程中可以根据自己的爱好兴趣随时调整安排。因此，未来旅游需求将由团体旅游向散客旅游转变。旅游企业必将在旅游交通、旅游通讯、旅游翻译等方面，为散客旅游的发展创造条件。

（9）可持续发展将成为旅游业永恒主题　为确保旅游业在国际市场上具有持续竞争力，各国加强旅游业内部、旅游业与其他部门和不同地区间的协调发展，确保旅游资源的开发规模、开发质量、接待能力与酒店、交通、旅行社发展相协调，以满足不同层次、不同消费水平的旅游者的需求；确保旅游景区开发规模与地区经济水平相适应，旅游开发与环境保护相协调；确保旅游资源的可持续利用、旅游经济高效运转和旅游地经济的持续发展。

（10）生态旅游将成为一种新的潮流　生态旅游是一种以生态学原则为指标，以生态环境和自然资源为取向，以生态环境保护为前提，以环境教育和自然知识普及为核心内容，达到社会、经济、环境三大效益协调发展的综合效益最大化，实现旅游目的地旅游业的持续发展。

（11）中国将成为世界第一大旅游国　国际客源流向将由区域集中逐渐趋于分散，洲际间的旅游将迅速兴起。东亚地区将是旅游发展最快的地区，客流重心将向东亚地区转移，这为中国旅游业的快速发展提供很好的外部条件。此外，中国旅游资源丰富，经济持续快速发展，为旅游业的迅速发展提供了良好的内部条件。再加上各级政府高度重视发展旅游业，为旅游业的发展提供了有力的保证，中国有望成为世界第一大旅游国。

（12）客源市场趋于分散，旅游市场重心向东转移　长期以来，欧洲和北美地区既是国际旅游的两大客源市场，又是两大传统旅游目的地。这两个地区作为现代国际旅游的发源地，其出国旅游人数几乎占国际旅游总人数的3/4。目前，世界上最重要的客源国中，除亚太地区的日本和澳大利亚外，其余大多集中在欧洲和北美，其中德国和美国两个国家的旅游消费支出占国际旅游消费总支出的1/3以上。在20世纪80年代以前，它们几乎垄断了国际旅游市场。20世纪80年代以后，随着东欧、南美、非洲许多国家经济实力的不断增强，直接影响了各地区国际旅游客源的发生、发展和转移。随着其他各大洲旅游业的发展，世界旅游客源市场畸形集中的局面逐渐发生了变化。亚洲、非洲、南美洲和大洋洲等地区旅游业的较快发展，正逐渐取代传统的旅游客源国，成为国际旅游的重要客源市场，并且客源市场的分布格局也将由目前的集中走向分散，区域性国际旅游将得到快速发展，世界各个地区的旅游市场份额将出现新的格局。随着全球经济重心逐渐从欧美地区转移到亚太地区，国际旅游市场的重心也将相应东移，亚太地区将成为未来国际旅游市场的“热点”区域。

（13）出游时间趋短、出游次数增加，中远程旅游趋于旺盛　21世纪以来旅游者的数量大幅度增加，主要以周末游和休闲游为主，出游次数有所增加。旅游者更多地选择充分放松的旅游方式和一些综合观光度假地区（如主题公园），旅游者花在旅游娱乐上的时间有所减少。交通工具的先进化和快速化，使旅游者缩短在旅途中的时间，降低了旅游成本。随着更加快捷、安全、舒适、经济的新型航空客机和各种陆路交通工具的投入运营，为旅游者实现中远程旅游提供了条件，使全球性大规模的中远程旅游成为可能。

（14）旅游中介细分化和连锁化　旅游市场竞争越激烈，旅游中介分工就越细致，酒店预订公司、票务预订公司、餐饮预订公司、旅游景点预订公司、旅游咨询服务公司等中介公司将越来越多。新兴的网络预订公司将把世界各国的酒店、票务、景点通过互联网联系起来，通过专业化预订服务机构向游客提供旅游服务。

（15）更为重视旅游的安全性　旅游过程的安全性既是游客最为关注的问题，也是旅游目的地须高度重视的问题。局部战争与冲突、恐怖主义活动、政局不稳定、传染性疾病流行、恶性交通事故频发、社会治安状况恶化、地震海啸等自然灾害，都将对旅游者选择旅游目的地产生重要影响。为此，各旅游接待国或地区都更加高度重视旅游安全问题，越来越重视从每个环节把好安全关。针对一些不可预测的安全因素，有关部门和企业都将为游客预先购买旅游保险，以减轻游客的后顾之忧。

中国入境旅游市场

一、中国入境旅游市场的发展历程

中国入境旅游是在改革开放之后真正发展起来的。1978年以来，中国入境旅游市场发展经历了三个阶段。

第一阶段：1978—1990年（发育期）

这一阶段我国旅游业有以下两项特征：

①境外需求拉动是旅游业发展的主要动因，旅游以观光接待为主。

②非常规发展特征明显。此时，发展旅游的目的是为了赢得外汇收入，此时旅游政策是“先国际、后国内”，国民的旅游需求并没有受到重视。此外，在旅游经营上，市场经济观念淡薄；在管理体制上，政企不分，以行政管理为主要手段；在配套设施上，旅游业产业体系不健全，服务设施不够完善。

第二阶段：1991—2000年（提升期）

此阶段，中国大陆公民出入境受很多条例、规范的制约和引导。例如，1991年国务院制定的《旅游行业对客人服务的基本标准》；1993年国务院公布的《关于积极发展国内旅游业的意见》，明确指出将发展国内旅游市场列为重点，并纳入旅游业管理范围，同年成立中国国内旅游协会；1994年批准了16家饭店管理公司；1995年《旅行社质量保证金暂行规定》实施旅行社质量保证金制度，当年因不能足额缴纳保证金而被吊销的旅行社共有1500多家；1996年国务院颁布《旅行社管理条例》，重新划分了旅行社类别，并实施导游等级制度；1997年的《中国公民自费出国旅游管理暂行办法》，预示境外旅游市场的逐渐兴起。

在旅游产品方面，国家旅游局提出1993年—1997年五年促销计划，倡导旅游产品的多元化。以山水风光、文物古迹、民俗风情为主题的旅游产品吸引了境内外不少人士共同参与，短期度假产品也开始渐渐受到重视。

在“七五”时期（1986—1990），中国大陆旅游外汇收入位居世界第24位，至“八五”时期（1991—1995），跃居第9位。

在住宿业方面，1993年6月7日开始有“新锦江”“东方宾馆”“新都酒店”等旅游企业的相关股票上市，尤其以1996年和1997年最为密集。至2000年年底，上市公司达38家，其中A股33

家，B股1家，同时发行A、B股的有4家。

第三阶段：2001年至今（扩展期）

此阶段，旅游在区域经济中的地位得以确立，中西部地区特别重视旅游资源的开发利用，把旅游作为促进地方发展的重要产业。并且，入境旅游、出境旅游、国内旅游三个市场达到平衡发展的局面。

自2001年11月中国成功加入世界贸易组织（WTO），旅游业加速迈向国际化。入境旅游人数和旅游外汇收入的年均增长速度分别为6.77%和15.35%。

2011年，全年接待入境旅游1.35亿人次，实现国际旅游（外汇）收入484.64亿美元，分别比2010年增长1.2%和5.8%；2012年接待入境旅游1.32亿人次，实现国际旅游（外汇）收入500.28亿美元，分别比2011年下降2.2%和增长3.2%；2013年入境游客12908万人次，同比下降2.5%。其中，外国人2629万人次，同比下降3.3%；香港、澳门和台湾同胞10279万人次，同比下降2.3%。在入境游客中，过夜游客5569万人次，同比下降3.5%，国际旅游外汇收入517亿美元，同比增长3.3%。

二、中国入境旅游发展现状

中国国土广袤，山川秀美。悠久的历史和辽阔的国土形成了无比丰富的旅游资源。据研究表明，我国自然类和人文类的旅游资源居世界第一，已超过美国、西班牙、法国等旅游强国。目前，全国已拥有15000多处旅游景区（点），涵盖了自然景观、历史文化、休闲度假等各方面，其中被列入《世界遗产名录》的有47处，为旅游业的发展提供了得天独厚的条件和基础。

从发展的数据来看，2001—2005年中国入境游客增长率是7.91%，2006—2010年的数据下降到2.21%，2011年下降到1.24%，2012年的时候出现了2.2%的负增长。据《中国入境旅游发展年度报告2013》显示，2013年1—9月来华旅游入境人数为9606.96万人次，同比下降3.14%。其中，来自我国香港、澳门和台湾地区的入境游客人数分别减少2.43%、2.99%和4.61%；来华外国游客人数减幅最大，达到5%。有学者认为，我国整个入境旅游正在进行结构性调整。

1. 入境客源市场分析

入境旅游客源主要来自我国香港、澳门、台湾地区及日本、韩国、美国、俄罗斯、新加坡、马来西亚、泰国等国家。其中，我国港、澳、台地区所占的比率长期保持在80%左右，而俄、美两国所占的市场份额保持稳中有升的状态，目前已成为仅次于我国港、澳、台地区以及韩国的重要客源市场。日本来华旅游客源自2010年以来受多方因素影响开始步入衰退阶段，其市场份额从2010年的9%下降到2013年第三季度的3%，排名从第四位下滑到第十位。新加坡、马来西亚、泰国来华游客在整个入境市场份额中一直保持较为稳定的比重，是入境旅游客源市场的一支重要力量。

客源市场的稳定性及未来发展趋势是多方因素共同作用的结果。港、澳、台地区是最大的入境客源市场，其中香港市场占据最高份额，市场占有率基本维持在60%左右；澳门是第二大客源市场，市场占有率基本接近20%；台湾的市场占有率长期维持在3.5% ~4.0%。近年来，尽管三个地区的市场份额存在小幅波动，但其作为我国主要入境旅游客源地的地位不会改变。

值得注意的是，由于金融危机的创伤，地震、核泄漏等事件的影响以及两国邦交关系的变动，使得日本来华旅游市场呈现逐年下滑态势。2013年1—9月的调查数据显示，日本来华入境旅游人数为213.93万人次，同比下降23.84%。

纵观近三年的数据发现，尼泊尔、斯里兰卡等南亚国家来华旅游人数一直以来保持着强劲增长势头，尤其是2013年上半年以来，尼泊尔来华旅游人数同比增长了85.83%，斯里兰卡增长了28.52%，这在入境旅游市场萎缩的大背景下具有重要意义。

泰国旅游市场的变化也成为入境旅游市场的焦点。2013年第三季度接待泰国游客超50万人次，游客比重超过俄罗斯、美国，占入境旅游接待总量的8%。资源相似度高、创新性不强、价格相对过高等问题是维持和开发东南亚市场亟须解决的问题。

针对入境旅游市场客源结构的发展趋势，提出以下建议：

（1）关注客源市场环境变化，采取行之有效的经营模式。旅行社在发展入境旅游的过程中，除了要关注客源市场结构之外，还要关注客源国的经济、政治形势，在形势发生变化时迅速有效地改变经营模式，将损失降到最低，同时有重点地选择客源市场，规避经营风险。

（2）在传统客源市场的基础上注重新兴市场的开发，促进中国入境旅游客源市场走向多元化和合理化。

（3）细分客源市场，有针对性地开发产品。客源市场的结构差异决定了需求差异，旅行社应针对不同的入境旅游客源市场分析需求差异性，准确把握重点市场、新兴市场和潜在市场的需求特征、变化规律和发展规律，有针对性地开发适销对路的新产品。2011年的具体入境旅游人数和增长情况见表1–1、表1–2。

表1–1　2011年主要客源国入境旅游人数和增长情况

序号	国家	入境旅游人数（万人次）	与往年比较（%）
1	韩国	418.54	2.67
2	日本	365.82	–1.96
3	俄罗斯	253.63	7.0
4	美国	211.61	5.3
5	马来西亚	124.51	–0.01
6	新加坡	106.3	5.91
7	越南	100.65	9.4
8	蒙古	99.42	25.15
9	菲律宾	89.43	7.97
10	加拿大	74.8	9.15
11	澳大利亚	72.62	9.8
12	德国	63.7	4.67
13	印度尼西亚	60.87	6.15
14	泰国	60.8	–4.33
15	印度	60.65	10.4
16	英国	59.57	3.61
17	法国	49.31	–3.82

表1-2 入境旅游客源市场入境旅游人数增长情况

	2011年（与往年比较的百分比%）	2012年（与往年比较的百分比%）
亚洲	2.8	0
欧洲	4.2	0.2
美洲	6.9	–0.7
大洋洲	8.9	6.5
非洲	5.4	7.4
香港	0.1	–0.8
澳门	2.2	–10.7
台湾	2.4	1.5

2. 入境旅游产品分析

旅游产品是一切旅游活动的基础，30多年的入境旅游发展历程使我国入境旅游产品的特征日趋明显。入境旅游产品主要有以下几个突出特点：

（1）入境旅游产品种类单薄　旅游目的地仍以观光类型产品为主，度假产品开发不足，专项旅游产品开发偏少。中国吸引入境游客的重要因素在于其深厚的历史文化积淀，北京、西安、上海、桂林等历史积淀深厚的地区成为入境游客到访较多的地方。但随着到访次数的增多和需求的多样化，单一产品很难有效满足游客需求，入境旅游产品品类亟待丰富。

（2）入境旅游产品创新的内外限制因素过多　由于受资本和经营实力等条件的限制，大多采用间接的销售渠道，缺少与顾客的直接接触，且产品推广受到第三方平台制约，入境旅游产品创新对多方协作的需求难以得到满足，阻碍了产品的创新。同时，旅游产品的易复制性和创新保护机制的欠缺也是影响创新的主要外部因素。

（3）入境旅游产品的利润空间下降　旅行社从业者普遍认为，人民币汇率上升、我国物价水平和国内景点门票价格增长过快，一方面增加了旅行社企业的采购成本，另一方面增加了外国游客来华旅游的成本，影响了外国游客来华的积极性。两者的相互作用使得旅行社产品的利润空间不断缩减，毛利由15%降到了10% ~12%。

在总体经济形势较为稳定的大前提下，入境旅游产品的特征不会出现大的变动，但受到地区经济发展态势的影响，未来我国旅游产品将呈现以下三个趋势：

（1）创新与文化历史结合　中国文化元素作为重要旅游吸引物的地位在短期内不会改变，文化历史与旅游产品的深度融合将成为持续吸引入境游客的关键点。

（2）入境旅游产品细分化和品牌意识增强　随着信息技术的发展，传统旅行社越来越注重在电子商务平台上和客源地游客直接接触，逐步构建入境旅游产品品牌。虽然相比国外成熟的旅行社产品品牌，我国旅行社还处于起步阶段，但可以预见的是，这必将成为行业的一种趋势。

（3）注重商务、高端定制市场的发展　据国家旅游局统计显示，2012年会议、商务入境游客为628.02万人，占全部入境游客的23.10%。商务游客作为高消费群体，在整个入境旅游市场呈下滑态势的大背景下，是旅行社要积极争取和维护的，而当前商务旅游产品的缺乏也凸显了旅行社争取和维护的必要性。面对OTA（Online Travel Agent）的威胁，高端定制化旅游产品将成为传统旅行社充分利用自身优势，摆脱竞争困境的重要出路。

针对入境旅游产品发展现状和未来发展趋势，提出以下建议：

（1）结合旅游目的地特色丰富入境旅游产品种类　面对入境旅游客源市场的多样化需求，除传统的观光旅游产品外，旅游目的地要适度开发休闲产品、商务产品和特种产品，同时为游客量身定制个性化的旅游产品。

（2）联合政府相关部门和协会共同促进产品的创新和推广　旅游产品的易复制性使其创新需要政府相关部门的保障和推动，此外，入境旅游产品作为国家形象的代表，其推广也需要政府相关部门和行业协会的共同努力。

3. 客源国特征分析

（1）客源地分布广泛，少数重要客源国居主导地位　少数重要的客源国提供了大部分客源，居主导地位。具体表现为亚洲国家居多，欧洲与美洲国家次之，且主要客源国客源输出量累计占外国客源总数的70%左右，其中前5名的客源国（韩国、日本、俄罗斯、美国、越南）占50%以上，且近年来这一比例正不断上升，由此可见主要客源国的作用越来越明显。

（2）各大洲分布不均，亚洲客源市场扮演重要角色　我国地处东亚，发展亚洲客源市场具有先天优势：一方面距离近，在国际城市间交通费在旅游花费中占有较大比重的前提下，这种优势往往被强化；另一方面有相近的文化传统以及频繁的经济往来，国与国之间往来限制放宽，手续被简化等；此外，日本、韩国及东南亚各国人口密集，在其经济快速发展的背景下，已成为世界上重要的客源出口国。特别是对于这些国家的大多数初访者来说，中国是一个较为理想的旅游目的地。

（3）客源地构成与世界主要客源出口国基本对应　从世界旅游市场的大背景看，世界主要客源市场依次为欧洲、美洲、亚太地区、中东及南亚地区、非洲；从主要客源国看，主要为德国、日本、美国、英国、法国、荷兰、加拿大、俄罗斯、意大利等。而对于中国海外旅游市场而言，德国、日本、美国、英国、法国、加拿大、俄罗斯等国家已是目前我国主要的客源国。

（4）潜在客源地发展前景乐观　受经济发展、距离和国民旅游习惯等多种因素的影响，南亚、中东地区、南美、非洲国家来华旅游的人数很少，但是它们是我国潜在的客源地。近年来，这些地区出国旅游市场发展较快，其迅速发展的势头已引起业内人士的关注。例如，我国的近邻印度是一个潜在市场，10亿人口的背景和中产阶级的迅速崛起，使得印度出国旅游需求迅速膨胀。

三、中国入境客源市场的战略目标与发展趋势

1. 战略目标

据世界旅游组织预计，到2020年，中国将成为世界最受欢迎的旅游目的地，其国际旅游人数将达到13000万人次（见表1–3和表1–4）。同时，中国将成为世界第四大旅游客源国。

表1-3　2020年世界十大旅游目的地

国家与地区	接待人数（百万人次）	市场份额（%）
中国	137.1	8.6
美国	102.4	6.4
法国	93.3	5.8
西班牙	71.0	4.4
中国香港	59.3	3.7
意大利	52.9	3.3
英国	52.8	3.3
墨西哥	48.9	3.1
俄罗斯	47.1	2.9
捷克	44.0	2.7

表1-4　2020年世界十大旅游客源国

国家	出境旅游人数（百万人次）	市场份额（%）
德国	163.5	10.2
日本	141.5	8.8
美国	123.3	7.7
中国	100.0	6.2
英国	96.0	6.0
法国	37.6	2.3
荷兰	35.4	2.2
加拿大	31.3	2.0
俄罗斯	30.5	1.9
意大利	29.7	1.9

我国旅游业总的发展指导方针是：大力发展入境旅游，积极发展国内旅游，适度发展出境旅游。到2020年，把我国由亚洲旅游大国建设成为世界旅游强国，把旅游业真正发展成为我国国民经济的支柱产业。

2013年旅游年报称中国入境旅游市场正处于稳定发展与结构调整的关键时期。中国入境旅游正处于长时间高速发展之后逐渐复归常态化的增长阶段，市场规模开始呈现出相对平稳的发展态势，外国游客与入境过夜市场的比重逐渐上升，外汇旅游收入位居世界第四，入境旅游发展成为中国建设世界旅游强国的强大支撑。“十二五”规划的旅游发展目标是：旅游服务质量明显提高，市场秩序明显好转，可持续发展能力明显增强，力争2020年我国旅游产业规模、质量、效益基本达到世界旅游强国水平，实现入境旅游人数年均增长率为3%，入境过夜旅游者人数年均增长率为4%，旅游外汇收入年均增长率为5%，每年旅游业新增就业人数70万人。到2020年，我国旅游业总收入将超过3.3万亿元，将占国内生产总值的8%。

2. 发展趋势

旅游业已经成为当今世界经济中的最大产业，成为许多国家和国民经济的重要产业和创汇来源。进入21世纪，世界旅游业仍保持持续发展态势，中国旅游业也在高速发展之列。总体上呈现以下的发展趋势。

（1）在全球范围内，国际旅游的重心将继续向新兴经济体国家转移　因为新兴经济体国家以亚太地区的国家为主，像中国、印度、俄罗斯、东南亚或者是南亚等这些区域，基本上都分布在亚太及其周边，所以我们把这个称为向新兴经济体国家转移或者向东流动的趋势非常明显。

（2）从国内形势上看，三大市场的竞争格局仍将持续　三大市场即入境、出境和国内市场，尤其从接待方面而言，入境旅游和国内旅游在一些酒店、餐饮设施或者旅游景区景点上相互竞争的格局非常明显。在入境旅游创汇和出境旅游消费支出之间以及中国出入境旅游服务贸易的顺差或者逆差存在扩大的竞争格局态势。

（3）从发展业绩来看，入境旅游正面临着求新、求变的关键节点。

（4）从客源构成来看，结构性的调整和区域性优化的趋势愈发明显　在入境客源市场中，国外客源市场的上升，尤其是远程客源市场持续多年的攀升，对于我国的客源结构性调整的态势非常明显。在区域优化方面，在国内，东中西部差异逐步缩减；在国际，中国的客源地逐步地得到拓展。

（5）从发展战略上看，改革红利将能够为入境旅游带来强大的原生动力，能够支撑入境旅游在新时期实现一次新的飞跃　从产业要素来看，“美丽中国之旅”将为入境旅游提供最佳机遇期。未来，我们将面向外国游客开发更优质的旅游产品，提供更有品质的旅游服务等。

（6）从影响因素来看，非经济因素对入境旅游的重要程度显著上升　中国主要的十大旅游客源国，包括日本、俄罗斯、韩国、美国、马来西亚、英国、德国、法国等，作为中国的主要旅游客源国家，会受到政治因素、宗教因素等的影响，对入境旅游造成一定冲击。这些非经济因素也是不容忽视的。

【课后习题】

1. 简述国际旅游业发展趋势。
2. 简述中国入境旅游的发展历程及现状特征。
3. 简要分析中国海外旅游客源国市场的现状特征。
4. 简述中国海外旅游客源国市场的战略目标。
5. 简要分析国内旅游业的发展趋势。

项目二

亚洲客源国家

知识目标

1. 掌握亚洲主要客源国的基本概况
2. 能正确分析各客源国主要人群的旅游需求
3. 要求掌握亚洲主要客源国的主要旅游资源

能力目标

1. 会分析海外客源来华旅游动机
2. 能针对潜在客源市场设计出开拓计划书
3. 能够根据客源国礼仪向客人提供合理的优质服务

重点内容

重点分析亚洲主要客源国的民俗风情和旅游资源的基本特征

难点内容

亚洲各主要客源国旅游行为的形成原因、来华旅游的制约因素和发展前景，以及中外关系等

授课过程和教学手段

1. **过程：**课前阅读（学生）→项目讲解（老师）→任务分化（老师）→提出问题（老师）→现场做答（学生）→分组互评（学生）→陈述总结（老师）
2. **手段：**项目分解—任务驱动法、课堂讨论法、资料分析法

韩国

一、国家概况

1. 位置、领土和地形

韩国位于亚洲大陆东北朝鲜半岛南部，东、南、西三面环海，面积9.96万平方千米，半岛海岸线全长约1.7万千米（包括岛屿海岸线）。地形东北高、西南低，山地面积约占国土面积的70%。

山地占朝鲜半岛面积的2/3左右，地形具多样性，低山、丘陵和平原交错分布。低山和丘陵主要分布在中部和东部，海拔多在500米以下。太白山脉纵贯东海岸，构成半岛南部地形的脊梁；其向黄海侧伸出的几条平行山脉组成低山丘陵地带，有太白山脉、庆尚山脉、小白山脉等，其中雪岳山、五台山等山峰以风景优美著称。东北至西南走向的小白山脉最高峰为智异山，海拔1915米。汉拿山位于济州岛的中心，海拔1950米，是韩国的第一高峰。古代相传有神仙在汉拿山上生活，因此过去曾把汉拿山叫做瀛洲山，并且同金刚山、智异山一起被誉为“三座神山”。

平原主要分布于南部和西部，海拔多在200米以下。黄海沿岸有汉江平原、湖南平原等，南海沿岸有金海平原、全南平原及其他小平原。

2. 气候

属温带季风气候，年均气温13℃，降水量1300～1500毫米。冬季平均气温在零度以下。夏季八月份最热，气温为25℃。三四月份和夏初时易受台风侵袭。

3. 资源

韩国矿产资源较少，已发现的矿物有280多种，其中有经济价值的约50多种。有开采利用价值的矿物有铁、无烟煤、铅、锌、钨等，但储量不大。由于自然资源匮乏，主要工业原料均依赖进口。

4. 民族人口

韩国总人口5120万（2014年4月），主要民族为韩民族（或称：朝鲜民族），属蒙古人种东亚类型，占全国总人口的99%，是一个单一民族的国家。

5. 简史

韩国和朝鲜历史上同属一个国家。公元前3世纪，朝鲜半岛的中南部建立了以“三韩”族为中心的“辰国”。朝鲜经历了高句丽、百济、新罗三国鼎立的时代、统一新罗时代（676—935年）、高丽时代（918—1392年）、朝鲜时代（1392—1910年）。李氏王朝后，曾改国号为“韩”，这就是“韩”的来历。1910年，沦为日本的殖民地。1945年日本投降后，美、苏以北纬38度作为分界线，分别进驻朝鲜半岛。1948年美军占领区的朝鲜中南部宣布成立大韩民国，简称“韩国”。

二、政治经济

在短短几十年里，韩国由贫穷落后的国家，成为亚洲四小龙之一，是世界上经济发展最快的国家之一，缔造了令世界瞩目的“汉江奇迹”。韩国是20国集团和经合组织（OECD）主要的经济体，也是亚太经合组织（APEC）和东亚峰会的创始国之一。世界银行、国际货币基金组织和美国中央情报局都将韩国列为发达国家。

1. 政治

经济首都：首尔（Seoul）。2005年1月19日，韩国首都汉城市市长李明博在新闻发布会上宣布，汉城的中文名称正式更改为“首尔”，昔日的“汉城”名称不再使用。

行政首都：世宗。韩国世宗市全称“世宗特别自治市”，2012年7月初正式成立，由原属忠清南道的燕岐郡、公州市和忠清北道清原郡的一部分合并而成。世宗市的产生，源于韩国已故前总统卢武铉2002年竞选时提出在忠清道建立“新行政首都”的计划，但迁都计划因2004年被裁定违反宪法而搁浅，其后世宗市演变成“行政中心城市”。根据世宗市方案，到2030年，世宗市将被打造为一座50万人口的行政中心城市。

政体：韩国实行总统制共和制，总统为国家元首。

宪法：韩国现行宪法是1987年10月全民投票通过的新宪法，1988年2月25日起生效。新宪法规定，韩国实行三权分立、依法治国的体制。根据这部新宪法，总统是国家元首和全国武装力量司令，在政府系统和对外关系中代表整个国家，总统任期5年，不得连任。

国旗：太极旗（见图2-1），是1882年8月由派往日本的使臣朴泳孝和金玉均在船上第一次绘制的，1883年被高宗皇帝正式采纳为朝鲜王朝的国旗。1949年3月25日，韩国文教部审议委员会在确定它为大韩民国国旗时作了明确解释：太极旗的横竖比例为3∶2，白地代表土地，中间为太极两仪，四角有黑色四卦。太极的圆代表人民，圆内上下弯鱼形两仪，上红下蓝，分别代表阳和阴，象征宇宙。四卦中，左上角的乾即三条阳爻代表天、春、东、仁；右下角的坤即六条阴爻代表地、夏、西、义；右上角的坎即四条阴爻夹一条阳爻代表水、秋、南、礼；左下角的离即两条阳爻夹两条阴爻代表火、冬、北、智。整体图案意味着一切都在一个无限的范围内永恒运动、均衡和协调，象征东方思想、哲理和神秘。

图2-1 韩国国旗

图2-2 韩国国徽

国徽：国徽公布于1970年7月。国徽中央为一朵盛开的木槿花，木槿花的底色白色象征着和平与纯洁，黄色象征着繁荣与昌盛。花朵的中央被一幅红蓝阴阳图代替，它不仅是韩国文化的一个传统象征，而且在此代表着国家行政与大自然规律的和谐。一条白色饰带环绕着木槿花，饰带上缝着国名“大韩民国”四字（见图2-2）。

国歌：《爱国歌》。

国花：木槿花。

2. 经济

20世纪60年代，韩国经济开始起步。20世纪70年代以来，持续高速增长，人均国民生产总值从1962年的87美元增至1996年的10548美元，创造了“汉江奇迹”。1997年，亚洲金融危机后，韩国经济进入中速增长期。2008年9月发生金融风暴后，韩国一度被认为，可能步冰岛后尘，成为第二个破产的国家。但不到一年，局势就翻转，韩国竟成为“OECD”30个会员国中复苏最快的。代表先进国家俱乐部的OECD，第二季平均成长率正好是0%，而韩国2009年首季经济增长率0.1%，第二季达到2.6%，第三季更高，达2.9%。2010年，韩国人均国民所得突破21640美元。

如今，韩国经济实力雄厚，钢铁、汽车、造船、电子、纺织等已成为韩国的支柱产业，其中造船和汽车制造等行业更是享誉世界。大企业集团在韩国经济中占有十分重要的地位，三星、现代汽车股份有限公司、SK、LG和KT（韩国电信公司）等大企业集团创造的产值在其国民经济中所占比重超过60%。

工业：主要生产部门有钢铁、汽车、造船、电子、化学、纺织等。2012年钢铁产量7291万吨，韩国浦项钢铁公司是世界最大的钢铁生产企业之一。2012年汽车产量455.77万辆，居世界第5位。电子工业以高技术密集型产品为主，为世界十大电子工业国之一，半导体集成电路发展尤为迅速。近年来韩国重视IT产业，不断加大投入，IT技术水平和产值均名列世界前茅。

农业：现有耕地主要分布在西部和南部平原、丘陵地区。农业人口约占总人口的8.8%。2012年稻米产量540万吨，小麦产量约22万吨。

旅游业：韩国风景优美，有许多文化和历史遗产，旅游业较发达。2012年访韩外国游客1114万人次，其中中国游客占33.6%，日本游客占31.6%。主要旅游服务设施为：全国有40多家饭店达到国际标准，其中部分已加入国际饭店预订系列。首尔的新罗饭店、乐天饭店、洲际饭店、朝鲜饭店、凯悦饭店、广场饭店、华克山庄饭店等被列入超豪华类别。主要旅游景点为：景福宫、德寿宫、昌庆宫、昌德宫、民俗博物馆、南山塔、江华岛、板门店、庆州、济州岛、雪岳山等。

三、艺术教育

1. 教育

在韩国，教育受到高度重视。

小学教育：在韩国，小学是六年制（1年级至6年级）。学生需要学习的科目包括国语、数学、社会、科学、艺术、音乐、道德、健教。通常班主任会任教大部分科目，但是有些学校设有专科教师负责教导学生一些科目，例如英语。

中学教育：韩国的初中是三年制（7年级至9年级），学生会与学习程度相近的学生同班。他们需要在初中阶段学习外语。

高中教育：韩国的高中也是三年制（10年级至12年级），学生多数时间会留在他们所属的班级，当老师教授完毕后便到另一班级继续向学生授课。

高等教育：学生完成高中课程后，将会选择高等院校。值得注意的是，现代汉语所指的“大学”，韩国称为大学校；韩国称为“大学”的院校，即为专门大学，类似台湾的专科学校、技术学院和科技大学。此外，“大学”在韩国也可以指大学的学术单位——学院。

全国各类大专院校数以千计。国立首尔大学是一所综合类院校，2013年亚洲大学最新排名第4位。其他受学生欢迎的学校包括：高丽大学、延世大学、梨花女子大学与庆熙大学等。

2. 艺术

韩国是个具有悠久历史和灿烂文化的国家，在文学艺术等方面很有特色。韩国的美术主要包括绘画、书法、版画、工艺、装饰等，既继承了民族传统，又吸收了外国美术的特长。韩国的绘画分东洋画和西洋画，东洋画类似中国的国画，用笔、墨、纸、砚表现各种话题。此外还有各类华丽的风俗画。与中国、日本一样，书法在韩国是一种高雅的艺术形式。韩国人素以喜爱音乐和舞蹈著称。韩国现代音乐大致可分为“民族音乐”和“西洋音乐”两种。民族音乐又可分为“雅乐”和“民俗乐”两种。雅乐是韩国历代封建王朝在宫廷举行祭祀、宴会等各种仪式时由专业乐队演奏的音乐，通称“正乐”或“宫廷乐”。民俗乐中有杂歌、民谣、农乐等。

乐器常用玄琴、伽耶琴、杖鼓、笛等。韩国民俗乐的特色之一是配舞蹈。韩国舞蹈非常重视舞者肩膀、胳膊的韵律。道具有扇、花冠、鼓。韩国的舞蹈以民族舞和宫廷舞为中心，多姿多彩。韩国的戏剧起源于史前时期的宗教仪式，主要包括假面具、木偶剧、曲艺、唱剧、话剧五类。其中假面具又称“假面舞”，为韩国文化象征，在韩国传统戏剧中占有极为重要的地位。

四、民俗文化

1. 韩国特色节日

安东国际假面舞节——10月6日至10月15日

安东国际假面舞节是在安东举办的乡土文化节。节日期间开展了油砂战车、河回假面舞等多姿多彩的民俗艺术活动。

大关岭雪花节——1月26日至1月30日

大观岭雪花节是在江原道平昌郡政府举行。节日当天举办大型观赏雕塑、雪雕大赛、传统雪橇比赛、黄柄山狩猎活动、滑雪大赛、冬季健身裸体长跑比赛等活动。

利川陶瓷器节——9月23日至10月8日

利川陶瓷节是一个土和火的节日，在韩国第一陶艺村“利川”举行，在这里游客可以以优惠30%～50%的价格买到百余种陶瓷名家传统和现代风格的陶瓷作品。届时还将举办各种展会并有为游客开设的陶艺教学班。

襄阳松茸节——9月至10月

襄阳松茸生长于高山松树树根上的松茸蘑菇，以其香美的味道和丰富的营养闻名于韩国和日本等地。襄阳松茸节举办地在襄阳郡政府，当天举办松茸模型展览、採集松比赛、松茸直销活动、小吃一条街、厨艺大赛、国乐（韩国乐）演奏会等丰富多彩的活动。

南道饮食节——10月中旬

为了展示韩国饮食特有的传统风味和全罗道人的温情厚意，每年在乐安邑民俗村举办韩国传统料理一条街、南岛国乐表演、传统婚礼等文化活动、为富有情趣的民俗村更增添了一份浓烈的节日气氛。

2. 韩国社会风俗

（1）韩国礼仪　韩国素以“礼仪之邦”著称，韩国人在交往中十分注重礼仪修养，长辈对晚辈可以称呼对方的名字，可不带其姓，在社会交往活动中，相互间可称对方为“先生”“夫人”“太太”“女士”“小姐”等；对有身份的人可称对方为“先生”“阁下”等，也可加上职衔、学衔、军衔等。

按照传统，韩国家庭成员之间的关系不仅仅是一种维护自身利益的关系，而且涉及范围很广泛，他们之间的血缘关系建立在一种合作和互相支援的传统基础之上，因此家庭成员之间的爱和责任感十分强烈，是无法割断的。家庭里的一家之长被视为权威所在，全家人都应该听从他的命令或遵照他的愿望行事。严格的命令必须服从，不得有违。儿辈或孙辈违抗长辈的愿望被韩国人视为不可想象的事情。

韩国人见面时的传统礼节是鞠躬。男人之间见面打招呼互相鞠躬并握手，女人一般不与人握手。

用餐礼仪：韩国饭馆内部的结构分为两种：使用椅子和脱鞋上炕。

在炕上吃饭时，男人盘腿而坐，女人右膝支立——这种坐法只限于穿韩服时使用。现在的韩国女性平时不穿韩服，所以只要把双腿收拢在一起坐下就可以了。坐好并点好菜后，不一会儿，饭馆的大妈就会端着托盘先取出餐具，然后是饭菜。

饮酒礼仪：韩国人家里如有贵客临门，主人感到十分荣幸，一般会以好酒好菜招待。客人应尽量多喝酒，多吃饭菜。吃得越多，主人越发感到有面子。

传统观念是“右尊左卑”，因而用左手执杯或取酒被认为不礼貌。经长辈允许，下级（晚辈）才可向上级（长辈）敬酒。敬酒人右手提酒瓶，左手托瓶底（双手都要用上），上前鞠躬、致词，为上级（长辈）斟酒，一般是一连三杯，敬酒人只是敬酒，自己是不能与长辈同饮的。级别与辈分悬殊太大者不能同桌共饮。在特殊情况下，身份高低不同者一起饮酒碰杯时，身份低者要将杯举得低，用杯沿碰对方的杯身，不能平碰，更不能将杯举得比对方高，否则是失礼，晚辈和下级也应背脸双手举杯而饮。

礼品礼仪：在韩国，如有人邀请你到家吃饭或赴宴，你应该带小礼品。送礼不宜送香烟，酒是送韩国男性最好的礼品，但不能送酒给妇女，除非你说清楚这酒是送给她丈夫的。韩国男性多喜欢名牌纺织品、领带、打火机和电动剃须刀等；女性喜欢化妆品、提包、手套、围巾等物品和厨房里用的调料。

（2）韩国美食

泡菜：具有韩国代表性之一的泡菜是韩国人餐桌上必不可少的发酵食品。在关注饮食健康的当今，不仅在韩国，在其他许多国家泡菜已成为大众化饮食。最为熟知的泡菜是用红辣椒为料制作的辣白菜，但实际上泡菜的种类多达数十种。另外还有利用泡菜制作的泡菜汤、泡菜饼、泡菜炒饭等许多料理。

拌饭：与泡菜一同被列为韩国代表饮食的拌饭，作为韩国最高传统饮食，是在白米饭上拌上炒肉，各种各样的青菜，与辣椒酱或调料等一起拌着吃，不仅可口，有益健康，而且制作容易，食用方便，成为飞机上的最佳饮食。拌饭的故乡全州有很多著名的小吃店，在首尔也有很多知名的拌饭店。

饺子汤：饺子汤是寒冷的冬天韩国人喜爱的美味中的美味，吃一碗暖到了心里。将几个肉菜馅的大饺子放入汤里煮好后即成饺子汤。近来除了猪肉或牛肉馅外，放入野鸡肉做成的饺子汤也很好吃，饺子皮还可以掺入蔬菜做成粉红色或黄色。一年四季中特别是冬天饺子汤吃得最多，和泡菜一起吃更可口。

鲤鱼豆饼：在面粉和糯米面里放上小豆做成的鲫鱼豆饼（鲤鱼豆饼）也是冬季的街头美味。因为是用糯米做成的，所以吃起来味感筋道，且物美价廉。

炒年糕：韩国的路边小吃中最有代表性的要数甜甜辣辣的炒年糕了。将年糕切成糕条（长白条状，一般在韩国春节时煮年糕汤喝）做成炒年糕，和鱼丸、油炸食品一起吃，是男女老少皆喜爱的路边小吃。

参鸡汤：韩国人偏爱参鸡汤，高丽人参炖煮的鸡汤味道鲜美，且选用的人参滋补不上火，夏天也可以喝。

紫菜包饭：紫菜包饭本是最平常的一道韩国风味美食，但地道的韩国紫菜包饭中加入了香油和芝麻，吃起来有一种特别的脆香。

米肠：米肠是韩国传统风味小吃，一般是洗干净的猪肠里放入绿豆芽、糯米和猪血等拌匀调味的馅，放进蒸锅蒸或者煮熟而成。

此外，还有鱼丸、炸酱面、真鲷粥、鳆鱼粥、清蒸小鲍鱼等知名小吃。

（3）习俗禁忌　韩国人普遍忌“四”字。因韩国语中“四”与“死”同字同音，传统上认为是不吉利的，因此，在韩国没有四号楼、四层楼、四号房，军队里没有第四师，宴会厅里没有第四桌，敬酒不能敬四杯，点烟不能连点四人。此外，孕妇忌打破碗，担心胎儿因此而裂嘴；婚姻忌生肖相克，婚期择双日，忌单日；节庆期间要说吉利话；男子不要问女子的年龄、婚姻状况；打喷嚏时要表示歉意；剔牙要用手或餐巾盖住嘴；交接东西要用右手，不能用左手，因传统观念上认为“右尊左卑”，认为用左手交接东西是不礼貌的行为，给长辈或接长辈给的东西要用双手等。

（4）服饰特色　韩服是韩国的传统服装，优雅且有品位，近代被洋服替代。只有在节日和有特殊意义的日子里穿。女性的传统服装是短上衣和宽长的裙子，看上去很优雅；男性穿裤子、短上衣、背心、马甲显出独特的品位。白色为基本色，身份、季节不同，材料和色彩都不同。在结婚等特别的仪式中，一般平民也穿戴华丽的衣裳和首饰。近年，增加实用性的生活韩服很受欢迎。

韩服可根据身份、功能、性别、年龄、用途、材料分类。现代观点中，用途上的区分最有代表性。根据生活风俗用途，韩服分为婚礼服、花甲服、节日服、周岁服等。

节日服：在韩国，春节早上必须给父母拜年，父母穿平常韩服，孩子们穿色童（七色彩缎）短衣和韩服拜年。

周岁服：在韩国，孩子一周岁的时候要举行祈求孩子无病长寿的仪式。这时，孩子要穿周岁服。男孩子穿浅色衣服，一般是蓝色边粉红色短衣浅紫色裤子，上面穿蓝色背心，草绿色衣带。女孩子用深绿色或黄色做短衣，周岁或特殊的日子里穿色童短衣，最近也给周岁的女孩子穿唐装。

花甲宴服：是子女们为花甲的父母举办的仪式，祝父母身体健康长寿，这时摆上宴席祝寿。花甲宴的男性穿戴金冠草服，女性穿小礼服或唐装。

婚礼服：传统婚礼上的韩服比平常韩服华丽。婚礼上，新郎穿裤子、短衣背心，带结上穿外套、戴纱帽冠带，穿木靴。

新娘是红裙黄短衣上穿圆衫，戴发簪，发簪上垂着前缀和飘带。

生活韩服：传统韩服因穿戴复杂繁琐，仅在特殊的日子里穿。因此，最近出现追求简单便利的生活韩服。生活韩服种类繁多，根据材料的多样性和设计的差异生产各种各样的样式。因其传统美和价格低廉也受到国外游客的欢迎。

五、旅游资源

1. 首尔旅游

奔腾的汉江两岸，历史文化和现代商业自然交融着。首尔，一个时尚与传统完美交融的地方。朝气蓬勃的人群、繁华喧闹的城市、迷人的自然景观、悠久的历史文化，这就是首尔。充满活力的首尔到处呈现出令人心动的景象，无论是漫游幽雅富丽的故宫遗址——景福宫，还是投入民俗文化区的怀抱，或是一探“大长今”的踪迹，和体验世界一流游乐园的疯狂刺激，整个旅程都会留给游客留下深刻的印象和新奇的感受。

（1）最佳旅游时间　首尔秋季雨水少，气候适宜，是最佳旅游时间。十月初的雪岳山枫叶转红，落英缤纷；到了十一月上旬，首尔的故宫已是红叶满园，秋意正浓；还有那楚楚动人、含羞带怯的波斯菊为深秋更添一份浪漫的情趣。

首尔冬季寒冷，此时的首尔就成为滑雪爱好者的宝地。在冬天的首尔，不可不享受滑雪的乐趣。首尔大部分滑雪场都具备夜间滑雪设施，住宿设备也很齐全，其中以熊城滑雪场和龙平滑雪场最为出名。

（2）美食小吃　从朝鲜时代起，五百多年来首尔一直是首都，所以，至今还保留着旧时的饮食风格。首尔饮食不咸也不辣，味道适中；量虽少，但种类繁多，强调菜式美观大方。

在首尔，位于西大门区大新洞的石兰，以及韩国之家的韩式客饭很有名，午餐尤为价廉，但须提前电话预约。冷面在各大众化餐厅都有，较有代表性的是“又来屋”。首尔的梨泰院花园、三元花园、西门会馆等则以烤肉出名。而韩国泡菜更是韩国大众食品，但在不同的餐馆会有不同的味道。

（3）旅游景点

乐天世界：乐天世界是首尔市中心一个集娱乐、参观为一体的主题公园，有惊险的娱乐设施、宽敞的溜冰场、各种表演、民俗博物馆，另外还可以在湖边散步，是一个非常受游客欢迎的主题公园。每年来这里参观的游客多达600多万人次，其中外国游客占10%。独具匠心的自然采光设计，使得这里一年365天都可以接待游客。

N首尔塔：N首尔塔位于韩国首尔特别市龙山区的南山，前称首尔塔或汉城塔，高236.7米，建于1975年，是韩国著名的观光点。N首尔塔的N既是南山（Namsan）的第一个字母，又有全新（new）的含义。工程耗资150亿韩元，新安装了适用于不同季节和不同活动要求的照明设备，装饰了塔身。每晚7点至12点，还有6支探照灯在天空中拼出鲜花盛开的图案——“首尔之花”。

青瓦台：青瓦台是韩国总统府，坐落在首尔市西北部，面向景福宫，背靠北狱山和仁旺山，是韩国政治中心。青瓦台是在古代建筑景武台的基础上修建的，最显著的特征就是它的青瓦。青瓦台共有15万块青瓦，每块都能使用100年以上。青瓦台由位于中央的主楼、迎宾馆、绿地园、无穷花花园、七宫等组成。所有建筑都是按照韩国传统建筑模式建造。主楼右侧是春秋馆，房顶是用传统的陶瓦做成的，用作总统召见记者。主楼左侧是迎宾馆，用来接待外宾。

景福宫：景福宫是李朝（1392—1910）时期韩国首尔的五大宫之一，也是李氏王朝的正宫，它是李朝的始祖——太祖李成桂（1392—1398年在位）于1395年将原来高丽的首都迁移时建造的新王朝的宫殿，具有500年历史。中国古代《诗经》中曾有“君子万年，介尔景福”的诗句，此殿因此而得名，又因位于首尔北部，也叫“北阙”。景福宫是首尔规模最大、最古老的宫殿之一，是韩国封建社会后期的政治中心。计有200栋以上的宫阁，建筑酷似中国北京紫禁城的宫苑。

明洞：明洞位于首尔中区，是韩国代表性的购物街，不仅可以购买服装、鞋类、杂货和化妆品，还有各种饮食店，同时银行和证券公司云集于此。和商品中低档的南大门、东大门相比，明洞的商品以中高档为主。明洞大街两旁都是高级名牌的店铺，明洞大街两侧的胡同里都是中档品牌的店铺和保税商店。这里还有阿瓦塔和美利来等大型购物中心，附近还有乐天百货店、新世界百货店和很多综合购物中心。

爱宝乐园：首尔近郊的主题公园——爱宝乐园是一个集休闲、娱乐、教育与文化等功能于一身的国际性度假胜地。爱宝乐园由庆典世界、加勒比海湾、速度之路（赛车场）组成。庆典世界由40多种游乐设施和一座综合野生动物园构成，并且随着不同的季节而开展不同的庆典活动。加勒比海园是以中南美洲的加勒比海为主题，建造成具有异国风情的综合水上乐园，游客可在人工波浪中，尽情享受冲浪的乐趣。韩国最有代表性的主题公园，号称是世界唯一的综合野生动物园。

北汉山：北汉山国立公园位于首尔市北面，这里四季景色秀丽，1983年被指定为国立公园，总宽度为78.45千米，与京畿道和6个区接壤。北汉山的意思是北面最大的山，也被称为三角山、负儿岳。巨大花岗岩形成陡峭曲线是北汉山的最大特点，高耸的岩峰和岩峰间流淌着的清澈溪谷断然可见。山峰千姿百态，其中有836.5米的白云峰，岩峰和树木之间生存有1300余种动植物。岩峰中的第一高峰是仁寿峰的奇岩，世界闻名的悬崖仁寿峰达200米以上，光是路线就有100多个。站在白云台顶上，透过云层，首尔和汉江尽收眼底。

首尔广场：首尔市政府是1926年竣工的文艺复兴式的石造建筑。市政府前的首尔广场是“三·一”运动、6月民主化运动等历史性事件的舞台，也是2002年韩国世界杯当时数十万名的市民聚集一起共同呐喊助威的地方，从而受到全世界的瞩目。2004年重新组建成为椭圆形草地广场，并进行各种大型的庆典活动。广场还设有喷水池、48个照明灯及市政府本馆建筑外壁的圆形钟等景点。尤其是圆形钟罢漏已成为首尔广场的名物。特别是每天正午敲响的普信阁钟声与喷水池的水中照明相结合组成了35种华丽的景观。

宗庙：宗庙是供奉李朝历代国王牌位、举行祭祀的地方。1394年太祖（1335—1408）李成桂在创立李氏王朝后，在新的都城即汉阳修建了景福宫，同时也在这里修建了宗庙。由于这里很好地保留了庄严的祭礼、祭礼乐等古老的传统及习俗，因而被指定为世界文化遗产。

2. 釜山旅游

釜山永远是热闹沸腾的，人、鱼、海鲜拥塞市场与街巷，港都风情甚浓。这里，船只浮游，海洋波光粼粼，名刹众多。釜山地处气候较暖的韩半岛南端，拥有韩国最大最有名的天然港口，也是韩国南端的门户。人口约380万，是工业和商业的中心，也是韩国的第二大城市。1950年朝鲜战争爆发期间，釜山曾为韩国的临时首府，1963年升为中央直辖市。

（1）最佳旅游时间　在韩国，6—8月的天气潮湿多雨，加上七八月的酷暑，大部分的韩国人喜欢在这一时期到釜山的海滨地区避暑度假。然而釜山属于大陆东岸的温带气候，所以每年受两三次台风的直接或间接影响。

（2）美食小吃　釜山以海鲜著名，吃生鱼片就要到釜山鱼贝市场（札嘎其市场）或日式餐厅，当然海云台及广安里海边，也有海鲜店排比相列，而家喻户晓的烤牛排（先以盐巴、麻油腌后放在铁板上烤熟）的起源地便是海云台，著名的餐厅是望月山丘的望月之家与富光花园，并有山丘的樱花行道树与海景陪衬。面粉加海鲜、葱煎成的海鲜葱煎饼，是东莱温泉的著名小吃；闲丽水道沿岸的海鲜烹饪、统营的寿司也颇为著名。

（3）民俗节庆

釜山札嘎其节：札嘎其市场是著名的海产市场，在这里举行的札嘎其节是韩国国内最大的水产品文化节。主要活动包括游客直接参与的水产品体验节目和乘坐海上游览船的观览活动等。每年10月份游客可以一边品尝丰富的海鲜风味，一边享受港口城市独特的风情。

釜山国际电影节：以介绍全世界各种题材的电影文化、挖掘新人、重新评价被遗忘的作品和电影工作者为宗旨，每年10月在海洋城市釜山举行。电影节自1996年9月13日开幕至今，获得了“亚洲地区最具活力的电影节”的美誉。

（4）旅游景点

海云台：海云台是韩国南部的旅游胜地。在东南沿海的水营湾内，釜山东北约18千米处。有蜿蜒2千米的白沙海滩和葱郁的冬柏岛，每年在此定期举行游泳大赛和放风筝比赛。海岸和火车站间有温泉，东边著名的“迎月之路”可观赏美丽的海滨夜景。海云台浴场沙净如玉、海水清浅、气候宜人，是理想的海滨浴场，浴场与附近海云台温泉驰名全国。海云台为韩国八景之一。

海云台的温泉非常出名，是韩国唯一的和海洋相近的温泉，水温45～50℃，海云台的温泉水是含有镭的成分的单纯碱性食盐温泉，对肠胃病、妇女病、皮肤病有特殊疗效。

冬柏公园：冬柏树自然生长的南海岸线上有不少叫作山茶岛的岛屿，其中过去曾是海中岛屿的釜山冬柏岛，如今已与陆地相连。冬柏岛非常小，四周生长着茂盛的冬柏树和松树。岛的山顶上竖有崔致远（新罗时期的学者和作家）先生的铜像和纪念碑。冬柏岛被釜山广域市指定为第46号纪念物。前往海云台观光的游客很容易就可看到岛上的冬柏公园和沙滩附近高2.5米的美人鱼像。

龙头山公园：位于釜山繁华的市区。公园的地形仿佛是一条面朝大海的卧龙的头部，故而取名为龙头山公园。登上龙头山，可俯瞰繁华市区全景和海洋风光。晴天时，甚至可瞭望到远方的对马岛。观赏夕阳和夜景，更具浪漫情调。公园内有百花簇成的花钟，白山安熙济先生的铜像，还设有抗日救国英雄李舜臣将军的铜像。釜山市悠久的象征性建筑——釜山塔，也坐落于这座美丽的公园内。

海东龙宫寺：位于釜山东海岸，是韩国唯一一座位于海边的寺庙，周边景色非常优美。龙宫寺由懒翁大师创建于1376年高丽禑王时期，依山傍海，内有海水观音、大雄殿、龙王堂、窟法堂、四狮子三层石塔等景观。

3. 济州岛旅游

位于朝鲜半岛南端的济州岛，是韩国最大的岛，方圆1825平方千米，居民51.45万，是个由火山喷发而形成的火山岛。围绕济州岛，周围还有8个有人岛和 55个无人岛。岛中央海拔1950米的汉拿山，号称韩国第一高峰，因受近海暖流的影响，全年气候温和，有“韩国的夏威夷”之称，与龙头岩一起，是济州岛的象征。加之256千米漫长的海岸线，形成了一片有“梦幻乐园”之称的土地。岛上具有众多濒临灭种危机的珍贵动植物，獐子是这里的代表性动物，在汉拿山随处可见它的身影。所以济州岛被联合国教科文组织定为“生物保护圈”。自太古遗留的自然神秘景观，济州先民的生活智慧所凝聚的民俗文化，流传岛上有1万8千多位鬼神的神话，使济州岛的寸草寸土都灵气四溢。

济州岛以风多、石头多、女人多闻名于世，济州岛风光秀丽、气候温暖，拥有独特的风土人情。这里是世界性的修养胜地，曾在这里举办过韩日和韩美首脑会谈，是举办首脑会谈等重要的国际会议的国际旅游胜地。

（1）最佳旅游时间　春秋季节最适宜游览济州岛，但在其他的季节里，也有着意想不到的美景。

（2）美味小吃

韩式糯米糕：济州岛产很多荞麦。在和好的荞麦面里放萝卜菜或豆沙馅卷起来的年糕，也称为草席糕。

黏小米糕：济州岛几乎不产大米而产许多杂谷，用米做的年糕只在节日、祭祀时吃，平常只吃荞麦、小米、大麦、红薯做的年糕。把黏的小米泡在水里再放到石臼里捣碎后做成糯米糕蘸豆沙。

糖水蜜橘：柑橘是济州的名产，把蜜橘去皮后，每块放在蜜橘汁和白糖水里，再放几颗松子即做成糖水蜜橘。

（3）民俗节庆

济州王樱花节：每年3月底到樱花烂漫的时节，夜晚人们会走出家门，去感受一下观赏樱花的情趣。沿着樱花之路举行的济州王樱花节，别具风味的小吃、开幕祝贺演出、济州乡土饮食等都让人难忘。

油菜花节：油菜花作为济州特殊的农作物，每年4月中旬，以油菜花为背景的油菜花节就开始了。节日期间，举行祝贺公演、摄影大赛等丰富多彩的活动。

济州柑橘节：每年12月中旬，为了对外宣传品种优良的济州橘子，每年12月都举行济州柑橘节。有柑橘小姐选拔赛、民俗饮食及土特产销售等内容丰富的活动。

（4）旅游景点

泰迪熊博物馆：展馆大体可分成历史馆和艺术馆以及企划展厅。

在历史馆中，有与百年历史中有名的场面相结合而再现历史人物的玩具熊、古董玩具熊等，其中达·芬奇创作的《最后的晚餐》和《蒙娜丽莎》的泰迪玩具熊造型尤其引人注目。

在艺术馆中，可以欣赏到将玩具熊引入世界艺术之路的大师们的鲜活作品，还有深受孩子们喜欢的动画人物。这里更有世界上最小的玩具熊，它只有4.5毫米大，值得一看。

企划展厅展示的是根据不同时期主题而展出的各种泰迪玩具熊。

汉拿山：汉拿山巍然耸立于济州岛的中部，是代表济州岛的名山，又称瀛州山。汉拿山分布着各种植物，有着很高的学术研究价值，汉拿山意为“能拿下银河的高山”，山顶上有约25000年前因火山爆发而形成的直径500米的火山湖白鹿潭，周围有360多个大小因火山爆发形成的小火山。白鹿潭意为下凡的神仙与白鹿游玩的地方。山顶上的白雪到初夏也不化，其景致之独特为其他地方所没有。爬到火山口，沿口岸转一圈（约4千米），济州全岛尽收眼底，如同沿海岸公路绕岛一周。

龙头岩：位于济州市中心的龙潭洞的海边，形似神话传说中的一条巨龙。它是200万年前由汉拿山火山口喷出的熔岩在海上凝结而成的，模样有如龙头。龙头岩露出海面的部分有10米高、沉在海底的部分约30米。离这儿200多米远的地方有龙渊，满月时的龙渊风景使人赞不绝口。

城山日出峰：在日出峰顶观看日出，令人叹为观止的美丽和庄严，仿佛带你进入一个美妙的境地；峰顶上可看到海岸线辽阔的大海和草原上壮丽的田园风光；日出峰西海岸有海螺、鲍鱼养殖场，那里能看到海女潜水的情景。城山日出峰是耸立在济州岛东端的巨大岩石，为汉拿山360个子火山之一，也是世界最大的突出于海岸的火山口。火山口周边有99块奇岩怪石，聚在一起状如巨大的王冠。

【知识链接】

韩币的基本单位是韩元。韩国的货币单位为“元”，用“WON”表示。韩币有纸币和硬币两种。纸币有1000韩元、5000韩元、10000韩元、50000韩元四种，易于根据纸币上面印的历史人物和颜色加以分辨，同时50000韩元上首次将女性头像印在其上，表示追求两性平等。现流通的硬币有10韩元、50韩元、100韩元、500韩元四种（10韩元是最小单位）。

【课外阅读】

—韩国之旅—

吃不饱。韩国饮食以泡菜文化为特色，一日三餐都离不开泡菜。韩国传统名菜烧肉、泡菜、冷面已经成了世界名菜，但却非常不适合中国人的口味，菜的特点是没油少盐，更别提其他佐料了。正常的标准是：四人一小桌，一个烤炉和待烤的肉，几碟泡菜，一盘海带汤，每人一碗米饭，就着冷水就那么吃。5天的生活，让很多人有了受“虐待”的感觉，一顿普通的“中餐”——准确地说是“中国料理”，反而成了大家最高的奢望。

重视国产。在韩国，可以看到无论是汽车、电子产品还是化妆品，使用和销售的大多是本国产品。其实真正在韩国长期居住的人知道，韩国人不是重视国产品牌，而是他们的国产品牌企业同样重视本国人的购买需求与满意度。在韩国，LG，三星，现代这样的大集团的产品享受的远不仅仅是我们国内所说的3包，一句话，不满意可以直接去退货，购买产品的全程都是很贴心的服务，产品质量好，而且服务态度好，价格还比进口的产品便宜，这样的产品，放在哪个国家人民都受欢迎。

物价贵。韩国的物价要比国内贵5倍左右，一般一瓶矿泉水超市7元人民币，一个苹果12元人民币，一盘炒蛋100元人民币，一碗米饭10元人民币。据说，牛肉的价格是猪肉的10倍。电子产品和国内相比，一般是国内价格的2.5倍。不过韩国的人均收入高，普通人最低月收入都有16000元人民币，公务员月收入30000元人民币，所以相对他们的收入而言可能不算贵。据说目前首尔市区一套100平方米的房子需要200～300万元人民币。

文明程度高。街道到处干干净净的，没有污水横流，饭店也没有油烟滚滚。街边的空调室外机的出气口是朝上的，热气不会直接吹向行人。公共场所入口处都摆放着自动雨伞套，从雨中进来的人只要把雨伞插入机器，就自动套上塑料袋了，因此也就不会把雨水带入屋内。据说韩国根本就没有环卫工人。被韩国人称为“化妆间”的厕所总是在你需要的时候在最显眼的地方出现，里面也是干干净净的，不收费而且还提供手纸。

韩流效应。不知是近几年国内兴起的“韩流”促成了影视旅游，还是韩国的历史文化与自然景观确实不够丰富。“影视旅游”成为韩国旅行中不可缺少的组成部分。

【课后习题】

1. 根据所阅读韩国风俗文化，分组设计一个全程接待韩国商务人员的方案，并评析其可行性。

2. 撰写开拓韩国客源市场的计划书，分组投标，竞选。

日本

一、国家概况

根据日本民间传说，日本于公元前660年2月11日建国。“日本”这个词的意思是“朝阳升起的地方”（近日所出）。日本国一词意即“日出之国”。

1. 位置、领土和地形

日本位于亚欧大陆东部、太平洋西北部，由北海道、本州、四国、九州4个大岛和其他6800多个小岛屿组成，众列岛呈弧形。日本东部和南部为一望无际的太平洋，西临日本海、东海，北接鄂霍次克海，隔海分别和朝鲜、韩国、中国、俄罗斯、菲律宾等国相望。日本北海道有世界最著名的渔场之一——北海道渔场，其成因是千岛寒流与日本暖流交汇。

日本的总面积为：377835平方千米。

日本境内多山，山地成脊状分布于日本的中央，将日本的国土分割为太平洋一侧和日本海一侧，山地和丘陵占总面积的71%，国土森林覆盖率高达67%。富士山是日本的最高峰，海拔3776米。富士山（见图2–3）被日本人尊称为：圣岳。

图2–3 富士山

2. 气候

日本全国横跨纬度达25°，南北气温差异

十分显著。北海道与本州的高原地带属亚寒带，本土地区属温带，而冲绳等南方诸岛则为亚热带。此外，日本所处位置令它受到季候风及洋流交汇的影响，因此四季分明、降水充沛。日本可分为六个气候区，分别是：北海道气候，北海道不受梅雨的影响，降雨量较日本其他地方少；日本海一侧气候，范围为本州岛西部海岸地区；中央高地气候，典型的内陆性气候，冬寒夏凉；太平洋一侧气候，包括了本州东海岸、南四国和九州大部分地区；濑户内海式气候，包括山阳地方、北四国、近畿与九州局部地区。

3. 天然资源

因为日本属于火山活动多发地域，所以埋藏的矿物资源种类丰富。因此在第二次世界大战之前，矿业比较发达。但到了战后，对矿业危害的环境对策，以及从业人员的安全对策造成生产成本大幅增加，导致了行业衰退。仍在出产的有：成本较低的可以露天挖掘的石英、石灰石，以及纯度高、有国际竞争力的金、银、石油、天然气等。

4. 民族人口

日本总人口1.27亿（2014年）。主要民族为大和民族，北海道地区约有2.4万阿伊努族人；通用日语，北海道地区有少量人会阿伊努语；主要宗教为神道教和佛教，信仰人口分别占宗教人口的49.6%和44.8%。

5. 种姓制度

直到江户时代，普通百姓只能有名不能有姓（只有王公贵族等统治阶级才配有姓）。公元1875年，明治政府颁布了“姓氏法”，规定人人必须拥有姓氏。但当时的平民百姓大多不识字，于是只能随意为自己“编”姓——如周围有山有田，就姓山田；有山有川，就姓山川……全国出现了多如牛毛的姓氏，且一直沿用至今。

日本人的姓氏已多达11余万个，成为世界上姓氏最多的国家。日本人的“大姓”也有好几个，如铃木或佐藤的人各有200万之多，超过100万人的“大姓”还有高桥、田中、山本、伊藤、渡边等。

按照日本法律，夫妇须同姓（既可用男方的姓，也可用女方的姓）。

6. 简史

考古学和人类学观点认为日本民族是主要由东北亚通古斯语族人、古代中原人、少量长江下游的吴越人、少量马来人以及中南半岛的印支人，逐渐迁移到日本融合衍变而来。

公元4世纪中期，大和政权统一了割据的小国，即大和国。公元645年发生文化革新，仿照唐朝律令制度，建立起天皇为绝对君子的中央集权国家体制。12世纪末，源赖朝受封征夷大将军，并在镰仓建立日本历史上第一个幕府政权。1868年天皇发布《王政复古大号令》宣布废除幕府，实行“明治维新”，建立统一的中央集权国家，恢复了天皇至高无上的统治，并迁都江户，后改名为东京。之后从政治、经济、文教、外交等各方面进行了一系列重大的改革，日本国力逐渐强大并逐步走上了侵略扩张的道路（1894年发动甲午战争；1904年挑起日俄战争；1910年吞并了朝鲜）。1926年，裕仁登基，年号“昭和”，即昭和天皇。1945年（昭和二十年）8月15日，日军投降。

二、政治经济

1. 政治

政体：日本为君主立宪国，宪法订明“主权在民”，而天皇则为“日本国及人民团结的象征”。如同世界上多数君主立宪制度，天皇没有政治实权，但备受民众敬重。日本是世界上唯一一个宪法没有赋予君主任何权力的君主制国家。

日本政治体制三权分立：立法权归两院制国会；司法权归裁判所，即法院；行政权归内阁、地方公共团体及中央省厅。

行政区：日本行政区划分中的都、道、府、县是平行的一级行政区，直属中央政府，但各都、道、府、县都拥有自治权。

首都：东京是日本的首都，全称东京都，是日本的政治、经济、文化中心，是日本的海陆空交通的枢纽，是现代化国际都市和世界著名旅游城市之一。

国旗：日章旗，亦称太阳旗，呈长方形，长与宽比为3∶2（见图2–4）。旗面为白色，正中有一轮红日。白色衬底象征纯洁，红日居中象征忠诚。传说日本是太阳神所创造，天皇是太阳神的儿子，太阳旗来源于此。日章旗古已有之，作为正式国旗是明治三年（1870年）根据太政官布告第57号颁布制定的。

图2–4　日本国旗

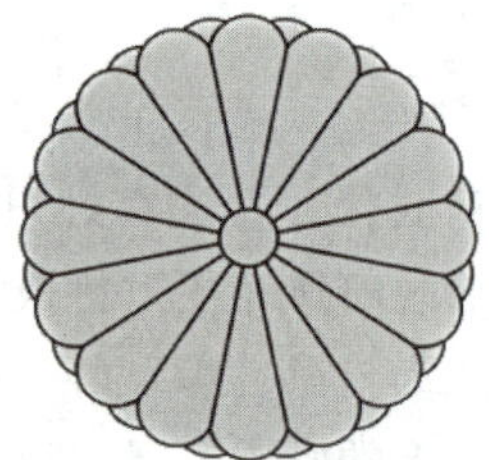

图2–5　日本国徽

国徽：圆形，绘有16瓣黄色菊花瓣图案（菊花图案也是皇室御纹章上图案）（见图2–5）。

国歌：《君之代》是日本国歌。歌词：吾皇盛世兮，千秋万代；砂砾成岩兮，遍生青苔；长治久安兮，国富民泰。

2. 经济

日本经济高度发达，国民拥有很高的生活质量，人均国内生产总值超过四万美元稳居世界前列，是全球最富裕、经济最发达和生活水平最高的国家之一。从1968年至2009年，日本一直保持世界第二大经济体的地位，直到2010年才被中国超越。

日本的服务业，特别是银行业、金融业、航运业、保险业以及商业服务业占GDP比重较大，而且处于世界领导地位，首都东京不仅是全国第一大城市和经济中心，更是世界数一数二的金融、航运和服务中心。自二次大战后，日本的制造业得到迅速发展，尤其电子产业和汽车制造业。日本三菱是世界上仅次于美国通用的超级企业财阀，2007年仅在三菱旗下的世界五百强企业就达到了11家。日本的电子产业和高科技著名制造商包括索尼、松下、佳能、夏普、东芝、日立等公司。汽车业方面，日本公司的汽车生产量超越美国和德国，是全球最大的汽车生产国。其中丰田、马自达、本田和日产等制造商，均有出产汽车行销全球。日本拥有世界资产最庞大的邮储银行，三菱UFJ金融集团、瑞穗金融集团和三井住友金融集团。

工业：日本工业集中于几个工业区的方式发展，例如关东地方和东海地方，东京和福冈之间。一个狭长型的工业地带拥有亚洲最悠久的工业史。许多产业在日本是高度发展，包含消费性电子、汽车、半导体、光纤、光电、多媒体、影印机、高级食品。但是也有一些产业日本并不重视或是没有发展条件例如卫星、火箭、大型飞机。因为这些需要大量矿产基础也具有军事敏感性，所以JAXA也许会采用和别国合作方式完成载人登月行动，因为这些行业的配套行业例如电脑补助生产（CAD/CAM），软件数据库，日本都已经具备。

服务业：日本服务业产值极为重要占了全国3/4的经济产值。银行、保险、房产中介、零售（百货）、客运、通讯都是服务业，比如三菱UFJ、Mizuho、NTT、TEPCO、Nomura、三菱地产、新东京海上产物、JR铁路。全日空等公司都是全球该领域的龙头企业。可见，日本将拥有未来最大规模服务业，也是很多工作机会的提供者。

动漫产业：日本是世界第一大动漫强国，其动画发展的模式具有鲜明的民族特色。年产值230万亿日元，已成为日本的经济支柱，在世界占有重要位置。日本动漫产业模式完整，世界70%的动漫作品来自日本，动漫产业占日本GDP的比重超过10%，同时，日本也是世界上最大的动漫产业创作输出国。

三、科技教育

1. 教育

日本学校教育分为学前教育、初等教育、中等教育、高等教育四个阶段，学制为小学6年、初中3年、高中3年、大学4年，其中小学到高中为12年义务教育。日本认为随着将来科学技术的进步，产业结构的高度化，势必对劳动力的质量提出更高更强的要求，因此重视国民教育，每年都投入相当比例的教育经费，特别强调提高科学文化教育。

在小学下面设有幼儿园，在大学之上设研究生院。幼儿园是非强制性学校，招收3岁以上的儿童。其目的在于通过为幼儿提供适宜的有教育意义的环境，促进他们的身心发展。小学和初中是强制性学校。所有年满 6岁的儿童都要上小学，所有读完小学课程的儿童都要升入初中继续学习。小学对 6～12岁儿童进行初等普通教育。初中是在小学教育的基础上，对12～15岁儿童，进行中等普通教育。高中是在初中教育的基础上，对学生进行高等普通教育和专业教育。高中分普通科和职业科。前者以普通教育为主，后者以职业教育为主。不论是普通科的毕业生还是职业科的毕业生，都有资格考大学。大学作为学术中心，在向学生传授广博知识的同时，传授和研究精深的专门的科学、艺术，并发展学生的才智、道德以及应用能力。大学有国立大学、公立大学和私立大学。著名的国立综合大学有东京大学、京都大学、东京工业大学等，著名的私立大学有早稻田大学、庆应义塾大学、日本大学等。日本重视社会教育，函授、夜校、广播、电视教育等较普遍。

2. 体育

日本是一个非常重视体育发展的国家。由于民族文化背景，日本也保留着传统的民族运动项目，主要有如下一些项目：

相扑：来源于日本神道的宗教仪式。在奈良和平安时期，相扑是一种宫廷观赏运动，而到了镰仓战国时期，相扑成为武士训练的一部分。18世纪兴起了职业相扑运动，它与相扑比赛极为相似。神道仪式强调相扑运动，比赛前的踩脚仪式（四顾）的目的是将场地中的恶鬼驱走，同时还起到放松肌肉的作用。场地上还要撒盐以达到净化的目的。相扑手一旦达到了横纲，几乎就可以说是站在了日本相扑界的顶点，将拥有终身至高无上的荣耀。

柔道：在全世界有广泛声誉。柔道的基本原理不是攻击，而是一种利用对方的力量的护身之术，柔道家的级别用腰带的颜色（初级：白，高级：黑）来表示。柔道是中国拳术的发展，源自少林之门。明末，中国的一位武林高手陈元赟将中国的传统武术传到扶桑（今日本），成为现代风行世界的柔道先河。

剑道：是指从武士重要武艺剑术中派生而出的日本击剑运动。比赛者按照严格的规则，身着专用防护具，用一把竹刀互刺对方的头、躯体以及手指尖。

空手道：是由距今五百年前的古老格斗术和中国传入日本的拳法揉合而成的。空手道不使用任何武器、仅使用拳和脚，与其他格斗运动相比，是一种相当具有实战意义的运动形式。

合气道：是日本一种以巧制胜的武术。

3. 科技

日本是重视技术创新的国家，多年来一直坚持“技术立国”“技术立社”的方针，使日本成为一个技术创新的大国。20世纪60年代—80年代，日本曾耗资近60亿美元从国外引进技术25777项，其中购买专利技术占80%，引进专利技术后，经消化吸收，进行二次开发，即所谓“技术立国”政策。日本在引进技术之后，由通产省主导经济结构变革方向，并由政府重点扶持大企业，在国内进行大规模的技术改造，形成了自己独特的工业技术体系。在技术创新中，日本擅长在原有技术基础上的改进和提高，在应用技术、民用技术的研究等方面形成了优势。虽然过于倚重“拿来主义”，但对其产业技术竞争力提高有重要作用，促使泡沫经济破灭，日本企业界在开发新技术和新产品、拓展新市场方面显示出很强的竞争力，日本的制造业在世界上依然首屈一指。

四、民俗文化

1. 日本主要节日

日本节日类型内容十分丰富，主要节日有：元旦、建国纪念日、樱花祭、女儿节、男孩节、夏日祭、盂兰盆节、敬老节、文化节、圣诞节等。下面主要介绍几个具有日本节庆特色的节日。

樱花祭——3月15日

阳春三月樱花盛开，日本人民把樱花作为勤劳、勇敢、智慧的象征。一般日本人选择在这个时候出游、赏樱。同时也是赞美大自然，放松身心的绝好时刻。不过同种植物的花期不可能在同一天，总有先后；而且樱花的花期很短，所以在樱花观赏月里选定了15日（三月中旬）为樱花节（这时候绝大多樱花也开了，早樱还未全谢）。

女儿节——3月3日

女儿节又称人偶节、桃花节，是祈求女孩健康成长并获得幸福的节庆日。旧历的3月3正是桃花盛开的季节，所以人们会在这一天里将桃花瓣放在酒里饮用。女儿节的人偶一定要早摆早收，据说，过完了女儿节，若家里还摆设着女儿节人偶，女孩子长大后会嫁不出去。

男孩节——5月5日

每年5月5日，是日本男孩节。人们会悬挂鲤鱼旗迎接男孩节，期盼孩子健康成长。这一天凡有男孩子的家庭都在屋顶悬挂布制大鲤鱼（称“鲤帜”），门上摆菖蒲叶，全家吃糕团、粽子，还会在孩子的房间摆放钟馗人偶，在院内悬挂钟馗旗。

夏日祭——8月15日

在这天政府会举办祭奠游行，政府及其民间的社团会举行很多表演，人们穿上漂亮的和服，上街逛街，买东西，参加娱乐活动（也就是中国所说的游园）；周边的店面在这天也会装饰一新，开展各种特别活动。这种庙会的原始习俗来自中国，后来传到日本，结合日本的本土文化，就有了今天各种各样的祭奠活动，逐渐形成了日本自己的民族文化特色。

2. 餐饮文化

在日本文化中，饮食文化是相当重要的一部分，自古以来，日本料理就被称为“五味五色五法之菜”。“五味”是指甜、酸、辣、苦、咸；“五色”是指白、黄、红、青、黑；“五法”则是指生、煮、烤、炸、蒸的烹调法。可见，日本饮食是精工细作的菜肴。传统日本料理的种类主要有以下几种：

寿司：寿司常用的主要原料首先是寿司米，也即日本粳米，其特点是色泽白净，颗粒圆润，用它煮出的饭不仅弹性好，有嚼头，且具有较大的黏性。其次是包卷寿司的外皮所用的原料，即优质的海苔、紫菜、海带、鸡蛋卷皮、豆腐皮、春卷皮、大白菜等为常见。再就是寿司的馅料。寿司的馅料比较丰富多彩，而且最能体现寿司的特色。馅料所用的原料有海鱼、蟹肉、贝类、淡水鱼、煎蛋和时令鲜蔬菜如香菇、黄瓜、生菜等。

正宗的寿司可以有酸、甜、苦、辣、咸等多种风味。因此，吃寿司时，应根据寿司的种类来搭配佐味料。

天妇罗：天妇罗是日本料理中的油炸食品，用面粉、鸡蛋与水和成浆，将新鲜的鱼虾和时令蔬菜裹上浆放入油锅炸成金黄色，吃时蘸酱油和萝卜泥调成的汁，鲜嫩美味，香而不腻。天妇罗不是某个具体菜肴的名称，而是对油炸食品的总称。其具体的种类有蔬菜天妇罗、海鲜天妇罗、什锦天妇罗等。

刺身：“刺身”是日本的传统食品，是日本料理中最“清淡”的菜式。刺身最常用的材料是鱼，多数是海鱼，也有螺蛤类（包括螺肉、牡蛎肉和鲜贝）、虾、蟹、海参、海胆、鸡肉，甚至有我们想象不到的但又很贵重的鹿肉和马肉。刺身的形状不外乎片、块、条，一般要根据材料而定。

乌冬面：最具日本特色的面条之一。与日本的荞麦面、绿茶面并称日本三大面条，是日本料理店不可或缺的主角。乌冬面是用盐水来和的面，促使面团内快速形成面筋，然后擀成一张大饼，再把大饼叠起来用刀切成面条。其口感介于切面和米粉之间，口感偏软，再配上精心调制的汤料，就成了一道可口的面食。

最经典的日本乌冬面做法，离不了牛肉和高汤，面条滑软，酱汤浓郁，所以去日本，一定要尝一碗金川县的牛肉乌冬面。

荞麦面：由荞麦做的荞麦面由于营养丰富，食用方便快捷，是日本关东地区受欢迎的大众食品。荞麦面分冷食、热食两种。冷荞麦面主要在夏季食用，有笊篱荞麦面、蒸笼荞麦面；热食荞麦面有清汤荞麦面。

3. 民俗风情

禁忌：日本人一向注重礼仪，生活中约定俗成的许多礼节都有自己民族特色。比如，日本人认为饮酒时将酒杯放在桌上，让客人自己斟酒是失礼的，斟酒时要右手托瓶底，而客人则应右手拿酒杯，左手托杯底。日本人还忌荷花图案，忌“9”“4”等数字，因为“9”在日语中发音和“苦”相同；而“4”的发音和“死”相同，所以在平时要有避开4层楼4号房间4号餐桌的习惯。日本商人还忌“二月”“八月”，因为这是营业淡季。还讨厌金银眼的猫，认为看到这种猫的人要倒霉。忌讳八种用筷的方法，即舔筷、迷筷、移筷、扭筷、插筷、掏筷、跨筷、剔筷。同时，还忌用同一双筷子让大家公用，也不能把筷子垂直插在米饭中。

观赏樱花：樱花是日本的国花，在温暖潮湿的日本，每年从3月底到5月初，樱花从南向北依时开放。樱花在日本人的生活和精神中占有独特的位置，每到春季，广播和电视台天天报道花讯的进展情况。樱花的花期只有一周左右，在这期间，很多公司、团体学校集体组织到公园等处赏花，有的甚至提前占据场地，连日通宵达旦地狂欢，称为“樱花之宴”。樱花胜地在这期间变成了熙熙攘攘的商贾之区。皇室也在这期间邀请各国驻日使节及社会名流参加游园赏花活动。赏樱花是日本人生活中的一项盛大活动。

日本的表演艺术：日本的传统戏剧有三种，最古老的称为“能”，起源于14世纪。“能”演出时间的舞台场景和道具都极简单，演员使用面具，穿古装，唱法单调，动作极为缓慢。“歌舞伎”出现在17世纪，有较复杂的剧情和武打、舞蹈场面。“歌舞伎”的服装华丽，场景壮观，并有雷电、暴风雪等舞台效果。“文乐”是木偶戏的一种，最初形成于16世纪。木偶约有半人高，制作精巧逼真，每一木偶由三个人在舞台上操作。

【知识链接】

— 日本人送礼趣事 —

日本也是一个“送礼天国”，需要送礼的季节、机会、对象非常的多。别小看了送礼，这其中也还是有许多讲究，许多忌讳的，稍不留意，就会闹出笑话来。下面，我们就一起来了解下送礼的忌讳，学习如何送礼才不会闹出笑话来。

2月14日的“情人节”，就是送礼的日子。据说，世界各地在这一天都是男士给女士送礼物，唯有日本，在这一天是只能女士给男士送巧克力，而男士要等到3月14日才能还礼给女士。2月14日那天，男士如果给女士送礼物就是犯忌。

还有，在日本送礼的时候，礼品盒要用硬纸绳捆绑，这种硬纸绳一般是5根一组，也有7

根、9根的。为什么一定要这样？日本人认为奇数是阳数，象征吉祥，偶数是阴数，象征凶事。因此，一般都用单数。这样，使用双数的硬纸绳打点礼品盒也是一忌。

这种硬纸绳分为红白和黑白两大类。红白表示吉祥喜庆，黑白表示凶事。室町幕府时代，日本和中国的贸易往来比较频繁，当时从中国进口的商品箱子上都绑有红白两色的绳子。这在中国原来只是出口商品的标记，日本人却以为是吉利喜庆的象征，那以后的喜庆礼品的硬纸绳就改为红白两色，而非喜庆礼品就绑黑白两色的硬纸绳。这个习俗是不能搞错的，否则就是犯忌。

说起日本送礼中的忌讳，还有不少。比如，对年长的人，不能送钟表、书包，因为那样做意味看不起人家，暗示人家应该多学习。给对方送礼不能送拖鞋、袜子，因为这存在着要把对方“踩在脚下”的寓意。

在日本送人领带，就是让对方去自杀。不仅领带不能送，项链也不能送。估计日本许多男士因为民俗里有这一忌而节省了不少钱。

据说，日本还有这样的习俗，把蔬菜、鱼、鸡以及鲜花等作为礼品赠送的时候，只能送到主人的家门口。如果是送现金，一般都要装在信封里面，最忌讳直接用手递钱。而装钱的信封也都是有正反面的。为喜庆的事情送钱，要把纸币有人物的一面与信封正面相吻合，如果是为丧事送钱，就要把纸币有人物的一面面对信封的背面。

此外，到医院探望病人的时候，不能送栽在花盆里面的花，也不能送菊花，前者含有盼人早死的意味，后者是在葬仪上使用的。

对于新娘子，不能赠送茶叶。中国有“嫁出去的闺女，泼出去的水”的俗语，日本则有“嫁出去的闺女，泼出去的茶”的俗语，送新娘子茶叶，犹如叫新娘子从此不再回家一样。对新婚夫妇，还不能送厨房使用的刀具以及瓷器。刀具含有切断婚缘的意味，瓷器易碎，夫妻关系当然是越牢固越好，因此也就远离瓷器礼品。

另外，梳子也是不能送的，在日文里面，梳子的发音是“苦”和“死”，显得不吉利；遇到新店开张的时候，不能送红色的花朵，因为这让人想起火灾的事情，人们自然是避之唯恐不及了。

4. 服饰特色

和服是日本传统民族服装，日文称着物（见图2–6）。日本古代曾长期使用附袖贯头衣，称“小袖”，是结合南方“身顷”北方“筒袖”所创制，袖裉下有“身八口”（通风口）。

和服分男用、女用、儿童用和单衣、夹衣，有“表着”（外袍）“下着”（内袍）等种类。和服长度一般齐踝，交领，右大襟，宽袖，留身八口，上下无扣无襻，系腰带，衣上印有家族徽记。男和服采用黑、褐、灰、深蓝等色的布料，或用细格、圆点、鸟眼图案的布料。女和服通常采用色彩艳丽的丝绸面料，有精细的刺绣、绘画及附加饰物。女和服腰带（奥比）质地为织花或绣花的绸缎，通常单条织造而不加裁剪，用时裹于腰胸之间，

图2–6　和服

在背后打结，结眼考究，有200多种。腰带后中部有一小垫衬，用以撑住腰带的褶饰。在各种社交活动中，和服一直深受日本人民喜爱。

五、旅游资源

1. 东京

（1）最佳旅游时间　基本上全年都适宜旅行，东京属于海洋性气候，夏季高温多湿、常有台风，冬季气候干燥、多为晴天。3～5月是春季。早春时早晚温差比较大，但全天基本比较舒适，风和日丽，是绝好的出游时机。6～8月是一年里最热的季节。特别是梅雨刚过去的7～8月的气温超过30℃，湿度很高，几乎每天都是闷热天气。9～11月是秋季。9月还会有白天温度30℃以上的盛夏天气，到了10月就会有台风。12～次年2月是冬季，气温偏低。虽然偶尔会下雪，但是市中心不会积雪。

东京的四月份正值樱花盛开的时节，漫山遍野的樱花铺满了东京的大街小巷，此时是去东京赏樱花的最佳季节。

（2）美食小吃（见图2–7）　东京，是国际烹饪的麦加圣地，许许多多日本菜肴之中，最吊人胃口的是火锅与天妇罗，最具生鱼特色的是寿司与生鱼片。

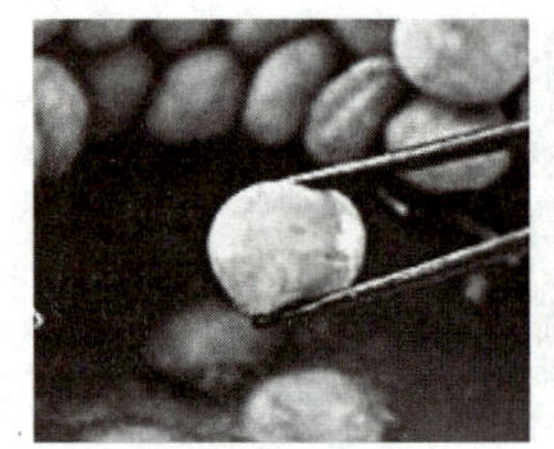

炸红豆小馒头

刺身

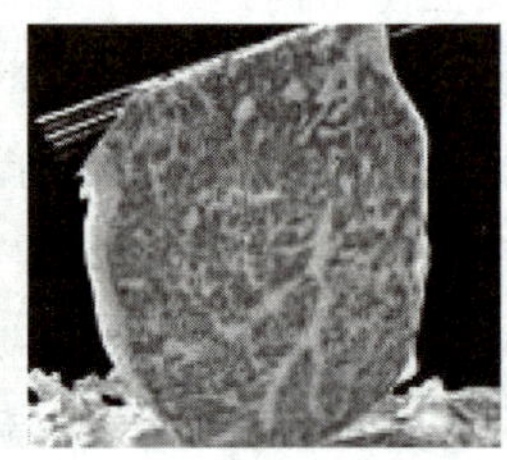

神户牛肉

日式火锅

图2–7　日本美食

东京餐厅最大的特色是，几乎每家餐厅，都会将自家的主要菜式做成蜡制样品，并且标示着价格，放在店外的橱窗供客人选择。

高级菜馆或高级旅社的餐厅，午餐至少2000日元，晚餐最低3000日元，只求实惠的旅客，可利用百货公司的食堂，大楼里面或地下街道的菜馆，很好的饱餐一顿，价格大约500～1000日元，而且那些食堂或菜馆，不收任何服务费。

（3）旅游景点

东京塔：正式名称为日本电波塔，位于日本东京港区芝公园。东京塔诞生以前，世界上第一高塔是法国巴黎的埃菲尔铁塔，但东京塔超过它13米，高达333米。而所使用的建筑材料却只有艾菲尔铁塔的一半，造塔费时一年半，还不到艾菲尔铁塔施工时间的三分之一。用这样少的材料和这样短的时间，平地竖起这座防台风、抗地震的庞然大物，震惊了全世界。东京塔于1958年12月建成，1968年7月对游客开放。

东京迪士尼乐园：被誉为亚洲第一游乐园的东京迪斯尼乐园，依照美国迪士尼乐园而修建，是目前世界上最大的迪士尼乐园。它的主题乐园面积为七八十公顷。比美国本土的两个迪士尼乐园还要大。东京迪士尼乐园主要分为世界市集、探险乐园、西部乐园、新生物区、梦幻乐园、卡通城及未来乐园等7个区，园内的舞台以及广场上定时会有丰富多彩的化装表演和富趣味性的游行活动。在迪士尼正门的中心，可以看到高耸的“灰姑娘城”这座主建筑，然后在它的周围还建造了多种主题的游乐场和游乐馆，有冒险宫、世界著名故事、传说宫、有风景宫、闲游宫、宇宙宫、幻想宫等。每一个游乐宫都配有详细的情节解说和音乐、使人仿佛身临其境，它保持了美国迪士尼乐园的正宗风格，我们可以体会到它的“非日常性的”演出特色。

秋叶原：俗称AKIBA，是与时代尖端产业同步的电器大街。秋叶原位于东京市区东北部千代田地区，处于环绕东京市中心的高速电车山手线上，山手线是JR东日本公司一条环绕整个东京市区的电车干线。作为世界上屈指可数的电器街，如今的秋叶原正发生着日新月异的变化。除了电器商品专卖店之外，商务、饮食等服务功能也日渐齐全，正在发展成为一个具有综合性色彩的繁华区域。目前，秋叶原中的店铺也达到上千家。电子产品店、模型玩具店、动漫产品店和主题咖啡馆在这里并肩共存，新的办公及零售卖场综合大楼也渐次拔地而起，以期创造更多的商业利润。

银座：银座的名称原自江户时代初期，1612年，银币铸造所由骏府（今日静冈市）迁至江户（今日东京）现银座之地，因此被称为“银座”。

银座是日本东京中央区的一个主要商业区，以高级购物商店闻名，是东京其中一个代表性地区，同时也是日本有代表性的最大最繁华的街。象征日本自然、历史、现代的三大景点（富士山，京都，银座）之一的银座，与巴黎的香榭丽舍大街，纽约的第五街齐名，是世界三大繁华中心之一。

新宿：新宿区是日本东京都内23个特别区之一，也是东京乃至整个日本最著名的繁华商业区。新宿区位于东京市区内中央偏西的地带，区内的新宿车站是东京市区西侧最重要的交通要冲之一，包括JR山手线、JR中央本线、JR总武线与私人铁路公司京王电铁的总部都位于新宿车站。新宿以东京都政府大楼——“都厅”为中心，分为高楼大厦林立的事务所一条街——西口区，以购物、娱乐综合设施为中心的新宿新窗口——南口区，和被誉为不夜城的歌舞伎町娱乐区。另外还有百货店等大型店铺鳞次栉比的东口区，它们连成一体，共同构成了新宿。

新宿御苑：新宿御苑是日本东京都横跨新宿区与涩谷区的庭园，面积58.3公顷。该处在江户时代为内藤家的宅地；其后成为宫内厅管理的庭园，现在则属环境省管辖的国民公园。

原为日本皇家园林的新宿御苑，经二战后的重新规划，成为完美融合法式、日式和英式3种园林风格的大型公园。夏日清晨三两走过法国梧桐大道的人们，独享梧桐林荫透过的清晨阳光的明静；夏日中午徘徊于日本传统园林的人们，体会小桥流水和亭台楼榭的舒爽；夏日傍晚坐在英式草坪的人们，欣赏草坪一侧的高大树木轮廓的光晕。新宿御苑的2万多株树木，包括多科首植日本的树木，几乎都在夏季焕发着最为强盛的生命力，尽显新宿御苑的皇家大气。

浅草寺：浅草寺是东京都内最古老的寺庙。相传，在推古天皇三十六年，有两个渔民在宫户川捕鱼，捞起了一座高5.5厘米的金观音像，附近人家就集资修建了一座庙宇供奉这尊佛像，这就是浅草寺。其后该寺屡遭火灾，数次被毁。到江户初期，德川家康重建浅草寺，使它变成一座大群寺院，并成为附近江户市民的游乐之地。除浅草寺内堂外，浅草寺院内的五重塔等著名建筑物和史迹、观赏景点数不胜数。每年元旦前后，前来朝拜的香客，人山人海。

明治神宫： 明治神宫是东京五个最主要的神社之一，其他的四个是日枝神社、靖国神社、大国魂神社和东京大神宫。在日本据说全国有接近100万个神社，1000万神道教信众。为什么日本会有这么多神社？因为日本是一个神道教的国家，神道教是一种万物有灵的比较复杂的、和佛教、儒教文化相混合，产生的一种日本本土宗教，它形成于公元7世纪以后的奈良时期。

上野公园： 东京名园上野公园是日本的第一座公园，其名不仅在景色之秀美，更在历史之古远与人文之深厚。在1873年建起上野公园之前，园内的很多建筑和景观就早已存在，公园所在地也已是江户一带久负盛名的游玩之地。

2. 北海道

人们说，北海道一生中要去四次，因为每个季节都有不同迷人景色，还有铭刻于心的爱情故事，这里是完美的理想国都，这里是北海道。

北海道位于日本北部，面积占全日本的五分之一 ，是日本四主岛中最北的岛屿，也是日本第二大岛。北海道春去夏临之际，樱花、杜鹃、薰衣草等鲜花盛开，一片妩媚，一年四季都有着变化莫测的美丽自然风光。

（1）最佳旅游时间　作为观光地，北海道一年四季都受人欢迎。夏天湿度较低，气候宜人，东南岸多海雾，冬天能开展滑雪等各种冬季体育活动，12月至次年3月有积雪，北岸和东岸有流冰。

（2）美食小吃　北海道的海产品和农产品极为丰富，食物多采用扇贝、螃蟹等海味作为原料。在这里，游客可以品尝到具有札幌独特风味的鲑鱼料理——“石狩锅”。特色美食中，特别受观光客好评的有拉面、成吉思汗烤肉（羊肉）、汤咖喱等。它的乳制品以冰淇淋、黄油和奶酪而闻名，甜玉米是札幌秋天的美味。札幌的天气特别适合烤羊肉，一排排钢盔一样的锅冒着青烟，即烤即吃的羊肉异常美味。另外，到了札幌，可别忘了品尝新鲜的毛蟹。

（3）旅游景点

札幌： 札幌是一座典型的北国城市，因而也有着浓烈的北欧风情。来这里有两件事情不得不做：吃札幌拉面和参加札幌雪祭。主要景点有白色恋人巧克力工厂、札幌钟楼、定山溪、圆山公园、藻岩山和北海道大学等。

富良野： 富良野盆地由火山爆发冲积而成的平原与丘陵构成。周围有大雪群峰、树海和河流。而其阿依努语的“臭气熏天的炎焰”，原因是流经富良野的河流从上游流下来，水含硫磺臭气。经过百年的开发，当地人起名“富良”，喻为丰饶的大地，气候四季分明，农业牧业发达，也是观光游览胜地。旅游项目主要有滑雪、搭乘热气球、山部樱花祭（五月份）、开山祭（六月上旬）。

登别地狱谷： 位于日本北海道登别市的一个火山口遗迹，邻近洞爷湖。火山爆发后，由熔岩形成了一个奇形诡异的谷地；灰白和褐色的岩层加上许多地热自地底喷出，形成特殊的火山地形景观。这里十几种温泉各具特色，有的是硫化氢水质，有的是食盐水质，有的则含铁。特别是由地狱谷提供水源的登别温泉，海拔 200 米左右，是原始森林环抱的温泉疗养地。节事活动为地狱谷鬼花火。

天人峡温泉： 位于大雪山主峰的旭岳的西南侧，忠别川的上游。有着原始森林的天人峡，酝酿出温泉的神秘气息。周围还有落差270米的羽衣瀑布，落差20米、宽约50米的敷岛瀑布等景点。10月的红叶季节里，绝壁的岩石与红叶交相辉映，美妙绝伦。

3. 冲绳

冲绳的亚热带海滨风光让人心旷神怡，有游泳、冲浪、潜水等多种水上活动可选，同时可以体会琉球的特色美食、文化习俗，以及日本本岛所没有的美式风情。

（1）最佳旅游时间　春夏两季最佳，春赏樱花，夏冲浪。

（2）旅游景点　景点包括石垣岛、冲绳美之海水馆。嘉手纳空军基地、守礼门、八重岳樱之森公园、玉泉洞、那霸、宫古岛、与那国岛等。

4. 富士山

日本人奉之为“圣山”，是日本民族的象征，也是许多日本人的精神支柱。最美富士山，也见证着日本历史的兴衰。

（1）最佳旅游时间　四月最佳。

（2）旅游景点

富士游猎公园：在静冈县裾野市的富士山麓，还辟有富士游猎公园，面积74万平方米，豢养着40种1000多头野生动物，仅狮子就多达30多头。游人可驾驶汽车，在公园内观赏放养的各种动物。

圣庙：坐落在顶峰上的圣庙——久须志神社和浅间神社是富士箱根伊豆国立公园的主要风景区。每年夏季到山顶神社观光的国内外游客数以千计。

富士八峰：富士山四周有剑峰、白山岳、久须志岳、大日岳、伊豆岳、成就岳、驹岳和三岳等“富士八峰”。富士山区还设有幻想旅行馆、昆虫博物馆、自然科学厅、奇石博物馆、富士博物馆、大型科学馆、植物园、野鸟园、野猴公园和各种体育、游艺场所等。

【课后习题】

1. 日本作为第二次世界大战战败国，但战后经济却能在短短几十年飞速增长并成为全球三甲经济实力大国的原因？

2. 日本成为人口平均寿命最长的国家的原因有哪些？

马来西亚

一、国家概况

1. 位置、领土和地形

马来西亚位于亚洲大陆与马来群岛的衔接部分，又处亚澳大陆、太平洋与印度洋的交汇处。马来西亚由马来亚、沙捞越和沙巴三部分组成。全境被南中国海分成东马来西亚（东马）和西马来西亚（西马）两部分。西马为马来亚地区，位于马来半岛南部，北与泰国接壤，南与新加坡隔柔佛海峡相望，东临南中国海，西濒马六甲海峡。东马为沙捞越地区和沙巴地区的合称，位于加里曼丹岛北部，与印度尼西亚、菲律宾、文莱相邻。

国土面积为32.9万平方千米，其中西马约13万多平方千米，东马约19万平方千米。东、西马之间有着广阔的水域，相互间的距离为750～1500千米。全国海岸线总长4192千米。

西马地区地势北高南低，以山地、丘陵为主，东西两岸为冲积平原。大汉山海拔2185米，为西马最高峰。西马的主要河流是霹雳河与彭哼河。东马地区内地高，沿海低。沙捞越东南边境为山地，西部为平原。沙巴中、西部为山地，东部为平原。沙巴的基纳巴卢山海拔4101米，为全国最高峰。东马的拉让河全长592千米，为马来西亚第一大河。

2. 气候

马来西亚地理位置靠近赤道，属热带雨林气候，终年炎热，无明显季节变化。内地山区年均气温22～28℃，沿海平原为25～30℃。全年平均温度为 26～32℃。但是由于海洋气候的调节，白天炎热，夜间气候凉爽宜人。山地和高原的气候较平原更为凉爽。马来西亚不受台风影响，没有台风灾害。全国降水量充沛，年平均降雨量2000～2500毫米，且全年湿度较高。

3. 资源

马来西亚的天然资源丰富，橡胶、棕油和胡椒的产量和出口量居世界前列。曾是世界产锡大国，但近年来产量逐年减少，2004年锡产量为3500吨，还有铁、金、钨、煤、铝土、锰等矿产。盛产热带硬木。马来西亚大陆架可划分为3个产油盆地区：西部的马来盆地、东部的沙捞越盆地和沙巴盆地。2011年马来西亚石油产量为57.3万桶/日，天然气产量为618亿立方米。马来西亚是继卡塔尔和印度尼西亚之后的世界第三大天然气出口国，出口量超过3048万立方米，占全球总出口量的10%。

4. 民族人口

马来西亚人口为3019万人（2014年），马来西亚主导政治的马来民族占总人口的50.4%；占总人口的23.7%的华裔在经济及贸易领域扮演主要角色；印度裔马来西亚公民占总人口的7.1%（大约85%的印裔是泰米尔裔，其他则是格拉拉裔，锡克裔及雀替尔裔等），还包括一些非马来族的土著。其他的马来西亚人民是欧裔、中东裔、柬埔寨裔、泰国裔及越南裔等。

5. 简史

早在公元初年就在马来西亚半岛上出现了揭茶、狼牙修等古国。15世纪以马六甲为中心的满剌加王国统一了马来西亚半岛的大部分。16世纪初，先后被葡萄牙、荷兰、英国占领，20世纪初完全沦为英国的殖民地。第二次世界大战期间，曾被日本占领。二战后，英国恢复殖民统治，1957年8月31日，马来西亚联合邦宣布独立。1963年9月16日马来西亚联同新加坡、沙巴、沙捞越合并组成马来西亚（1965年8月9日新加坡退出并独立）。

二、政治经济

1. 政治

行政区区划：全国分为13个州，包括西马的柔佛、吉打、吉兰丹、马六甲、森美兰、彭亨、槟榔屿、霹雳、玻璃市、雪兰莪、丁加奴以及东马的沙巴、沙捞越，另有三个联邦直辖区：首都吉隆坡、纳闽和普特拉贾亚。

体制：马来西亚实行君主立宪联邦制。

首都：吉隆坡，是一座拥有150多万人口的现代化城市，其标志性建筑之一——国营石油公司“双峰塔”高约452米，是当今世界最高的双塔建筑。吉隆坡也是这个多民族、多宗教国家的缩影，市内清真寺、佛教、印度教的寺庙以及典型的穆斯林建筑、中国式住宅和英国殖民时期建筑随处可见，并存相依，别有特色。

国旗：旗地颜色是红、白相间的十四道相等的横条。靠旗杆一边的左上方为深蓝色长方形，上有一弯新月和一颗十四个尖角的星。十四道红、白横条是象征着马来西亚的十三个州和政府。蓝色象征人民的团结、并表明它与英联邦的关系——英国国旗以蓝色为旗底。伊斯兰教是马来西亚的国教，新月是伊斯兰的象征。一颗十四个尖角的星象征马来西亚的十三个州和政府的团结。新月和星为黄色，黄色是象征马来西亚国家元首的颜色（见图2-8）。

图2-8 马来西亚国旗

图2-9 马来西亚国徽

国徽：呈盾形。盾面的上部列有5把入鞘的短剑，它们分别代表柔佛州、吉打州、玻璃市州、吉兰丹州和丁加奴州。盾面中间部分绘有红、黑、白、黄4条色带，分别代表雪兰莪州、彭亨州、霹雳州和森美兰州。盾面左侧绘有蓝、白波纹的海水和以黄色为地并绘有3根蓝色鸵鸟的羽毛，这一图案代表槟榔屿。盾的右侧的马六甲树代表马六甲州。盾的下端，左边代表沙巴州，图案中绘有强健的褐色双臂，双手紧握沙巴州州旗。右边绘有一只红、黑、蓝3色飞禽，代表沙捞越州。中间绘有一朵红色国花——木槿。盾徽两侧各站着一头红舌猛虎，两虎后肢踩着金色饰带，饰带上分别书写着“团结就是力量”字样。在盾徽上面还绘有一弯黄色新月和一颗14个尖角的黄色星（见图2-9）。

国歌：《月光》。

国花：木槿花（又称大红花、扶桑花）。马来西亚人民用这种红彤彤的木槿花比喻热爱祖国的烈火般的激情。

2. 经济

吉隆坡自然资源丰富，橡胶、棕油和胡椒的产量和出口量居世界前列。20世纪70年代以前经济以农业为基础，依赖初级产品出口。后来不断调整产业结构，电子业、制造业、建筑业和服务业发展迅速。锡矿丰富，曾为世界产锡大国；石油储藏量约39亿桶（1997年探明）；天然气储量2.27万亿立方米（1998年探明）。此外，还有铁、金、钨、煤、铝土、锰等矿产。此地还盛产热带硬木。

工业：政府鼓励以本国原料为主的加工工业，重点发展电子、汽车、钢铁、石油化工和纺织品等。马来西亚的工业主要是原料主导型的加工工业，近些年来，在电子，汽车以及钢铁方面发展非常迅猛。马来西亚工业发展很快，从事工业的就业人数也逐渐增多。

旅游业：马来西亚的旅游资源十分丰富，阳光充足、气候宜人，拥有很多高质量的海滩、奇特的海岛、原始热带丛林、珍贵的动植物、千姿百态的洞穴、古老的民俗民风、悠久的历史文化遗迹以及现代化的都市。马来西亚旅游，全年皆宜。马来西亚非常重视发展旅游业，其旅游业是国家第三大经济支柱，第二大外汇收入来源。1990年和1994年举办两届马来西亚观光年。其主要旅游景点有：吉隆坡、云顶、槟城、马六甲、沙巴等。

三、教育

马来西亚独立几十年来，历届政府都极为重视教育发展，实行教育开放政策，积极把马来西亚发展成为亚洲的教育中心。马来西亚教育沿袭英国及欧美教育体系。近年来，教育发展势如破竹，业绩突出，教育水准被欧美等国知名学府所承认。在马来西亚，马、华、印各族都有自己独特的文化。政府努力塑造以马来文化为基础的国家文化，推行“国民教育政策”，重视马来语的普及教育，同时华文教育也比较普遍。

马来西亚国民教育实行从学前教育到高等教育的一套完善教育体制，即：学前教育（2～3年）；小学教育（5～7年）（注：包含跳级和国民型小学1年过渡课程因素）；初中教育（3年）；高中教育（2年）；中学延修班（简称中6）或大学先修班教育（1～2年）；高等教育：普通大学生课程（3～5年），研究生课程（1～5年）。所有小学、初中、高中和中学延修班均设有全国统考制度。

在马来西亚，教育是政府的责任。政府对小学（6年）和中学（5年）的11年教育实行免费教育，但不是强制性义务教育。从儿童按7 岁入小学算起，一直到大学毕业取得学士学位时的年龄通常在22岁左右。

四、民俗文化

1. 马来西亚主要节日

马来西亚节日很多，全国大大小小的节日约有上百个。但政府规定的全国性节日只有10个，其中除少数有固定日期外，其余的具体日期由政府在前一年统一公布。主要节日有：开斋节、春节、花卉节、国庆节、哈吉节、屠妖节、圣诞节、圣纪年、“五一”节、卫塞节、最高元首（在任）诞辰。这里主要介绍几个具有马来西亚节庆特色的节日。

开斋节——伊斯兰教历10月1日

开斋节是马来人的新年，全国最重要的节日。每逢伊斯兰教历9月，全国穆斯林都要实行白天斋戒禁食，斋月后第一天就是开斋节。节日前夕穆斯林要进行慈善捐赠活动。节日清晨，穆斯林在教堂举行隆重的祷告仪式，之后互相祝贺。节日里，人们从四面八方赶回家里，同亲人团聚，亲朋好友互相拜访祝贺佳节。

屠妖节——10—11月

屠妖节在月圆后的第15天看不见月亮的日子举行。清晨，印度教徒在沐浴后，全身涂上姜油，穿上新衣，合家老小用鲜花祭神。印度庙里挤满了善男信女，妇女们供上槟榔叶、槟榔、香蕉和鲜花，向神顶礼膜拜，祈求幸福。节日里，家家户户香烟缭绕，灯火通明，所以又叫“光明节”。

此外，还有联邦日、风筝节、丰收节、槟城国际龙舟节、马来西亚节、中秋节、马六甲嘉年华会、回历新年、巴兰水节等。

2. 马来西亚的社会风俗

（1）习俗禁忌　马来人的习俗与我国相异处甚多，切忌无意中犯了禁忌。主要有：马来人视左手为不洁，在不得不用左手时，一定要说声：“对不起”。马来人认为以食指指人，是对人的一种污辱，所以切勿以食指指人。对女士不可先伸出手要求握手。头被认为是神圣的部位，在亲近儿童时，不可触摸他的头部，否则会引起不快。和伊斯兰教徒共餐时，不要劝酒，要避免点猪肉做的菜肴。马来人不喜欢别人问自己的年龄。马来西亚不禁止一夫多妻，所以不要随便闲谈他人的家务事。对长者不能直呼“你”，而要称“先生”“夫人”或“女士”。

奇特的见面礼：马来人的见面礼十分独特。他们互相摩擦一下对方的手心，然后双掌合十，摸一下心窝互致问候。在马来西亚，对女士不可先伸手要求握手，这被认为是不礼貌的行为。

交往切忌用左手：在马来西亚与马来人交往，要尊重他们的习俗，否则便会被视作对他们不礼貌。同马来人握手、打招呼或馈赠礼品，千万不可用左手，因为马来人认为左手最脏，用左手和他们接触，是对他们不敬，犹如某种侮辱。在吉隆坡，所有公厕除了提供手纸之外，每个厕所必有一支自来水管，水龙头上必套上一条胶管，那是专门供马来人洗屁股用的，因为马来人大便后从不用手纸而用左手及自来水清洗，这也是他们认为左手最脏的原因。

不要求客人送礼：马来人待客人热情，通常用糕点、茶、咖啡和冰水款待。客人必须吃一点，以示领受主人的热情和善意。如果客人不吃也不喝，主人则认为是对他或她的不尊敬。马来西亚人不要求客人送礼，如果向主人送一些日常食品如椰子、槟榔、香蕉、糕点、饼干、糖果之类，表示友好情谊，主人会高兴地收下。

用右手抓饭：无论是在农村还是在城市，马来人用餐习惯用右手抓饭进食，只有在西式的宴会上或是在高级餐馆用餐时，马来人才使用刀叉和匙。一些受西方影响的马来人日常进食也有用刀叉和匙的。

（2）餐饮文化　马来西亚的多元社会，在食物等方面同样表露无遗。这里汇集了中国、印度及马来西亚本土民族的食物，使得各种风味的美食琳琅满目。

马来西亚人民的主要食物是米饭，但面类也相当普遍。马来人的食物以辣为主，其中较出名的食物有椰浆饭、香喷喷的沙爹（鸡肉、牛肉及羊肉串）、马来糕点、竹筒饭、黄姜饭等。

马来西亚是食客的天堂。形形色色辛辣的马来食品、色香味俱全、种类繁多的中餐、南北印度风味美食以及惹娘与葡萄牙美食呈献你眼前。而人人喜爱的沙爹、咖喱饭、干咖喱牛肉、印度煎面包、力沙、鸡饭、各式炒面粉及西方美食应有尽有。甚至，国际快餐业连锁店在各大城镇设馆营与数以千计的路边熟食档与美食市集各显风味。

（3）服饰　在一般情况下，马来西亚人讲究穿着以天然织物做成的服装。最具代表性的马来西亚人的服装，是被称为国服的一种叫作巴迪的长袖上衣，它多以蜡染的花布做成，即使在很正式的交际场合，穿这种衣服也不为失礼。

马来人还习惯穿民族的传统服装。男子的传统服装是：上穿巴汝，即一种无领、袖子宽大的外衣。下身则围以一大块布，叫作沙笼。他们的头上，还要戴上一顶无檐小帽。女子的传统服装是：穿无领、长袖的连衣长裙。她们的头上，必须围以头巾。

在社交场合，马来西亚人穿着西装或套裙。但在正规的场合里，绝对不允许人们露出胳膊和腿来。所以，在马来西亚背心、短裤、短裙往往是忌穿的。

马来人有佩戴短剑的习惯，他们认为短剑象征着力量、勇敢与智慧。去马来西亚人家里作客，进门前必须首先脱下鞋子，并且摘下墨镜。参观清真寺时，更要切记这一点。

五、旅游资源

纯净的海滩、奇特的海岛、原始的雨林以及现代化的都市组合成了马来文化的发源地。

1. 旅游最佳时间

马来西亚属热带海洋性气候，终年炎热多雨。6~7月为旱季，10~12月是雨季。在马来西亚旅游，全年皆宜。

2. 马来美食

马来西亚，一座闻名世界的美食天堂（见图2-10），在这里，您可以品尝到世界各地的美食，如中国菜、印度菜和葡萄牙特色菜等，令人垂涎三尺，欲罢不能。到马来西亚旅游自然是要品尝正宗的马来菜及各地小吃，马来人的主食以米饭和糯粑为主，然后加上蔬菜、洋葱、大蒜、生姜、香料种、小干鱼等，就是比较丰盛的一餐。马来菜主要以牛、鸡及鱼为主材料，加上辣椒及洋葱一起烹调，味道较为辛辣，不同地区的烹调方式也略有差别。

椰浆饭

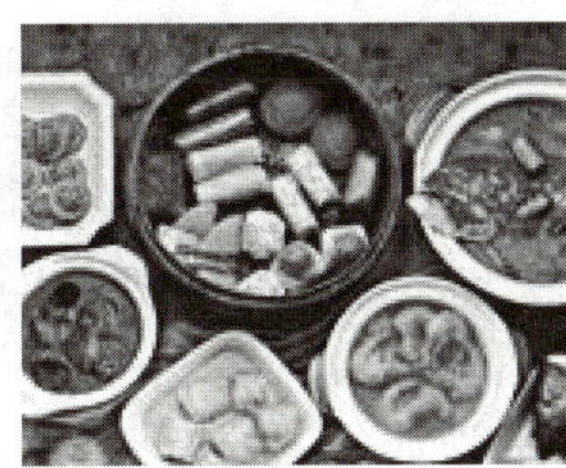
娘惹菜

肉骨茶

白咖啡

图2-10　马来西亚美食

娘惹菜：“娘惹”原本是指华人与马来人婚配的后代子裔，尤其是指女性，后演变成泛指华人与马来人相融的文化，这也包含饮食在内，因此在马来西亚也能吃到很多的娘惹菜，如甜酱猪蹄、煎猪肉片、竹笋炖猪肉等。喜食甜品的人也可以在娘惹菜中找到知音，由椰浆、香兰叶、糯米和糖精制而成的娘惹糕甜度适中，很有嚼头。

虾面：虾面是由面和米线放在一起煮的（当地人吃面有个习惯，喜欢将两种不同的面放在一起煮。可供选择的面也很多，最有意思的要算老鼠粉了，也不知为何要叫这个名字，可能因为形状有些像老鼠尾巴），浇头主要有虾仁、鱼饼、肉、墨鱼、蔬菜。面汤浓浓厚厚的，面上隐隐飘着一层红油。

西刀鱼丸：在大马最正宗的西刀鱼丸要算“亚坤西刀鱼丸”了，全马来西亚只有四家，吉隆坡两家，苏邦在野一家，新山一家。

沙爹：闻名的沙爹是将卤过的牛肉或鸡肉串成肉棒，然后在炭火上烧烤，佐以甜中带辣的花生酱汁，再配上黄瓜、洋葱和一种称为KETUPAT的马来饭团（裹上棕叶煮成的）一起食用。

椰浆饭：广受欢迎的马来风味早餐椰浆饭是一种既香又辣的饭食。其中，饭是以椰浆蒸煮而成，佐以咖喱鸡、牛肉或鱿鱼，以及黄瓜、炒江鱼仔以及三巴辣椒酱，整齐地端放在香蕉叶片里，是一道不可抗拒的美食。

烧鱼：其实是烤鱼。扁扁的鱼，皮烤得很脆很香，肉质非常鲜嫩，最特别的是骨头也能吃。鱼骨头很粗，嚼上去有点脆。

煎蕊：是一种由班兰（Pandan）叶汁制成的绿色细条，有浓浓的青草味，它本来是马国印度人的著名甜点，现在的班兰（Pandan）材料已改为天然的绿豆粉。吃的时候配上沙冰，淋上特制的椰浆和黑糖，清新爽口。

肉骨茶：肉骨茶是猪肉以及猪肚、猪肠、冬菇、腐竹，加上药材炖煮的药材汤，还可以跟店家要油条蘸汤汁来吃。

白咖啡：马来西亚白咖啡是咖啡豆不加焦糖直接低温烘焙，时间是高温炭烤的2.5倍，研磨成咖啡粉。就是由于这一工序去除了一般高温热炒及炭烤的焦枯、酸涩味，而且保留了原始咖啡的自然风味及浓郁的香气，令人回味无穷。泡出来的咖啡色泽奶白金黄，称其为“白咖啡”，味道芳郁香滑润喉。

扁担饭：其名称来源于十年前槟城的小贩将米饭和咖喱分别吊在棍子的两端，是一种广受欢迎的印度回教徒食物，以米饭搭配香浓咖喱汁煮成的鸡、牛、羊或者鱼肉。

3. 旅游城市及景点

（1）吉隆坡　吉隆坡（Kuala Lumpur）有“世界锡都、胶都”之美誉，西、北、东三面由丘陵和山脉环抱，巴生河穿城而过。1860年建城，1963年成为马来西亚联邦的首都。短短的一个多世纪，便由“泥泞的河口”，一跃而成为著名的观光城市（见图2-11）。吉隆坡主要景点如下：

王宫：王宫位于火车站以南，为国家元首的居所，金色圆顶的建筑具有浓郁的阿拉伯风格，许多游人在此观赏其美丽的外观并摄影留念。

吉隆坡双子塔：双子塔（见图2-12），（Petronas Towers）是马来西亚首都吉隆坡的标志性城市景观之一，是世界上目前最高的双子楼。双塔大厦于1998年完工，共88层，高1483英尺（452米），它是两个独立的塔楼并由裙房相连。独立塔楼外形像两个巨大的玉米，故又名双峰大厦。吉隆坡双子塔是马来西亚石油公司的综合办公大楼，也是游客从云端俯视吉隆坡的好地方。双子塔的设计风格体现了吉隆坡这座城市年轻、中庸、现代化的城市个性，突出了标志性景观设计的独特性理念。

图2-11　吉隆坡风貌

图2-12　双子塔

国会大厦：国会大厦是一栋18层高的宏伟建筑物，马来西亚独立后建成，融合了现代建筑风格和传统文化韵味。游客入内参观要先得到有关方面的批准。

国立博物馆：在湖滨公园附近，是一幢三层高的马来吉打州式的建筑，里面陈列了马来西亚的历史文物、艺术品、手工艺品、古币，并展示了自1409年以来历代生活方式和服饰、礼仪等。

国家回教堂：位于苏丹大道上，是东南亚最大的清真寺。整栋建筑呈纯白色，总面积5.5公顷，中央大楼高73米，屋顶为圆顶带尖角，中央大厅可容纳8000人。屋顶由49个大小圆拱组成，最大圆拱直径45米，寺后有安葬伊斯兰教“国家英雄”的陵墓，按规定只有任过总理或在职去世的副总理才能长眠于此。每逢周五早晨，有许多虔诚的教徒到此祈祷。进入回教堂参观必须脱鞋，女士还必须在门口披上黑色头纱才可入内。

湖滨公园：位于吉隆坡市区南方的曼哈默路附近，有繁茂的森林环绕着两个湖泊，绿茵草地可供游客野餐、休息，游客还可以租一条小船在湖中游览观光。

动物园与水族馆：位于吉隆坡通往乌鲁巴生的路上，距市区约13千米。动物园是一座半开发的原始森林，里面饲养200多种马来西亚和其他国家的鸟、兽、爬行动物，园内最受欢迎的活动是骑大象及骆驼。水族馆内有80多种海洋动物。

黑风洞：位于吉隆坡以北11千米处的一个树林茂密的山上，是一个由石灰岩形成的奇形怪状的洞穴。第一个洞是暗洞，第二个洞是明洞，设有印度教徒祭坛，供奉苏巴马廉神像，被印度兴都教徒视为圣地。

云顶高原：位于距吉隆坡北郊约50千米处，海拔1700米，是马来西亚国内一个凉爽的山地度假胜地。山上有电动游乐设施、游泳池、室内体育馆、保龄球馆等，但最引人注目的还是设于云顶大酒店内的赌场，这是马来西亚唯一的合法赌场，有“南洋群岛的蒙地卡罗”之称。在吉隆坡一带旅游，还可以游览位于巴生河和鹅北河交汇处的、雪兰莪苏丹于1909年建立的查美清真寺，其建筑形式散发出浓郁伊斯兰古典气息，还有雪兰莪州清真寺和马哈马利安印度教神高也是值得一看的宗教旅游景点。

（2）沙巴　沙巴位于“东马”婆罗洲上的一座乐园，在这里可以登马来西亚第一高峰、漂流、丛林探险，当然少不了的就是在东南部的诗巴丹潜水。

诗巴丹岛：被誉为世界上“海滨潜水”之最，同时也为世界五大峭壁潜水之首——5米的浅滩之后就是垂直落下600～700米深的湛蓝深海。它是由于火山运动，海底陆块从海深2000米处向上隆起而形成，因而拥有得天独厚的条件。诗巴丹的潜点有很多，主要集中在北面，最著名的莫过于：海狼风暴、鬼冢、白鳍鲨大道、珊瑚花园。（注：为了保护这个岛，政府实行许可证上岛制度，每天只有120个上岛潜水名额，且必须持有OW以上的潜水资格证书。）

东姑阿都拉曼国家公园：这里吸引游客的是它的珊瑚礁和海滩。由沙碧岛（Sapi）、曼奴干岛（Mnukan）、加雅岛（Gaya）、玛木堤岛（Mamutik）、苏禄岛（Sulug）五座小岛组成，总面积 4929平方米，是浮潜、潜水、游泳和其他水上运动的乐园。

洛加宜野生公园：分动物园和植物园两部分，在植物园部分，游客将有机会追寻植物学发展史的印记走进密林。行走全程约为1.4千米，目前已有半程作为休闲游览路线向游人开放。动物园部分有猫科动物如云豹、麝香灵猫、老虎、人猿以及长鼻猴等。

京那巴鲁山：也称中国寡妇山。为马来西亚和婆罗洲岛最高峰，海拔4095米，并且以每年

0.5厘米的速度长高。除主峰罗氏峰对外开放外，其他山峰如驴耳峰、南峰、丑姐妹峰、圣约翰峰、维多利亚峰、亚历山大峰、欧亚优美峰等都暂定为技术性探险路线。顶峰相对而言容易攀登、景色壮美，动植物品种极其丰富，一直是旅游胜地以及极佳的动植物科研区域。

美人鱼岛：实际名为曼塔那尼岛（Mantanani Island），因附近海域曾经有两只野生的海牛，也就是俗称美人鱼岛的“美人鱼”而得名。美人鱼岛位于哥打巴鲁（Kota Bahru）郊区，每天有上岛人数限制，需提前预订。白色的沙滩，清澈见底的海水，简直是个与世隔绝的天堂！最为惊险的是距哥打巴鲁码头约45分钟的过山车似的海水船程。

大王花保护区：大王花（Rafflesia）是世界上花朵最大的植物，仅生长在婆罗洲。

红树林保护区：沙巴州西南海岸的一个红树林保护区，远离城市的喧嚣，寻找原生态的稀有动物长鼻猴和野生萤火虫。

（3）槟榔屿、槟城　槟榔屿位于马来西亚北部，以槟榔树而得名。槟榔屿原来只是一个荒岛，只有海盗寄居于此，到18世纪末被英国东印度公司的法兰斯船长发现，并向吉打国苏丹租借，使这里一步步发展而成，其中85%为华人，其余是印度人和马来土著。在这里，闽南话很通行。首府槟城，又称“乔治亚市”或“乔治城”，位于槟榔屿的东北端，是马来西亚最大的国际自由商港和全国第二大城市。槟榔屿充满多姿多彩的宗教和文化特色，州立博物馆、艺术馆、佛教寺庙和清真寺遍布全岛，反映了自18世纪以来诸多民族共同开发这个美丽岛屿的灿烂历史。槟城植被苍翠、风景美丽，宾馆酒店建筑各具特色，风味小吃丰富多样。这里的商品多为免税品，并且价格比较低廉。从吉隆坡、新加坡、香港、曼谷均有班机直达槟城。从吉隆坡乘火车可到达槟城对岸的北海，再换乘渡或巴士过海可达槟城。主要旅游景点有：

槟榔山：又称升旗山，是槟城地势最高处，海拔830米左右。山下有登山缆车，登上山顶，不仅可以俯瞰槟城全景，还可观看到来往于马六甲海峡之间的各式船只。山顶上设有观光、休闲设施，是槟城一个重要的观光景点。

极乐寺：位于升旗山，依山而建，分为三层，被誉为东南亚最雄伟的佛庙之一。寺里有康有为手书“勿忘故国”和“大清光绪丁未三十三年赐槟榔城山极乐禅寺规寺”匾额。万佛宝塔是寺内最宏伟的建筑物，塔高30米，分为七级，融合了泰、中、缅三国建筑特色，每层都供奉佛像。

蛇庙：又叫青龙庙，位于槟城东南14千米的日落洞路，距机场约1.6千米。蛇庙原来祭祀的是清水祖师，称为兴福堂。由于有许多青蛇盘踞，又称蛇庙。庙里的廊柱、烛台、香炉、神像上到处可见蛇影，但这里的蛇不伤人，白于被缭绕的香烟熏得昏昏然，晚上则四处爬行，吞食信徒供奉的鸡蛋。

度假海滩：槟城的海滩主要分布于北部，从丹绒武雅一直延续到巴都丁宜，有长达11千米的白色海滩，全年都可享受弄潮戏水的乐趣。丹绒武雅号称“花之岬”。

康华利斯古堡：位于海滩边，建于1808年，为纪念英国东印度公司的法兰斯船长而建。古堡围墙高大，大炮指向马六甲，曾作为防御要塞。此处设有一座船桅形的高大灯塔，为夜间过往船只导航。

（4）马六甲　马六甲位于马来半岛的东南海滨，距吉隆坡约160千米，是马来西亚最古老的一座城市，扼守马六甲海峡的咽喉，控制着太平洋和印度洋之间的要道，战略地位十分重要。主要旅游景点如下：

马六甲行政中心：位于圣保罗丘陵广场。行政官邸系荷兰式建筑，建于1660年。在行政官邸的左边，有一道高墙，上面装饰有古战船。行政中心附近有“马六甲志愿团纪念碑”，纪念在第二次世界大战中阵亡的将士；另外还有英国维多利亚女王登基60周年大理石纪念碑、荷兰东印度公司的匾额等。

圣保罗教堂：位于市中心圣保罗山上，1521年建成，是葡萄牙人在马六甲最早建立的天主教堂。

马六甲博物馆：位于市区东部、马六甲河畔，建于1641—1660年间，是东南亚古老的荷兰式建筑物之一。原为荷兰总督的居所，因为其墙、木门均为红色，当地人称它为“红屋”。馆内收藏有马来西亚、葡萄牙、荷兰和英国的历史文物。红屋附近有建于1912年的马六甲俱乐部，属哥特式建筑，现在独立陈列于纪念馆。

青云亭：位于市区JalanTokong，是马来西亚是古老的中国寺庙。建于1946年，为纪念中国明朝使节而建，供奉天后娘娘及观世音菩萨，又称“观音亭”。整座寺庙全部楠木结构，雕梁画栋，金碧辉煌。

三宝山（见图2-13）：又叫中国山，位于Jalan Temenggung街尾，是明代三宝太监郑和的军队驻扎地，也是明朝公主下嫁马六甲时的居所。山上的宝山庙供奉着郑和的戒装塑像。庙右侧的三宝井，是马六甲最古老的水井，相传是1409年郑和率军到此为寻找饮用水而挖掘的。

图2-13　三宝山

【课后习题】

1. 根据本章的阅读，马来西亚人有哪些习俗禁忌？并分组演示。
2. 撰写开拓马来西亚客源市场的计划书，分组投标，竞选。

新加坡

一、国家概况

1. 位置、领土和地形

新加坡,(全称新加坡共和国)位于马六甲海峡北岸,马来半岛南端;新加坡是一个热带城市岛国,地处太平洋与印度洋航运要道——马六甲海峡的出入口,战略位置十分重要。北隔柔佛海峡与马来西亚为邻,有长达1056米的长堤与马来西亚的新山相通,南隔新加坡海峡与印度尼西亚相望。国土面积为647.5平方千米,由新加坡岛及附近63个小岛组成,其中新加坡岛面积约585平方千米,占全国总面积的91.6%。是新加坡领土构成的主要部分。

2. 气候

新加坡地处赤道附近,属热带雨林气候,由于四面临海,海风宜人,天气不是十分炎热,年平均气温为24～27℃,最高温可达35℃左右,最低温可降到20℃以下。新加坡常有骤雨,雨量充沛。

3. 资源

新加坡国土面积小、物产资源匮乏,但植物资源比较丰富,且多属热带低地常绿植物。植物品种多达2000种以上,其中椰子、油棕、橡胶是经济价值较高的作物。全国耕地无几,人口多居住在城市,故享有“花园城市国家”之美誉。普遍种有著名的热带观赏花卉胡姬花(即兰花),胡姬花每年被大量销往欧、美、日、澳和中国香港等国家和地区,是该国重要的出口创汇商品之一。由于新加坡资源贫乏，新加坡政府一直大力鼓励吸引外商投资、发展自由贸易。

4. 人口和居民

截至2014年6月，新加坡国家总人口为546.8万。其中，本国公民和永久居民约400万人，其他为居住一年以上的外国居民。新加坡地窄人稠，人口密度高。

新加坡是移民国家，国民大多为移民，其中77%是华人，约14%是马来人，8.5%是印度人，其余的是欧亚混血人种和其他民族。马来语、英语、汉语和泰米尔语为官方语言，国语为马来语，英语为行政用语。新加坡是多宗教国家，有宗教信仰的居民占85.5%，主要信奉佛教、道教、伊斯兰教、基督教和印度教。华人和斯里兰卡人多信佛教，马来人和巴基斯坦人信奉伊斯兰教，印度人信奉印度教，此外还有人信奉基督教。

5. 简史

新加坡最早居民为马来人后裔。8世纪建国，属印尼室利佛逝王朝。13世纪中叶改称“信诃补罗”（信诃意为狮子，补罗意为城堡，故新加坡意为“狮城”），统治约123年。15世纪，建马六甲王朝。16世纪中期归柔佛王国所辖。

1819年，英国人史丹福·莱佛士来到新加坡，与柔佛苏丹订约设立贸易站。1824年沦为英国殖民地，成为英国在远东的转口贸易商埠和在东南亚的主要军事基地。1826年，新加坡与马六甲、槟榔屿合并为英国“海峡殖民地”。1942年被日本占领。1945年日本投降后，英国恢复殖民统治，1946年划为直属殖民地。

1958年6月，新加坡自治邦成立；1963年9月16日作为一个州并入马来西亚；1965年8月9日脱离马来西亚，成立新加坡共和国。同年9月成为联合国成员国，10月加入英联邦。

【知识链接】

—新加坡国名的由来—

新加坡，国名由来于它的国土形象。新加坡地形像个狮子。马来语“新加”是“狮子”，“坡”是“岛”的意思。11—13世纪时，新加坡是一个被称为“淡马锡”或“单马锡”的贸易中心。单马锡是马来名称的音译，意为“海域”，也有的说是“湖泊”的意思；还有的说是来源于爪哇语，意思是“锡”。据说新加坡主要的山脉武吉智马山曾产有少量的锡，而且在《航海图》中把武吉智马山也称作单马锡；另有一说意为“海口”或“海上之域”，指其地临马六甲海峡。

据《马来纪年》第四章记载，大约是在1160年，相传印度在马来半岛统治时建立的室利佛逝王国的王子圣尼罗优多摩，他带着妻子和随从外出狩猎，发现一处洁白的沙滩，听随从说是“淡马锡”，便走过去。突然有只黑头红身、胸生白毛的狮子疾驰而过，王子认为这是吉祥之地，便在此建立了一座城市，命名为“僧加补罗”，即新加坡，意为“狮子城”。后来又以城市名为国家名，并沿用至今。

二、政治经济

1. 政治

行政区：新加坡是一个城邦国家，无省市之分，是以符合都市规划的方式划分全国，它分四个地区：市中心地区、市中心周围地区（北、东北和西部）、市郊区（东、北和西部）、外围地区（东、北和西部）。新加坡是英联邦成员国，实行总理内阁制。

体制：新加坡政体是议会共和制，全国被划分成84个选区，每个选区选举产生一名议员组成议会。在议会选举中获得多数席位的政党组阁组成政府，政府对议会负责。

首都：新加坡市，是全国政治、经济、文化中心，有“花园城市”之称，是世界上最大港口之一和重要的国际金融中心。

新加坡市道路宽阔，人行道两旁种着叶繁枝茂的行道树及各种花卉，草坪、花坛小型公园间杂其间，市容整洁。桥上，围墙都种有攀缘植物，住宅的阳台上放置着五彩缤纷的花盆。新加坡市拥有2000多种高等植物，被誉为“世界花园城市”和东南亚的“卫生模范”。

国旗：国旗由上红下白两个平行相等的长方形组成，长与宽之比为3∶2。左上角有一弯白色新月以及五颗白色小五角星。新加坡共和国国旗中，红色代表了平等与友谊，白色象征着纯洁与美德。新月表示新加坡是一个新建立的国家，而五颗五角星代表了国家的五大理想：民主、和平、进步、公正、平等。新月和五星的组合紧密而有序，象征着新加坡人民团结和互助的精神（见图2-14）。

图2-14　新加坡国旗

图2-15　新加坡国徽

国徽：新加坡国徽由盾徽、狮子、老虎等图案组成（见图2-15）。红色的盾面上镶有白色的新月和五角星，其寓意与国旗相同。红盾左侧是一头狮子，这是新加坡的象征，新加坡在马来语中是“狮子城”的意思；右侧是一只老虎，象征新加坡与马来西亚之间历史上的联系。红盾下方为金色的棕榈枝叶，底部的蓝色饰带上用马来文写着“前进吧，新加坡！”

国歌：新加坡的国歌是“Majulah Singapura”，中文译为《前进吧，新加坡》。

国花：新加坡将一种名为卓锦·万代兰的胡姬花命为国花，东南亚通称兰花为胡姬花。

2. 经济

新加坡的经济总体水平非常高，是世界上最富裕的国家之一，并且属于新兴的发达国家。新加坡如今在各方面发展非常迅速，新加坡经济现状也很稳定，发展非常迅速，并且新加坡拥有非常廉洁高效的政府，制定一系列的经济政策，稳定的国内政局，也保证经济发展过程中的稳定和繁荣。

多元化经济的发展迅猛，是如今新加坡经济现状的真实写照。新加坡的经济模式是非常健康稳健的，正逐渐成为更多国家效仿的对象。

农业：发达的农业也帮助新加坡经济更加稳定，主要生产高产值农产品，包括观赏鱼养殖，鸡蛋奶牛生产等，主要供应国内市场。

工业：新加坡是世界上很重要的金融中心，也是亚洲重要的航运和服务中心，是亚洲“四小龙”之一。新加坡的各个工业区的工业种类很多，包括橡胶加工、造船、修船、炼油、钢铁、水泥、化学、汽车装配、纺织、药品等。工业产品主要有机械设备、化学与化学产品、交通设备、石油产品、炼油等部门。

服务业：新加坡的服务业也是相当发达，在新加坡GDP中占有非常重要的地位，占新加坡GDP的2/3，主要产业包括批发零售业（含贸易服务业）、商务服务业、交通与通讯、金融服务业、食宿业（酒店与宾馆）和其他共六大门类。依托这四大服务业的发展，新加坡确立了其亚洲金融中心、航运中心、贸易中心的地位。

旅游业：新加坡的旅游业也很发达，旅游业的发展，有助于新加坡服务业的进一步发展。

三、科技教育

1. 教育

新加坡有完善的教育体系和制度，融和了东西方教育的精华。新加坡沿用英联邦教育体制，推行英语（作为母语）和汉语双语教育。学费低廉，政府大力支持教育产业。同时新加坡拥有良好的教学设施及世界一流的教育水平。

新加坡教育制度以严格著称。新加坡的中小学至今允许校长或训导主任在家长同意的情况下使用鞭刑处罚学生，有时候鞭刑是公开实施的，虽然很少施行，但仍对其他学生起到威慑作用。

政府中、小学：小学6年。中学学制为4年或5年，快捷课程为4年，完成课程后参加新加坡O/A水准考试，普通学术课程和普通工艺课程为5年，学生完成课程后必须参加N水准考试才可以继续升学。

政府初级学院：学制2年。学生完成课程后参加A水准考试后直接报读新加坡或英、美、澳及英联邦国家的名校。

政府职业技术类学院：学制2年。新加坡职业教育学院有完善的培训设备，能为中学毕业生提供全面的技术培训，使其掌握一技之长，如圣淘沙国立酒店管理学院、南洋艺术学院、新加坡国立工艺学院。

政府理工学院：学制3年。新加坡5所理工学院提供材料、工科和商业等课程，文凭广受国际认可，国际学生可以申请80%奖学金。毕业后一个月可直接申请新加坡永久居民，可以担保父母来新居留。

政府国立大学：本科学制3～4年，硕士学制1～3年。新加坡三所著名的国立大学分别是新加坡国立大学、南洋理工大学和新加坡管理大学，采用了一系列的创新计划，引进核心课程并积极与国际知名大学合作，设立跨学科研究中心。

2. 科技

新加坡经济的繁荣在一定程度上得益于政府近年来对科技的重视。作为一个以服务业为主的国家，政府日益认识到在当今的知识经济中，科技的发展对于经济发展的作用至关重要。特别是从1991年以来，政府发起了一个通过加强技术能力提高国家竞争力的运动。在这个背景下，新加坡制定了第一个科技发展5年计划，从那时起，新加坡科技走上了快速发展的轨道。

新加坡把科技活动的重点放在对经济具有重要意义的领域上，包括电子、化工、工程和生物医学等。新加坡的微电子制造技术、信息通信技术应用（电子政府和电子商务等）在全球居领先地位。

四、民俗文化

1. 新加坡主要节日

新加坡的节庆日承袭了多民族国家的节日与风俗，有春节、清明节、卫塞节、龙舟节、中元节、国庆日、圣诞节、哈芝节和中秋节等。下面主要介绍几个具有代表性的新加坡节庆特色的节日。

卫塞节——农历四月十五日

卫塞节是佛祖释迦牟尼的诞辰、成道及涅槃纪念日。新加坡佛教总会在节日的前几天就开始举行一连串的庆祝会，各佛教团体及寺庙张灯结彩，大放光明，象征佛陀的光辉世世代代照耀人间。

中元节——农历七月初一到三十日

中元节俗称鬼节，在整整一个月的时间里都要设坛拜祭无主阴魂，在这期间有宴会、歌台表演、喊标福物等活动，十分热闹。

国庆日——8月9日

国庆日是新加坡的国庆日（National Day），这是为了纪念1965年新加坡获得国家独立的日子。

2. 新加坡风俗

（1）礼仪风俗　在社交场合，新加坡人与他人所行的见面礼节多为握手礼。在一般情况下，他们对于西式的拥抱或亲吻是不太习惯的。

在待人接物方面，新加坡人特别强调笑脸迎客、彬彬有礼。

在公共场所政府通过采用“法”与“罚”这两大法宝，去促使人们提高社会公德意识。在今日的新加坡，讲究社会公德，可以说是有法可依、有法必依、执法必严、违法必究。比如，在新加坡，在公共场所人们不准嚼口香糖，过马路时不能闯红灯，“方便”之后必须拉水冲洗，在公共场合不准吸烟、吐痰和随地乱扔废弃物品。不然的话，就必受处罚，需要交纳高额的罚金，有时还会吃官司，甚至被鞭打。在商务和公务往来中，男士通常要穿白色长袖衬衫和深色西裤；女士要穿套装或深色长裙。在公共场所，穿着也不能过于随便，尤其不能穿露肩、露背、露脐等服装。

（2）餐饮文化　由于新加坡是一个多种族的国家，有华人、马来人、印度人以及西欧人等。华人祖籍为广东、福建、上海和海南等地，他们的主食为米饭，口味清淡、喜欢甜食及讲究营养；马来人忌食猪肉、狗肉和动物的血，不吃自死之物，不吃贝类动物，不饮酒；印度人不吃牛肉；且马来人和印度人均习惯用右手直抓食物，忌用左手取用食物。

（3）习俗禁忌　新加坡是一个多元种族和多种宗教信仰的国家，因此，要注意尊重不同种族和不同宗教信仰人士的风俗习惯。

新加坡华人商人一向有勤奋、诚实、谦虚、可靠的美德。与新加坡人谈判，不仅必须以诚相待，更重要的是考虑给对方面子，不妨多说几句“多多指教”“多多关照”的谦言。值得一提的是，与海外华人进行贸易，采用方言洽谈，有时可以起到一种独特的作用。碰上说潮州话的商人，首先献上一句“自己人，莫客气”的潮州乡音，给人一种宾至如归的感觉。其他像粤语、滇语等，同样有助于谈判的进行和成功。

在新加坡，进清真寺要脱鞋。在一些人家里，进屋也要脱鞋。由于过去受英国的影响，新加坡已经西方化。但当地人仍然保留了许多民族的传统习惯，所以，打招呼的方式都各有不同，最通常的是人们见面时握手，对于东方人可以轻轻鞠一躬。

新加坡人接待客人一般是请客人吃午饭或晚饭。到新加坡人家里吃饭，可以带一束鲜花或一盒巧克力作为礼物。谈话时，避免谈论政治和宗教。可以谈谈旅行见闻，你所去过的国家以及新加坡的经济成就。

由于新加坡居民中华侨居多，人们对色彩想象力很强，一般对红、绿、蓝色很受欢迎，视紫色、黑色为不吉利，黑、白、黄为禁忌色。在商业上反对使用如来佛的形态和侧面像。在标志上，禁止使用宗教词句和象征性标志。喜欢红双喜、大象、蝙蝠图案。数字禁忌4、7、8、13、37和69。

五、旅游资源

1. 最佳旅游时间

处于赤道附近，这里一年四季差别很小，年平均温度为23～33℃，全年都很温暖。只是6、7、8月相对较热，11月到次年2月是雨季，你也可以选择避开这些月份。如果你在雨季前往新加坡，要注意每天做好充分的应对降雨的准备。

2. 旅游城市与景点

新加坡主要的旅游点和旅游区有新加坡市、龟屿、圣淘沙岛等。

（1）新加坡市　位于新加坡岛南部，面积约98平方千米。人口200多万。该市是世界著名的天然良港，也是仅次于荷兰鹿特丹的世界第二大港和世界第四国际金融中心。该城是现代化的城市，高楼林立，并有整齐宽阔的林荫大道，花坛草坪特多，环境十分卫生，因而有“美丽的花园城”和“卫生模范城”的美誉。市内有天福宫、星和园、裕华园、苏丹伊斯兰教堂、龙山寺、国家博物馆、范克利夫水族馆等旅游点。最值得一游的是新加坡动物园和植物园。新加坡动物园位于实里达蓄水池附近，该园的特点是动物可以在较大空间里自由活动。园内有狮、虎、黑豹、大象、长颈鹿等130多种动物。新加坡植物园建于20世纪50年代，历史悠久。园内有热带植物两三万种，包括新加坡的国花卓锦、万代兰以及其他许多品种的兰花。该园拥有植物种数仅次于印度尼西亚的茂物植物园。园内藏有植物标本约50万种。

（2）龟屿　位于新加坡市西南7千米处，由于从侧面看像是一只大海龟，因而得名。在

图2-16　圣淘沙岛地貌

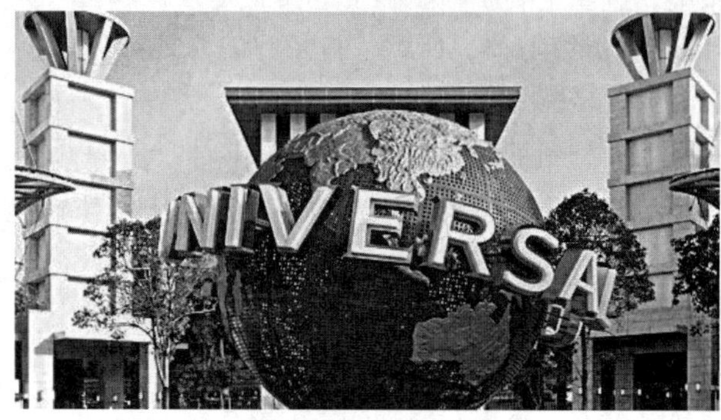

图2-17　新加坡环球影城

“巨龟”的头部，有一座大伯公庙。关于此庙，传说有巨龟救人的生动故事。此庙附近还有一座马来达图公庙，据传是死于一个多世纪前的赛义德·阿卜杜拉赫曼的坟墓。他被马来人尊为神明。

（3）圣淘沙岛　新加坡南部的一个岛屿，是新加坡的主要游览区之一（见图2-16），旧名“绝后岛”。岛上有许多旅游点。建于1880年的西洛索堡保存有公元5世纪的古炮。海边有珊瑚馆，馆内水池中有种类繁多的珊瑚、海星、海绵等海生动物。圣淘沙艺术中心藏有中国画、西洋画及书法、雕塑等艺术品。岛上还有人工湖、旱冰场、网球场、高尔夫球场等，供游人开展各种运动和活动。1993年，在轮渡码头附近，建成了重现亚洲逐渐消失的民情民俗的亚洲村。裕廊鸟类公园，是世界最大的鸟类公园之一，位于裕廊山麓。该园始建于1971年。园内有350种鸟类，共7000余只。既有色彩绚丽的热带鸟，也有原产极地地区的企鹅，旅游者在此可观察不同鸟类的习性。

（4）国家公园、波浪桥、花柏山　这3个景点是连在一起的，都是新加坡非常著名的景点。国家公园是一大片连着的钢铁状桥，桥柱子非常高直插入丛林中，沿着桥走便可到达波浪桥。波浪桥是世界上最高的高架桥，是世上设计最奇特的八座桥之一，也是新加坡最高的人行天桥，此桥不论白天还是夜晚景色都很美。花柏山是搭乘空中缆车前往圣淘沙的起点，一座滨海的小山丘，可鸟瞰新加坡南部全景。

（5）新加坡环球影城　是圣淘沙名胜世界最重要的景点，是拍照的好地方（见图2-17）。这座主题乐园汲取了美国好莱坞、奥兰多以及日本大阪三地环球影城的精华，完美地应用到其中的七大主题区，让游客全程感受“飞跃电影”的畅快体验，推出的24个过山车和景点中，有18个是世界级的首创亮点或是专为新加坡量身定制，可为游客提供非同凡响的体验。此外，它还拥有全球最大规模的海洋生物园。

（6）滨海湾花园　是新加坡最新的标志性景点，模拟著名的世界花园——纽约中央公园和英国的Kew Gardens（英国皇家植物园），斥巨资打造而成，是第三个世界一流的海滨花园。滨海湾花园位于滨海湾亲水黄金区域，毗邻滨海湾金沙酒店，是新加坡滨海湾继续发展的中心。整个园区由滨海南花园（Bay South）、滨海东花园（Bay East）和滨海中花园（Bay Central）三个风格各异的水岸花园组成，占地面积101公顷，由新加坡国家公园局直接管理。

（7）克拉码头　以前是商人用小船卸货的地方，而现在，船上搭载的都是游客。同样，新加坡河岸边的仓库、货栈和商店也都已经改头换面，重新装修成餐厅、酒吧和娱乐中心了（见

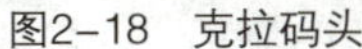

图2-18　克拉码头

图2-19　飞行者摩天轮

图2-18）。现在驳船码头和克拉码头是新加坡市区最新的娱乐场所。在驳船码头至少有多家酒吧和餐厅，而在上游的克拉码头则是购物、就餐、娱乐的天堂，有商店、餐厅、酒吧和娱乐场所和流动推车售卖小饰品，到处都充满了节日的气氛，街道弥漫着独特的新加坡气氛。

（8）夜间野生动物园　夜间野生动物园是世界上第一个专为夜间活动的动物而建造的动物园，坐落于40公顷次生雨林中，园内草木丛生，游客可步行或乘坐电瓶车游园。夜间野生动物园拥有130种动物，其中35%是濒危物种。在月光的特别照明下，游客可在宽阔的自然栖息地中观察这些夜行动物的行踪。

（9）新加坡飞行者摩天轮　新加坡飞行者摩天轮是世界最高的摩天观景轮（见图2-19），新加坡风光明媚的滨海湾、高耸入云的摩天大楼都可在37分钟之内尽收眼底，从樟宜海边到圣淘沙岛，甚至马来西亚及印度尼西亚部分岛屿的大好风光也可尽收眼底。

新加坡飞行者摩天轮始建于2005年，耗资约1.77亿美元，于2008年4月开始运营。这座摩天轮高165米，共设28个座舱，每个座舱宽4米，长7米，可容纳26人。配套设施包括综合商业城、具有古希腊建筑风格的露天舞台、长达210米的海边餐饮长廊和游艇码头等。

（10）裕廊飞禽公园　于1971年正式开放，是世界上最大的飞禽公园（见图2-20）。它依山而建，占地20.2公顷，栖息着分属380多个物种的4600多只飞禽。其中赫蕉园收集了108种赫蕉植物及栽培品种，是本地区最大的赫蕉园之一。其他主要景点包括飞禽知识馆、非洲瀑布鸟舍、彩鹦谷、东南亚鸟舍和备受赞誉的非洲湿地。

图2-20　裕廊飞禽公园

【课后习题】

1. 新加坡的经济发展对中国的启示。
2. 新加坡政府为何能长期廉洁高效？

泰国

一、国家概况

1. 位置、领土和地形

泰国原叫做暹罗，位于中国和印度间的中南半岛的心脏地带。泰国面积为51.4万平方千米。泰西北与缅甸为邻，东北接老挝，东连柬埔寨，南部与马来西亚接壤。泰国平面形状像一只大象的头，东西界的最大距离为780千米，而最窄处仅10.6千米，从北到南最长为1648千米。泰国境内大部分为低缓的山地和高原，地势北高南低，全国最高峰为因他暖山，海拔2585米。昭披耶河（湄南河）发源于北部山地，纵贯南北，流经国境中部，全长1200千米，流域面积为15万平方千米，南流注入泰国湾，是中部农业区的重要灌溉水源和航运干线，其主要支流有难河、永河、宾河、巴塞河等。湄公河是泰老两国的天然界河，在泰国境内的主要支流是蒙河。主要山脉为他念他翁山脉，包括达嫩山、比劳山脉、坤丹山，还有栋帕耶费山、山甘烹山脉等。主要岛屿有普吉岛、萨木伊岛、潘甘岛和强岛。

2. 气候

气候热带季风气候。泰国属于热带季风气候。一年三季，分别是热季（2月中旬至5月中旬）、雨季（5月下旬至10月中旬）和凉季（11月至次年2月中旬），常年温度不低于18℃，温差在19 ~ 38℃，平均气温为28℃左右，平均年降水量约1000毫米。湿度在66% ~ 82.8%。年均气温24 ~ 30℃。

3. 资源

泰国自然资源丰富，主要有钾盐、锡、褐煤、油页岩、天然气，还有锌、铅、钨、铁、锑、铬、重晶石、宝石和石油等。其中钾盐的储量4070万吨，居世界首位，锡的储量约120万吨，其储量占世界总储量的12%，油页岩蕴藏量达187万吨，褐煤蕴藏量约20亿吨，橡胶产量居世界首位，年产达210万吨，占世界总产量的三分之一，其中90%用于出口。森林资源、渔业资源、石油、天然气等也是其经济发展的基础，天然气蕴藏量约16.4万亿立方英尺（0.464万亿立方米），石油储量1500万吨，森林覆盖率为25%。此外，泰国还盛产分别被誉为“果中之王”和“果中之后”的榴莲和山竹，荔枝、龙眼、红毛丹等热带水果同样名扬天下。

4. 民族、人口

人口为6720万（2014年）。泰国是一个由30多个民族组成的多民族国家，其中泰族占人口总数的40%、老族占35%，马来族占3.5%、高棉族占2%，此外还有苗、瑶、桂、汶、克伦、掸等山地民族。泰语为国语，佛教是泰国的国教，90%以上的居民信仰佛教、马来族信奉伊斯兰教，还有少数信奉基督教新教、天主教、印度教和锡克教。

5. 简史

泰国已有700多年的历史和文化，原名暹罗。公元1238年建立了素可泰王朝，开始形成较为统一的国家。先后经历了素可泰王朝、大城王朝、吞武里王朝和曼谷王朝。从16世纪起，先后遭到葡萄牙、荷兰、英国和法国等殖民主义者的入侵。19世纪末，曼谷王朝五世王大量吸收西方经验进行社会改革。1896年，英、法签订条约，规定暹罗为英属缅甸和法属印度支那之间的缓冲国，从而使暹罗成为东南亚唯一没有沦为殖民地的国家；1932年6月，人民党发动政变，建立君主立宪政体；1938年，銮披汶执政；1939年6月更名为泰国，意为“自由之地”；1941年被日本占领，泰国宣布加入轴心国；1945年恢复暹罗国名；1949年5月又改称泰国。

二、政治经济

1. 政治

宪法：现行《宪法》于1997年9月27日获立法议会通过，同年10月11日颁布实施，是泰国第16部宪法。新《宪法》规定泰国实行以国王为元首的民主政治制度；国王为国家元首和王家武装部队最高统帅，神圣不可冒犯，任何人不得指责或控告国王。国王通过国会、内阁和法院分别行使立法、行政和司法权。国会为两院制，分上院、下院，均由直选产生，立法、审议政府施政方针、国家预算和对政府工作进行监督为其主要职能。政府总理来自下议员，由不少于2/5的下议员提名，经下议院表决并获半数以上票数通过，由国会主席呈国王任命。

行政区：泰国全国共有76个一级行政区，其中包括75个“府”与直辖市的首都——曼谷。

首都：曼谷，是全国政治、经济、文化中心，是现代与传统相交融的大都市，依然保留着标志辉煌传统的名胜古迹。

国旗：呈长方形，长与宽之比为3∶2。由红、白、蓝三色的五个横长方形平行排列构成。上下方为红色，蓝色居中，蓝色上下方为白色（见图2-21）。蓝色宽度相等于两个红色或两个白色长方形的宽度。红色代表民族和象征各族人民的力量与献身精神。泰国以佛教为国教，白色代表宗教，象征宗教的纯洁。泰国是君主立宪政体国家，国王是至高无上的，蓝色代表王室。蓝色居中象征王室在各族人民和纯洁的宗教之中。

图2-21　泰国国旗

图2-22　泰国国徽

国徽：图案是一只大鹏鸟，鸟背上蹲坐着那莱王。传说中大鹏鸟是一种带有双翼的神灵，那莱王是传说中的守护神（见图2-22）。

国歌：今日在泰国有两首起国歌作用的歌曲，一首叫《泰王国歌》，另一首叫《颂圣歌》。

国花：睡莲又名子午莲、睡美人等。它花姿端庄，花色清丽。睡莲象征纯洁的心或纯真。

2. 经济

农业：作为传统农业国，农产品是外汇收入的主要来源之一，主要生产稻米、玉米、木薯、橡胶、甘蔗、绿豆、麻、烟草、咖啡豆、棉花、棕油、椰子果等。全国耕地面积为2070万公顷，占全国土地面积的38%。泰国是世界著名的大米生产国和出口国，大米出口是泰国外汇收入的主要来源之一，其出口额约占世界市场稻米交易额的三分之一。泰国也是仅次于日本、中国的亚洲第三大海产国，为世界第一产虾大国。

工业：泰国经济结构随着经济的高速发展出现了明显的变化。虽然农业在国民经济中仍然占有重要的地位，但制造业在其国民经济中的比重已日益扩大。制造业已成为比重最大的产业，且成为主要出口产业之一。泰国工业化进程的一大特征是充分利用其丰富的农产品资源发展食品加工及其相关的制造业，主要工业门类有：采矿、纺织、电子、塑料、食品加工、玩具、汽车装配、建材、石油化工等。自20世纪80年代以来，出口产品由过去以农产品为主逐步转为以工业品为主，主要出口产品有：自动数据处理机、集成电路板、汽车及零配件、成衣、鲜冻虾、宝石和珠宝、初级化纤、大米、收音机和电视机、橡胶等；主要进口产品有：电子和工业机械、集成电路、化学品、电脑配件、钢铁、珠宝、金属制品等。

旅游产业：旅游资源丰富，历来以“微笑国度”闻名于世，有500多个景点，主要旅游点除曼谷、普吉、芭堤雅、清迈和帕塔亚外，清莱、华欣、苏梅岛等一批新的旅游点发展较快，此外，泰国实行自由经济政策，吸引着众多外国游客。

三、科技教育

1. 教育

教育分普通教育、职业教育和成人教育三大类。普通教育又分学前幼儿教育、初等教育（分初小和高小）、中等教育（分初中和高中）、高等教育4个阶段。2004年5月起，泰国将免费的基础教育延长到14年，包含了2年的学前教育，6年小学教育、3年初中教育、3年高中教育。泰国的高等教育比较发达，分为公立和私立两类，高等教育学制为4年。

2. 科技

泰国科技发展起步较晚，但发展较快。国高技术研究发展的重点是生物技术和遗传工程、金属和新材料、电子和计算机技术等三个领域，主要集中在相应成立的三个国家技术中心进行。泰国在农业生物技术和医学生物技术领域有较高水平。

四、民俗文化

1. 泰国主要节日

泰国的民间节日十分具有地方特色，佛教气息浓厚，有水灯节、万佛节、宋干节、农耕节、鬼节、大象节等。下面主要介绍几个具有代表性的泰国民间节日。

水灯节——泰历12月15日

水灯节又称“佛光节”。它不仅是庆祝丰收、感谢河神的节日，也是青年男女追求爱情和祈求神灵保佑的欢乐日子。

万佛节——泰历3月15日

万佛节是泰国的传统佛教节日，在每年泰历3月15日举行。万佛节的早晨，泰国男女老少带着鲜花、香烛和施舍物品前往附近寺院，进行施斋、焚香、拜佛活动。在万佛节，有些善男信女还持受五戒或八戒以表示对佛教的虔诚。

宋干节——公历4月13～15日

宋干节是泰国、老挝的传统节日。“宋干”一词出自梵语，太阳进入某星座称为“宋干”。太阳连续运行，进出不同的星府共12次，时间恰好为一年。古代的泰国以宋干节为新年，因四月中旬正值农闲，正宜举行隆重的宗教活动和民间杂耍。节期3天，每年自公历4月13～15日举行。节日的主要活动有斋僧行善、沐浴净身，人们互相泼水祝福，敬拜长辈，放生及歌舞游戏。

农耕节——每年五月某吉日

农耕节是泰国的重要节日，每年在曼谷大王宫旁边的王家田广场举行大典。农耕节大典始于13世纪的素可泰王朝，由占卜师选择在每年5月（泰农历6月）的一个吉日良辰按照婆罗门教的习俗举行。标志着泰国新一季稻谷耕作期的开始，同时祈求来年风调雨顺，五谷丰收。

2. 泰国民风民俗

（1）泰国礼仪

见面礼：泰国人见面时要各自在胸前合十相互致意，其法是双掌连合，放在胸额之间，双掌举得越高，表示尊敬程度越深。平民百姓见国王双手要举过头顶，小辈见长辈要双手举至前额，平辈相见举到鼻子以下。长辈对小辈还礼举到胸前，手部不应高过前胸。地位较低或年纪较轻者应先合十致意。别人向你合十，你必须还礼，否则就是失礼。合十时要稍稍低头，口说“Sawadee ka！”即“您好”。双方合十致礼后就不必再握手，男女之间见面时不握手，俗人不能与僧侣握手。

宗教礼仪：在伊斯兰教清真寺内，男士应该戴帽子，而女士则穿“密实”一点，寺前所有人士均要脱去鞋子；若宗教集会进行时，寺内不许旅客游览。佛寺范围内参观，穿着鞋子是可以的，但不应在供奉主要佛像的寺堂内穿着。衣着整齐，不要裸露上身或穿着短裤及其他不合适的服装。所有佛像，不论大小，完好或残破，均奉为圣物。因此，请勿攀爬佛像取景照相！

（2）餐饮文化　泰国人主食为大米，副食是蔬菜和鱼。早餐多吃西餐，正餐爱吃中国的广东菜、四川菜，喜欢吃辣味食品，而且越辣越好。因为天气炎热且喜食辛辣的食品，泰国人在餐前有先喝一大杯水的习惯。泰国人还吃鱼露，不爱吃牛肉及红烧食品，食物中不习惯放糖。泰国人爱喝白兰地和苏打水，也喝啤酒、咖啡，饮红茶时爱吃干点心和小蛋糕。泰国人喜吃鸭梨、苹果等水果，但不吃香蕉。

（3）习俗禁忌

泰国女性：通常泰国女性都是比较保守的，请不要在未经她们同意的情况下，触摸她们（身体）。

称呼：泰国人通常称呼人名时，在名字前加一个“坤”（Khun）字，无论男女均可用，表示为“先生”“夫人”“小姐”之意。在泰国公司内，职员们经常以“Pee”（兄姐）和“Nong”（弟妹）相称，给人一种亲切的感受。

头部很神圣：不要触及他人头部，也不要弄乱他人的头发。在泰国，人的头部被认为是精灵所在的重要部位。如果您无意中碰及他人的头部，您应立即诚恳地道歉。泰国人忌讳外人抚摸小孩（尤其是小和尚）的头部，小孩子的头只允许国王、僧侣和自己的父母抚摸。即使是理发师也不能乱动别人的头，在理发之前必须说一声“对不起”。

泰国人睡觉时，头部不能朝西，因为日落西方象征死亡，只有人死后才能将尸体头部朝西停放。泰国人建筑房屋时，也习惯房屋坐北朝南或坐南朝北，而不朝西。此外，蓄须也被认为不礼貌。

左手不净：泰国人认为人的右手清洁而左手不洁，左手只能用来拿一些不干净的东西。因此，重要东西用左手拿会招来嫌弃。左撇子在日常生活中可以不注意，但在正式场合绝对不可以。在比较正式的场合，还要双手奉上，用左手则会被认为是鄙视他人。

脚掌不净：与左手一样，脚掌也被认为是不净的。在入坐时，应避免将脚放在桌子上。

（4）服饰特色

传统服饰：泰族男子的传统民族服装叫“绊尾幔”纱笼和“帕农”纱笼。泰国传统服饰女筒裙是泰国女子夏装。

泰国人喜爱红、黄色，禁忌褐色，所以人们的服饰都使用鲜艳的颜色。当今泰国女子服装式样繁多，一般较讲究的女子天天换装，多穿套装，穿连衣裙的很少，不少人爱穿筒裙。男式服装较为简单，穿短袖上衣、T恤衫和猎装，下身穿长裤。

五、旅游资源

庙宇林立的千佛之国，信仰为上的微笑之国，拥有海岛、美食和独特的文化，这是一个天生的旅游国度。

1. 最佳旅游时间

11月至次年2月最佳。一般来说，泰国的季节可以分为：夏季、雨季和凉季。但无论在哪个季节，游客都可以找到合适的旅游景点。

2. 美食小吃

泰国的饮食文化悠远流长，不仅有传统的东南亚饮食习惯，还巧妙地融入了印度、中国以及西方等多国美食烹饪技巧，出其不意的烹饪效果给世界饮食文化带来不小的惊喜。

小吃甜品方面，有鱼饼、酸辣凤爪、黑糯米和各式糕点，风味极佳，尤以榴莲或芒果糯米饭最为著名。还有不得不吃的美食有：冬阴功汤肉类、烧烤、芒果糯米饭、泰式火锅、青木瓜沙拉、椰汁鸡汤等。

3. 旅游城市及景点

（1）普吉岛　普吉岛是泰国南部岛屿，位于泰国南部马来半岛西海岸外的安达曼海（Andaman Sea）。首府普吉镇地处岛的东南部，是一个大港口和商业中心。普吉岛（见图2-23）是泰国最大的海岛，也是泰国最小的一个府。以其迷人的风光和丰富的旅游资源被称为“安达曼海上的一颗明珠”。普吉岛自然资源十分丰富，有“珍宝岛”“金银岛”的美称。

（2）曼谷　泰国的“佛教之都”，融合东西方文化、包罗万象的“天使之城”。曼谷佛教历史悠久，东方色彩浓厚，佛寺庙宇林立，建筑精致美观，以金碧辉煌的大王宫、流金溢彩的玉佛寺、庄严肃穆的卧佛寺、充满神奇传说的金佛寺、雄伟壮观的郑王庙最为著名。曼谷是世界上佛寺最多的地方，有大小400多个佛教寺院。漫步城中，映入眼帘的是巍峨的佛塔，红顶的寺院，红、绿、黄相间的泰式鱼脊形屋顶的庙宇，充满了神秘的东方色彩。每天早晨，全城香烟袅袅，钟声悠悠，磬声清脆动听，诵经之声不绝于耳。寺庙里的和尚、尼姑在街上慢慢行走，逐家化缘，成为曼谷街头的特有景观。曼谷众多的寺院中，玉佛寺、卧佛寺、金佛寺最为著名，被称为泰国三大国宝。

泰国大王宫：又称故宫，是泰国曼谷王朝一世王至八世王的王宫。大王宫的总面积为21.84万平方米，位于首都曼谷市中心，依偎在湄南河畔，是曼谷市内最为壮观的古建筑群。大王宫四周筑有白色宫墙，高约5米，总长1900米。建筑以白为主色，风格主要为暹罗式。庭园内绿草如茵、鲜花盛开、树影婆娑。大王宫主要由几个宫殿和一座寺院组成，大王宫内的寺院，即著名的玉佛寺建筑群。

图2-23　普吉岛

四面佛：四面佛神坛兴建于1956年，位于泰国曼谷的四面佛坛是泰国香火最鼎盛的膜拜据点之一，在泰国及东南亚，“四面佛”被认为是仁慈无比的神祇，所以在拜“四面佛”之前要戒荤吃素，以表示对动物的仁爱，信众在日常生活中禁止虐待动物。

玉佛寺：位于曼谷大王宫的东北角，是泰国最著名的佛寺，也是泰国三大国宝之一。建于1784年的玉佛寺是泰国大王宫的一部分，面积约占大王宫的1/4。玉佛寺是泰国王族供奉玉佛像和举行宗教仪式的场所，因寺内供奉着玉佛而得名。

卧佛寺：又名越菩寺或万佛寺，是曼谷最古老也是最大的寺院，也是传统泰式按摩的起源地。寺内有一尊大佛卧于神坛之上，为世界最大卧佛之一，全长46米，身高15米，为铁铸包金，镶有宝石。卧佛寺建于16世纪大城王朝，修建于18世纪末拉玛一世时期。

（3）清迈　泰国北部第一大城，清迈府首府，交通发达，距曼谷752千米，设有机场。市内寺庙约百座，有些建于13世纪的清门寺。市郊素贴山，有建于16世纪的佛寺，为各地佛教徒朝拜圣地。清迈素以“美女和玫瑰”享誉天下，位于海拔300米的高原盆地，四周群山环抱，气候凉爽、景色旖旎，古迹众多，商业繁荣，是东南亚著名的避暑旅游胜地。

（4）苏梅岛　位于泰国湾的苏梅岛是全国第三大岛，面积247平方千米，距大陆约80千米，周围有80个大小岛屿，但多无人居住。苏梅岛最窄5千米，最宽处21千米。苏梅岛上的干净、狭长白沙滩，是每个人梦想中的热带岛屿仙境。它距素叻府仅84千米，属于真正的岛屿族群，也是80多个热带岛屿群中最大的一个，其中只有4个岛屿有人居住。

（5）其他旅游景点

涛岛：是暹罗湾中最棒的潜水地点。

安通国家海洋公园：是泰国国家海洋公园之一，由42个小岛屿组成，为海洋自然保护公园。石灰岩构成的悬崖峭壁、白色的沙滩、隐蔽的礁湖和茂盛的丛林及野生长臂猿，在少有人烟的小岛上随处可见。

查武恩海滩：位于苏梅岛东海岸，长达7千米，是苏梅岛上最长、最热闹的大海滩。

芭堤雅：位于曼谷南部不远的芭堤雅，素以阳光、沙滩、海鲜名扬世界，美丽的海景、新奇的乐园，还有人妖表演，吸引着全世界的游客。

【课后习题】

1. 试设计一个接待泰国客商的接待方案，且主要注意运用对方的习俗礼仪。
2. 撰写开拓泰国客源市场的计划书，分组投标，竞选。

蒙古国

一、国家概况

1. 位置、领土和地形

蒙古国，通称蒙古、外蒙，全称为蒙古人民共和国。蒙古国地处亚洲中部，属内陆国家，首都乌兰巴托海拔约1350米。北与俄罗斯，东、南、西与中国接壤，中蒙两国边境线长达4710千米。蒙古国地域总面积156.65万平方千米，居世界第17位。与地域面积相当的其他国家相比，蒙古国所处时区为东八区，首都乌兰巴托与北京无时差。蒙古高原为亚洲内陆高原。

2. 气候

蒙古属于典型的大陆型气候，早晚温差大，一年分为春夏秋冬四季。春季为5～6月，时间较短，此时天气舒爽、空气清新；夏季为7～8月，紫外线强，昼热夜凉，阴雨天和夜晚时天气会骤然变凉；秋季为9～10月，这时的天气变幻无常，有时甚至会下雪；冬季为11～次年4月，非常寒冷，经常下雪，最低气温会达到-40℃。属温带大陆性气候，年平均降雨量约200毫米。

3. 资源

蒙古国矿产资源较丰富，大规模勘探开发尚未全面开展。目前，已探明的有80多种矿产和6000多个矿点，主要有铁、铜、钼、煤、锌、金、铅、钨、锡、锰、铬、铋、萤石、石棉、稀土、铀、磷、石油、油页岩矿等。其中，煤炭蕴藏量约1520亿吨、铜2.4亿吨、铁20亿吨、磷2亿吨、黄金3100吨、石油80亿桶。

4. 民族、人口

蒙古国人口为298万（2014年）。其中喀尔喀蒙古族占总人口的78.7%，此外还有哈萨克族等其他少数民族。蒙古国是世界上人口密度最低的国家之一，平均每平方千米人口密度仅1.91人。蒙古近一半人口居住在首都乌兰巴托。蒙古国人信奉的主要宗教是喇嘛教，还有少数人信奉东正教、天主教和伊斯兰教。

5. 简史

蒙古国原称外蒙古或喀尔喀蒙古。蒙古民族有数千年的历史。公元13世纪初，成吉思汗统一大漠南北各部落，建立统一的蒙古汗国。1279—1368年建立元朝；1911年12月蒙古王公在沙俄支持下宣布"自治"；1919年放弃"自治"；1921年蒙古人民革命成功，同年7月11日成立了君主立宪政府；1924年11月26日废除君主立宪，成立蒙古人民共和国；1945年2月，英、美、苏三国首脑雅尔塔会议规定，"外蒙古（蒙古人民共和国）的现状须予维持"，并以此作为苏参加对日作战的条件之一；1946年1月5日，当时的中国政府承认外蒙古独立；1992年2月改名为"蒙古国"。

二、政治经济

1. 政治

行政区：蒙古国按行政区划分为21个省和首都乌兰巴托市，全国共有331个县和1681个自然村。蒙古国主要的经济中心城市还有额尔登特市、达尔汗市。

政体：蒙古国实行总统议会制。

首都：乌兰巴托。

国旗：呈横长方形，长与宽之比为2∶1，旗面由三个垂直相等的竖长方形组成，两边为红色，中间为蓝色。左边的红色长方形中有黄色的火、太阳、月亮、长方形、三角形和阴阳图案（见图2-24）。旗面上的红色和蓝色是蒙古人民喜爱的传统颜色，红色象征快乐和胜利，蓝色象征忠于祖国，黄色是民族自由和独立的象征。火、太阳、月亮表示祝人民世代兴隆永生；三角形、长方形代表人民的智慧、正直和忠于职守；阴阳图案象征和谐与协作；两个垂直的长方形象征国家坚固的屏障。

国徽：呈圆形。圆面为蓝色，中间是一匹飞奔的骏马，马中间的图案与国旗上的相同，马之下是一个法轮。圆周由褐色和金黄色的花纹装饰，下方饰以白色的荷花花瓣，顶端是三颗宝石（见图2-25）。

国歌：《蒙古国国歌》，旋律创作于1950年，由蒙古国作曲家贝利金·达姆丁苏伦和卢沃桑坚特斯·穆日约吉合作完成。乐曲启用于1961年，该乐曲曾三次填词成为国歌。

国鸟：猎隼。

图2-24　蒙古国国旗

图2-25　蒙古国国徽

2. 经济

蒙古国经济以畜牧业和采矿业为主，曾长期实行计划经济，1991年开始向市场经济过渡。1997年7月开始使私营经济成分在国家经济中占主导地位。近年来，蒙古国经济发展态势良好，宏观经济指标稳步增长，财政收入增加，汇率基本保持稳定。至2013年蒙古国GDP为115.16亿美元，人均GDP达到了4056美元，排名第99位。

农牧业：畜牧业是蒙古传统的经济部门，也是蒙古国民经济的基础，素有“畜牧业王国”之称。

工业：矿类企业、燃料动力类企业和加工类企业是蒙古国主要的工业企业。

旅游产业：蒙古旅游业经过十余年的发展已经具备了较好的发展基础。蒙古国位于世界上两个大国中国和俄罗斯之间，这给蒙古国发展旅游带来一个有利因素。蒙古国在近几年积极发展旅游业，外国游客大量增长。蒙古国发展旅游业具有自己独特的优势，如地理位置优越，文物古迹多，风光优美独特等，每年旅游业都为蒙古国带来了大量的外汇收入。

三、科技教育

1. 教育

教育在蒙古国受到很大的重视，已经基本消除文盲。蒙古国是青少年之国，全国人口的70%是未满35岁的青少年，蒙古青少年在国内外各院校接受高等教育。

蒙古的学制只有两个阶段：一个是中小学阶段（1～11年级），一个是大学阶段。

全国有全日制普通教育学校748所，其中594所为国立，154所为私立。全国共有高校172所，其中国立高校38所，主要有国立大学、科学技术大学、教育大学、农业大学、医科大学、文化艺术大学、人文大学、乌兰巴托大学等，私立高校134所，主要有依和扎斯克大学、奥特根腾格尔大学等。根据政府间文化教育科学合作协定，蒙古与50个国家交换留学生。

2. 科技

蒙古国根据自身发展需要，适时提出了建立国家科技创新体系的计划，核心是构造有利于提高蒙古国科技创新能力，促进科技与经济紧密结合的体系。其科技活动基本围绕国民经济重点发展领域：能源、农业（含畜牧业）、磷矿等，与之有关的学科如生物、地球科学、化学化工技术、物理等较为突出。蒙古国在基础研究方面达到较高水准的学科主要是生物、物理、化学和数学。应用研究的主要目的是将研究成果尽快产业化，增加财政收入，但其总体上科技成果产业化方面不是很理想。科技应用研究领域包括：蒙古医药研发和可再生能源及太阳能。

四、民俗文化

1. 蒙古主要节庆日

猎鹰节——3月

居住于蒙古国西部的哈萨克族居民传承了祖先驯鹰的习俗，至今仍保持着驯鹰和狩猎的文化传统。蒙古国哈萨克族人驯服的猎鹰大致属于隼类，也称海东青。成年猎鹰体重可达6.5千克，通常母鹰比公鹰更凶猛。

国庆节–那达慕——7月11日

1921年蒙古人民革命党领导的人民革命取得胜利，7月10日，在库伦（今乌兰巴托）成立君主立宪政府。蒙古定其次日为国庆日。1997年6月13日，蒙古国庆中央委员会第三次会议决定将蒙古国古庆易名为“国庆节–那达慕”。那达慕，蒙语意为“游戏”或者“娱乐”，原指蒙古民族历史悠久的“男子三竞技”（摔跤、赛马和射箭），现指一种按着古老的传统方式举行的集体娱乐活动，富有浓郁的民族特点。1922年起，定期在每年的7月11日举行，成为蒙古国庆活动的一个主要组成部分。

2. 蒙古社会风俗

（1）蒙古的礼仪　蒙古人在社交场合与宾客相见时，一般也施握手礼，但献哈达要属蒙古民族最正统的礼节方式了。尤其是在迎接贵宾时，献哈达是民间传统的一种礼仪。不过蒙古国人敬献的哈达不同于中国一些民族的白色哈达，而是由丝绸制成的天蓝色哈达。他们在献哈达的同时，还要向客人献上一碗鲜奶，以表达他们对嘉宾的深深敬意。他们相互见面一般都不施脱帽礼。请让客人只以右手示意，即施请安礼。如果人在马上要先下马，坐在车上要先下车，以表示对对方的尊敬。请安的时候，男子要单曲右膝，右臂自然下垂；女子施礼则要双膝弯曲。蒙古人亲属间相见时，一般要施亲吻礼，晚辈出远门或归来，长辈要吻晚辈的前额，以示祝福。

（2）餐饮文化　蒙古人最爱吃肉和奶类食品，尤以羊肉食用最为普遍。“手扒肉、烤全羊、石烤肉”等都是他们常食用的民族传统佳肴。他们用餐惯用以手抓饭，时而也用刀叉。他们吃肉乐于把整块肉下锅煮，待六成熟时捞出，然后用手撕或以小刀切着吃，而且大多食量惊人。

注重：讲究实惠，注重菜肴的鲜嫩。

口味：一般口味都偏咸。

主食：一般以牛羊肉为主食，对中国的羊肉馅包子、饺子等食品也很感兴趣。

副食：爱吃牛肉、羊肉、鸡、鸭、蛋类、鹿、兔、野羊、雉子等，也以乳制品为主要副食品。如今，蒙古人也开始吃蔬菜。

制法：对烤、涮、蒸、烤、烩等烹调方法制作的菜肴偏爱。

中餐：喜爱中国的苏菜及清真菜。

菜谱：很喜爱炒羊肉丝、红烧牛肉、烤全羊、烤羊腿、青椒牛肉丝、脆皮鸡、煎烹鸡脯、牛肉丸子、青葱炒蛋、烤肉等风味菜肴。

酒水：爱喝烈性酒，尤对马奶酒偏爱，啤酒也乐于饮用；此外，还喜欢饮用红茶和奶茶。

蒙古民族颇注重饮食的文化气氛，歌舞常伴，隆重场合还要朗诵专门的祝词或赞歌。大部分蒙古人都能饮酒，所饮用的酒多是白酒和啤酒，有的地区也饮用奶酒和马奶酒。每逢节日或客人朋友相聚，都有豪饮的习惯。

果品：喜欢吃瓜果、甜瓜，干果类主要食用杏仁、核桃仁等。

（3）民俗风情　蒙古人最厌恶黑色，把黑色视为不祥的色彩。蒙古人忌讳别人用烟袋或手指点他们的头部，认为这是一种极不礼貌的举止。忌讳生人倚坐在蒙古包上，认为这种举止有失礼貌。蒙古人在饮食上不吃虾、蟹、海味及“三鸟”（即鸡、鸭、鹅）的内脏，也忌讳吃鱼，因为有些地区的蒙古人视鱼为神的化身。他们不爱吃糖和带辣味的调味品；不爱吃带汁的、油炸的菜肴，不太爱吃米、面食和青菜；他们还不爱吃猪肉及糖醋类菜肴。

（4）服饰特色　四季都穿长袍，蒙古族男女老幼一年四季都喜欢穿长袍，俗称蒙古袍。春秋穿夹袍，夏季穿单袍、棉袍。男袍一般都比较肥大，女袍则比较紧身，以显示出女子苗条和健美的身材。

【知识链接】

— 蒙古国的鼻烟文化 —

鼻烟是一种烟草制品，用富有高级油分和香味的干烟叶加入名贵药材，磨成粉末装入密封容器陈化而成，以手指送少量到鼻孔。鼻烟在清朝初期传入中国，并在游牧的蒙古民族中流行起来。如今，在中国北方的近邻蒙古国，吸闻鼻烟一直是当地人不可或缺的习惯，并形成特有的鼻烟文化。在蒙古国参加各种会议，总可以见到一些人拿出鼻烟壶放在桌上，不时取出少量鼻烟吸闻，甚是享受。

蒙古国人的鼻烟壶种类繁多，并成为一种装饰品。他们尊崇凤凰石、玛瑙、珊瑚、玉石、水晶、琥珀等材料制成的鼻烟壶，其中凤凰石、珊瑚、玉石制成的鼻烟壶都极为贵重。有的蒙古国人则相信鼻烟壶可以为主人防病或者祛除顽疾，如白玉鼻烟壶可以保佑主人身体不受外伤，珊瑚鼻烟壶将为主人带来好运，会给孕妇带来健康和平安。在蒙古国，鼻烟壶一般被装进荷包里，揣在怀里或挂在腰间。荷包做工十分讲究。蒙古国喀尔喀地区的鼻烟壶荷包一般用绸缎做成，上面绣上福寿、花等吉祥图案。荷包有很多种颜色，青色代表长生天，黄色代表爱情和感激，红色代表喜庆，白色代表纯洁。

五、旅游资源

蒙古草原自古就是“风吹草低见牛羊”的广阔天地，旅游资源丰富。

1. 最佳旅游时间

7月上旬为最佳。气候适宜，有蒙古最隆重的传统节日那达慕节。

2. 美食小吃

蒙古牧民为了抵抗严寒，经常食用肥肉和高脂肪的食品来保持体温。马奶酒、手扒肉、烤羊肉是他们日常生活最喜欢的饮料食品和待客佳肴。

手扒肉：是蒙古人传统的食肉方法之一。斟酒敬客、吃手扒肉，是草原牧人表达对客人的敬重和爱戴的传统方式。

"皓勒皓客"烤肉：这是蒙古一道较有代表性的传统佳肴，将石头烧红后放入铝合金罐中将羊肉烤熟，再放水、盐、土豆、洋葱和胡萝卜，味道地道鲜美，为蒙古节庆活动上的必备美食。

3. 旅游城市与景点

乌兰巴托：是一座具有浓郁草原风貌的现代城市。乌兰巴托市宽广整齐、风景秀丽。它既是蒙古草原上一座古老的城市，又是一座新兴的年轻城市。市内高楼大厦鳞次栉比，一幢幢楼房拔地而起。在现代化楼群之中，传统的蒙古包仍然可见。

蒙古主要景点有：

蒙古国乌兰巴托市军事博物馆：里面的藏品基本上就是一些古老的大刀、火枪、火药炮、老式的俄式步枪、机枪等，还有日本、美国的步枪和机枪，还有一些头盔、弹药及服装等。

特日勒吉国家森林公园：距乌兰巴托以东80千米，肯特山脉中的一处自然保护区。特日勒吉度假村全年开放。这里有巍峨的群山、茂密的森林、潺潺的河水，还有三友洞、乌龟石等独特的自然景观。晚上游客可以在度假村的蒙古包里过夜。观赏特日勒吉河岸原始而无污染的迷人景色，真正体会到回归大自然的感觉。

博格达山：位于乌兰巴托南图拉河畔，是以蒙古国王博格达汗的名字命名的圣山，这里景色诱人，是一个自然保护区，也是蒙古的国家公园。博格达山三峰并立，拔地而起，陡峭、雄伟，终年冰雪皑皑，世称"雪海"，有"天山明珠"之称。登博格达峰，难度极大。从博格达山北坡的峡谷攀援而上，既能看到山清水秀的牧场，也可以探寻雪厚冰坚的世界。博格达峰的冰川积雪，终年白亮光芒闪耀，与谷中天池绿水交相辉映，是风光独特的避暑胜地。

克鲁伦河：被誉为蒙古族的母亲河，"克鲁伦"在蒙古语中译为光润之意，取其转意"发扬光大"而命此河名。千百年来始终以其博大的胸怀，滋润着巴尔虎草原，千折百回流入呼伦湖。"古老神奇的克鲁伦河，从这里缓缓流过，深情的滋润着茫茫草原，带着多少美好的传说……"

蒙古包：是蒙古人祖祖辈辈住惯了的移动房屋，是牧民在草原上逐水草而居的家。蒙古首都乌兰巴托曾被称为"毡包之城"，就是在今天的这座现代化城市里，也能在林立的高楼之间见到蒙古包。蒙古的国家宫是一座气势非凡的现代化大楼，在国家宫的天井中搭建有一个美丽的蒙古包，这就是蒙古的国家礼仪宫，是蒙古国家领导人会见外国国家元首和政府首脑的礼仪之地。

甘丹寺：位于乌兰巴托市中心，是蒙古最大的寺庙，建于1809年清嘉庆14年。乌兰巴托市的前身大库伦是在甘丹寺的基础上逐渐发展为城镇的。甘丹寺由第四世哲布丹尊巴所建，大小庙宇相连，建筑极具美感。佛教黄教领袖甘宝喇嘛就曾住在这里，达赖喇嘛也多次来访。寺内最引人注目的是世界最大的铜铸大佛，此佛高28米，全身镀金，镶嵌大量宝石，气势雄伟，富丽堂皇，是蒙古的国宝。

【课后习题】

1. 蒙古国在餐饮文化中有哪些自身的民族特色？
2. 撰写开拓蒙古国客源市场的计划书，分组投标，竞选。

沙特阿拉伯

一、国家概况

1. 位置、领土和地形

沙特阿拉伯面积约225万平方千米，位于亚洲西南部的阿拉伯半岛，东濒波斯湾，西临红海，同约旦、伊拉克、科威特、阿拉伯联合酋长国、阿曼、也门等国接壤。“沙特阿拉伯”一词在阿拉伯语中的意思是“幸福的沙漠”。地势西高东低，西部是希贾兹–阿西尔高原，其南段的希贾兹山脉，海拔3000米以上。中部为纳季德高原，东部为平原，红海沿岸地区是宽约70千米的红海低地。

2. 气候

西部高原属地中海式气候，其他广大地区属亚热带沙漠气候，夏季炎热干燥，冬季气候温和。

3. 资源

沙特的矿产资源主要有石油、天然气、金、铜、铁、锡、铝、锌、磷酸盐等，其中石油的储量居世界第一位，天然气储量居世界第五位。沙特石油剩余可采储量226亿吨，约占世界石油储量的四分之一；天然气剩余可采储量6.9万亿立方米。沙特的工业主要有石化、钢铁、炼铝、水泥、海水淡化、电力等，此外，沙特还拥有金、铜、铁、锡、铝、锌、磷酸盐等矿藏。沙特是世界上最大的淡化海水生产国，其海水淡化量占世界总量的21%左右。沙特境内气候炎热，约有一半的国土面积被沙漠覆盖，境内没有常年有水的河流或湖泊，水资源以地下水为主，地下水总储量为36万亿立方米。

4. 民族、人口

人口总数，其中阿拉伯人占67.7%，外籍人口约占1/3。官方语言为阿拉伯语，通用英语，伊斯兰教为国教，其中逊尼派约占85%，什叶派约占15%。

5. 简史

公元7世纪，伊斯兰教创始人穆罕默德的继承者建立了阿拉伯帝国。8世纪时达到鼎盛时期，版图横跨欧、亚、非三洲。16世纪，阿拉伯帝国被奥斯曼帝国统治。19世纪，英国入侵，并把这片土地分为汉志和内志两部分。1924年，内志酋长阿卜杜勒—阿齐兹·沙特兼并汉志，随后逐渐统一了阿拉伯半岛，并于1932年9月宣告建立沙特阿拉伯王国。

二、政治经济

1. 政治

行政区：全国分为13个地区（省）：利雅得地区、麦加地区、麦地那地区、东部地区、卡西姆地区、哈伊勒地区、阿西尔地区、巴哈地区、塔布克地区、北部边疆地区、季赞地区、纳季兰地区、朱夫地区。

体制：沙特是政教合一的君主制王国，无宪法，并且禁止政党活动。国王是国家元首，又是教长，沙特王室掌握着国家的政治、经济、军事大权。内阁决议，与外国签订的条约和协议均需国王最后批准。《古兰经》和穆罕默德的《圣训》是国家执法的依据。国王亦称“两个圣地（麦加和麦地那）的仆人”，并兼任武装部队总司令和大臣会议主席（即内阁首相）等职务。国王行使最高行政权和司法权。

首都：行政首都利雅得，是全国政治、商业、教育中心，全国第一大城市，人口约130万；外交首都吉达，为全国第二大城市，国家的主要政府机关与外交使领馆都驻在此地，人口约60万；宗教首都麦加，伊斯兰教是该国的国教，而麦加为伊斯兰教的第一圣城，是世界穆斯林朝拜的中心，故该国定麦加为宗教首都，人口约37万；避暑首都塔伊士，该国气候炎热干燥，坐落在海拔1500米的盖兹旺山上，气候凉爽，每逢夏日，王室和政府均迁此办公，成为该国的夏都，人口约10万。

国旗：呈长方形，长与宽之比为3∶2。绿色的旗地上用白色的阿拉伯文写着伊斯兰教的一句名言：“万物非主，唯有真主，穆罕默德是安拉的使者”。下方绘有宝刀，象征圣战和自卫。绿色象征和平，是伊斯兰国家所喜爱的一种吉祥颜色。国旗的颜色和图案突出地表明了该国的宗教信仰，沙特阿拉伯是伊斯兰教的发源地（见图2–26）。

国徽：呈绿色。由两把交叉着的宝刀和一颗枣椰树组成。绿色是伊斯兰国家喜爱的颜色。宝刀象征圣战和武力，象征捍卫宗教信仰和保卫祖国的决心和意志；枣椰树代表农业，象征沙漠中的绿洲。另外，沙特人民最喜爱枣椰树，并把它作为捍卫宗教信念的象征（见图2–27）。

国歌：《敬爱的国王万岁》，由依布拉欣·卡哈法吉作词，阿都·拉曼·阿尔哈提卜作曲。

国花：乌丹玫瑰。

图2-26 沙特国旗

图2-27 沙特国徽

2. 经济

沙特实行自由经济政策。沙特石油储量和产量居世界第一，石油工业是沙特经济的主要支柱。近年来，沙特大力推行经济多元化政策，努力扩大非石油生产，发展采矿和轻工业，同时重视发展农业，粮食实现自给。政府鼓励自由经济和自由竞争，支持私人及合资企业经营发展项目，保护和促进民族经济的发展，同时鼓励外商投资。

农业：沙特十分重视农业发展。全国有可耕地3200万公顷，已耕地360万公顷。从事农业人员约为39万，农业收入占国民生产总值的4.7%。政府对农业实行优惠政策，鼓励农作物特别是小麦的种植，调动了农民的积极性。目前主要农产品有小麦、椰枣、玉米、水稻、柑橘、葡萄、石榴等。畜牧业主要饲养绵羊、山羊、骆驼等。

工业：石油和石化工业是沙特的经济命脉。年产原油4~5亿吨，石化产品外销70多个国家和地区，石油收入占国家财政收入的70%以上，石油出口占出口总额的90%以上。近年来，沙特政府充分利用本国丰富的石油、天然气资源，积极引进国外的先进技术设备，大力发展钢铁、炼铝、水泥、海水淡化、电力工业、农业和服务业等非石油产业，依赖石油的单一经济结构有所改观。

对外贸易：实行自由贸易和低关税政策。出口以石油为主，约占出口总额的93%，石化及部分工业产品的出口量也在逐渐增加。进口主要是机械设备、食品、纺织等消费品和化工产品。主要贸易伙伴是美国、日本、英国、德国、意大利、法国、韩国等。

商业服务：沙特服务业发达，在国内生产总值中占重要地位，其中旅游业是服务业的重要部门。

货币名称：沙特里亚尔。

三、科技教育

1. 教育

政府重视教育和人才培养，实行免费教育。中、小学学制各为6年。全国共有各类学校2.28万所。其中综合性大学8所，学院78所，高等宗教大学5所，其中沙特麦地那大学在伊斯兰世界享有极高声誉。现有教师33.96万人，在校大学生约有480万，其中大学生27.2万人。每年约有7000名学生公费出国留学。在国内读书的大学生，除免费住宿外，还享受津贴。比较有名的大学有利雅得大学。

2. 医疗

沙特基础医疗系统完善，对本国公民实行免费医疗制度。外籍人士只能到私立医院就医，医疗费用昂贵。沙特大中型城市均分布有24小时药店网点，可凭医疗保险卡和医生处方购买处方类药品，也可以个人自费购买非处方药品。药品多为欧美原品进口，价格偏高。沙特政府规定，企业雇用外籍员工须为雇员交纳医疗保险。

3. 高科技勘探

沙特的石油勘探工程中心是世界上最大最先进的科学研究中心之一，在中东地区更是首屈一指。广泛使用的三维地震探测技术，可以准确地划分新发现的油层界线；运用横向钻探技术，使在困难地带和近海勘探成为可能。

四、民俗文化

1. 沙特阿拉伯主要节日

沙特阿拉伯节日主要以伊斯兰教节日为主。但更具有民族特色的要属宰牲节。

宰牲节——伊斯兰教历12月10日

宰牲节又称“古尔邦节”。相传易卜拉欣受安拉“启示”，要他宰杀自己的儿子易司马仪奉祭，当他遵命欲宰时，安拉遣天使送羊一只，以代替易司马仪献祭。嗣后伊斯兰教把传说中的这天规定为宰牲节以示纪念。

2. 沙特阿拉伯社会风俗

（1）沙特日常礼仪

见面礼仪：沙特阿拉伯人见面时，习惯首先互相问候说：“撒拉姆·阿拉库姆”（你好），然后握手并说：“凯伊夫·哈拉夫”（身体好）。有的沙特阿拉伯人习惯伸出左手放在你的右肩上并吻你的双颊，这是一种吻礼，沙特阿拉伯贝都印人问候方式很特别，男人见面时要用鼻子碰对方的额头，再互相拥抱，表示友好和亲密。

伊斯兰教礼仪：伊斯兰教提倡诚实和谦虚，认为诚实使人行善，善行引导人上天国，谎言使人行恶，恶行使人下火狱；伊斯兰教教律禁止撒谎、爽约、隐瞒、诬蔑、作伪证、谗言等。教律还规定，同他人谈话时不能看不起对方而别转脸去，走路时不能趾高气扬、目中无人。伊斯兰教提倡语言文明、优美，规定说话要低声，待人和颜悦色，切忌粗暴，不能对人讥讽、攻击、以诨名相称、以恶语诽谤。伊斯兰教还提倡宽恕、公正、排解纠纷，禁止发怒、妒忌、背后非议、刺探、恶意猜测等。

（2）餐饮文化　沙特阿拉伯人每日习惯两餐。早餐主要是“弗瓦勒”（一种高粱糊糊）蘸奶油，晚餐为正餐，通常吃烙饼，食用时抹上奶油、蜂蜜等，这是沙特人最爱吃的主食。“泡馍”也是他们常吃的主食，即将高粱面饼用手掰碎，浇上鲜牛奶或再加上奶油、糖，一起进食。

沙特阿拉伯阿西尔人以小麦、奶油为主要食品，高粱面也是他们常食用的粮食，肉食一般都在节假日或宴请宾客时使用。

沙特阿拉伯贝都印人常把饮红茶或喝咖啡当成是娱乐，每天必饮。主食以驼奶和椰枣为主，有时也宰羊，把肉和米煮在一起抓食。

沙特阿拉伯国家严格禁酒。他们用餐惯于用手抓饭，较爱品尝中国菜肴。

注重：讲究菜肴要色彩悦目，食品要保持鲜嫩。

口味：一般口味喜清淡。

主食：普遍喜欢米饭，爱吃大饼、面条面食等、也乐于品尝烧麦、锅烙及蒸饺。

副食：爱吃牛肉、羊肉、鸡、鸭等；也喜欢黄瓜、土豆、洋葱、西红柿等蔬菜；调料爱用番茄酱、胡椒粉、盐等。

制法：偏爱烤、炸、煎等烹调方法制作的菜肴。

中餐：喜爱中国的川菜、清真菜和素菜。

菜谱：很喜爱口蘑烩羊眼、香酥鸭子、手抓羊肉、番茄牛肉片、砂锅羊头、扒牛肉、烩三样、干炒牛肉丝、香酥鸡、清炖牛肉、清炖鸡、烤全羊等风味菜肴。

酒水：普遍都喜欢喝红茶、咖啡、矿泉水，有些男子爱喝啤酒或果酒。

果品：香蕉、哈密瓜、西瓜、橄榄、杏、草莓、樱桃等，干果类主要爱吃杏仁等。

（3）民俗风情　沙特阿拉伯人大多信奉伊斯兰教，还有少数人信奉基督教。他们讨厌别人用眼睛盯着他们，也反对别人送他们雕塑或女人照片之类的物品。他们忌讳左手递送东西或食物，认为这种举动有侮辱人的含义，所以一般人都讨厌使用左手。

沙特阿拉伯人严禁崇拜偶像，在他们的心目中真主只有一个，所以不允许商店橱窗中有模特及出售小孩玩的洋娃娃，而且任何人还不得携带人物雕塑等偶像进入公共场所。在他们的国内，如果有人违抗，不仅偶像要被立即砸碎，携带者还要受到制裁。他们对男女间的接触很忌讳。在他们的国家里，女性用房和男性用房是严格区分开来的。男性不准随便进入女人房间，女人一般也不准在生人面前露面。男人间即使至亲好友聊天，也绝不可提及对方老婆，否则会被认为存心不良。此外，还有严禁饮酒的规定，如果违反轻者一般要受六个月徒刑或鞭笞之刑；如胆敢醉酒驾车或秘密制酒，要受象首之刑。他们还忌讳照相，尤其是未经许可的拍照。沙特阿拉伯还禁止百姓下象棋，他们认为按照国际象棋的规则，车、马、象，甚至兵卒，都可以进攻和消灭国王和王后，这其中含有煽动之意，故严禁下此类棋。

（4）沙特服饰

面纱：面纱一直是伊斯兰服饰文化中具有代表性的一种女性服饰。面纱的穿戴方法因其面积大小而不同。比较普遍的有两种形式：一种是头部包裹一块黑纱，再在头上披块黑布（或花格布），从头到脚裹住全身；另一种是分头部、上身和下身三部分，头顶黑纱至脖子，上身黑布披肩垂至腰部，在胸前系牢，下身穿条黑裙子盖脚面。

大袍：袍分为男式和女式两种。黑大袍是阿拉伯妇女的传统服装，做工简单，式样和花色因地而异。男式阿拉伯大袍多为白色，衣袖宽大，袍长至脚，做工简单，无尊卑等级之分。它既是平民百姓的便装，也是达官贵人的礼服。

披风：在阿拉伯人看来，披风是节日盛装，男人在大袍外加件披风，显得神采奕奕，有男子汉气概。

头巾：阿拉伯男人的头巾也是沙漠环境的产物，可以起到帽子的作用，夏季遮阳防晒，冬天御寒保暖。这种头巾是块大方布，颜色多为白色，也有其他颜色。

颜色：伊斯兰教崇黑、白、绿三色。“色尚白，本色也。爱绿，天授万物之正色也。不用红、黄。红，艳色也；黄，僻色也。”伊斯兰教认为白色是最洁净、最喜悦和最清白的颜色。

五、旅游资源

1. 最佳旅游时间

沙特最佳旅游时间是11～次年2月，4月中旬到10月天气炎热，不适合旅游尤其是海滨地区。另外，像其他穆斯林国家一样，最好不要在斋戒月去旅行，沙斋月（回历9月）期间，除病人、孕妇、喂奶的妇女和儿童外，从日出到日落禁止进食、喝水及吸烟。另外，宰牲节是伊斯兰教历的12月10日。宰牲节也是朝觐的日子，从12月9日到12日，数百万世界各国的穆斯林涌向沙特，到圣城麦加和麦地那朝觐。

2. 美食小吃

	弗瓦勒：沙特阿拉伯传统早餐——一种高粱糊糊蘸奶油
	哈尔瓦：阿拉伯人嗜好甜食和红茶。甜食即点心，统称为“哈尔瓦”。哈尔瓦往往甜得发腻，上面涂满一层层的糖，糖上还浇蜂蜜，蜂蜜上再加一层糖

3. 旅游城市与景点

利雅得：利雅得是沙特阿拉伯的首都，它坐落在阿拉伯半岛中部哈尼法谷地平原上，海拔520米，是全国第一大城市，是世界上发展最快的首都之一。城中心8平方千米为“纳绥里耶区”，是国王与王室居住的特区，由数十幢宫殿、数百所别墅和花园组成。利雅得是“花园”的意思，含意为：遍布草场、花园、绿树之地，因为利雅得四周是一片绿洲，有广阔的椰枣林、棕榈树和清澈的泉水，如莽莽的沙漠中的庭院，令人神往（见图2-28）。

图2-28　利雅得

图2-29　麦加“天房”

图2-30　吉达喷泉

经过半个世纪的建设，现在的利雅得已是一个南北长30千米、东西宽10千米的现代化城市，是沙特全国商业、文教和交通中心，现代化的铁路、公路通沿海，航空线和公路联系国内外。沙特阿拉伯是个水比油贵的国家，利雅得虽有水源，但淡水仍然不足，为了利用雨水灌溉花园和种植园，利雅得市政府投资巨款修建了一座长225米、高10米的水坝，蓄积了大量雨水，保证了城中植物四季长绿。

麦加：麦加全称是麦加·穆卡拉玛，意为“荣誉的麦加”，是伊斯兰教最神圣的城市，它位于沙特阿拉伯西边，是穆斯林每天朝拜的方向，也是570年前伊斯兰教先知穆罕默德的出生地，是每个穆斯林在一生中必须试图朝圣的宗教中心（见图2-29）。

城中有伊斯兰教第一大圣寺——禁寺，寺内“克尔白”（天房）为世界穆斯林礼拜的朝向；寺周围被划为禁地，禁止非穆斯林入内和狩猎、杀生、斗殴等行为；附近有与朝觐仪礼有关的萨法和麦尔卧山、阿拉法特山、米纳山谷及与穆罕默德事迹有关的希拉山洞、骚尔山洞等遗迹。当代城市已进行现代化建设，空中交通四通八达，公路已形成网络，并修建大量服务性设施，形成了每年朝觐期可接纳250万人的能力。世界最有影响的伊斯兰教组织——伊斯兰世界联盟（简称“伊盟”）于1962年在此成立，它利用世界穆斯林朝觐的机会，召开各种会议和讲座，使麦加成为当代世界伊斯兰教的中心。

吉达喷泉：吉达喷泉于1980年至1983年间修建，1985年开始使用，全名法赫德国王喷泉，是一个很特别的喷泉。它不在王宫里，也不在广场上，而是建在海里。这是因为法赫德国王喜欢大海，所以在吉达的行宫是建在海边的“和平宫”，和平宫建好后，设计师为了让“和平宫”和大海成为一体建筑，把宫殿中的喷泉建到了海里，在海里建立了海水喷泉（见图2-30）。

吉达喷泉是国际公认的建筑杰作，如今也成了吉达的象征，喷出的水高达312米，是世界上最高的喷泉，喷泉使用的是红海中的咸海水，而不是淡水，喷出的水可达到每小时375千米。吉达喷泉是法赫德国王捐赠给吉达港的，整个城市都能看到，喷泉水柱冲向天空，又缓缓飘洒而下，融入大海。

在柔和的红海海风吹拂下，远处的吉达喷泉，犹如一面珠帘挂在天际。游人在此驻足，久久不愿离去，赞叹着人类的无限创造力。在夜晚，500支聚光灯被用来衬托吉达喷泉，使喷泉更加妩媚多姿。

图2-31　王国中心大厦

图2-32　阿拉伯沙漠

王国中心大厦： 王国中心大厦位于沙特阿拉伯首都利雅得中心，建于20世纪90年代。在亚洲，王国中心大厦是全球性的标志性建筑之一。据悉，该大厦由沙特王子出资建造，被美国著名旅游杂志《旅游者》列为最新现代化建筑的新“世界七大奇观”之一（见图2-31）。

王国中心大厦由来自明尼苏达州的“Ellerbe Becket”设计，这幢大楼占地面积96000平方米，功能多样，一幢塔式高楼、一座裙楼和一个地下停车场构成了王国中心大厦，包括：宽敞的零售空间、一个四季酒店、在中东地区独一无二的婚礼、会议场地和王国财产公司的综合办公室。登上这座高楼，整个利雅得的风景尽收眼底；三层的裙楼同样具备很多功能，除了银行、交易和理疗中心外，它还有着全中东最豪华的购物中心。为避免与穆斯林的教义和习俗相冲突，大厦内专设有妇女区；面积达12000平方米的婚礼和会议大厅可被划分为6个小厅。这套建筑还配有一个面积达2080平方米的运动俱乐部和一个为各种宴会和酒席提供便利的服务中心。

阿拉伯沙漠： 阿拉伯沙漠出现在阿拉伯半岛的大部分区域内，占地面积为2330000平方千米，为世界第二大沙漠（见图2-32）。它由也门延伸至波斯湾、阿曼至约旦及伊拉克，其中心为空虚地带，是世界上最大的沙体之一。瞪羚、剑羚、沙猫和王者蜥为生存于此环境内的部分物种。其气候十分干燥且昼夜温差极大，是沙漠及旱生植物区生物群落和古北界生态带的一部分。

阿拉伯沙漠是许多追逐大漠情怀爱好者的天堂，放眼望去，茫茫沙海、广阔无边，令人顿生许多情愫。此生态区生物多样性较差，许多物种，如条纹鬣狗、胡狼及蜜獾等动物都已因狩猎、人类侵占和栖息地破坏等原因而绝种。也有其他物种有成功复育的，如快绝种的弯角剑羚及沙漠瞪羚都受到保护。家畜的过度放牧、越野驾驶及人为栖息地破坏是此沙漠生态区最大的威胁。

吉达老城区： 吉达老城区于2006年11月28日被联合国教科文组织列入了世界文化遗产预备名单里。1869年苏伊士运河开通后，这里成为红海地区的贸易中心，林林总总的小商铺、传统的白石灰石墙壁和凸出的木结构窗棂建筑群构成吉达老城的独特景观。位于城中心的贝伊特·纳希夫博物馆是最典型的19世纪沙特民居，它的建筑风格受埃及影响较大。

吉达老城区的楼房一般为三、四层高，平顶，正门上部呈拱形或者尖拱形，门户则用木材制成，上面雕有沙特传统图案；建筑物外墙绝大部分涂成白色。这些楼房最主要的特点是所有的窗户和阳台都用以木条拼成的屏风遮挡，没有玻璃。木拼图形随主人的经济状况而定，或繁或简；这种窗户既通风又遮光，又能保护主人的隐私；房屋的主人，特别是女主人可以自由地站在窗前向外眺望，而不必担心被外面的人看到。为了保护吉达地区这些独有的建筑物，沙特政府规定即使产权属于私人，任何人不许私自拆毁，并且政府会定期拨款分批进行修缮（见图2–33）。

图2–33　吉达老城区

石谷（玛甸沙勒）考古遗址：石谷（玛甸沙勒）考古遗址曾经被称为黑格拉（Hegra），是约旦佩特拉城南部的纳巴泰文明保留下来的最大一处遗址。遗址上有保存完好的巨大坟墓，坟墓正面有纹饰，可以追溯到公元前1世纪到公元1世纪。石谷（玛甸沙勒）考古遗址中还有约50件纳巴泰文明之前就已存在的铭文和一些洞穴绘画，是纳巴泰文明独一无二的证明。该遗址上有111座巨大坟墓，其中94座都有纹饰，而且还有多处水井，它凸显了纳巴泰文明的建筑成就和水力技术知识（见图2–34）。

图2–34　石谷遗址区

哈巴拉：哈巴拉（Habalah）是沙特阿拉伯境内一处绝佳的旅游目的地，以前是一个美丽的小村庄，而现在遗留下来的一排排僻静的房屋受到了许多旅游者的青睐。英文名字哈巴拉（Habalah）的意思是指悬挂的村庄，实际上这所小村庄坐立在悬崖的顶部，哈巴拉是第一个用缆车作为交通工具的地方。

哈巴拉村庄里漂亮的房屋位于缆车车站的一百米处，最初居住在这里的人们，日常的出行要用系在铁绳上的绳索滑行，哈巴拉之所以被遗弃主要是因为当地居民面临着生活上的诸多不便。来到哈巴拉的游客都很期待观看村落房子门廊上精美的雕刻，俯瞰整个山谷的自然美景和悬崖下依次错落有致的梯田。游客可以从沙特阿拉伯的阿布哈市乘坐汽车到达哈巴拉，阿布哈市距离哈巴拉只有40千米，也可以租车到达。

德拉伊耶遗址的阿图赖夫区：德拉伊耶遗址的阿图赖夫区是沙特王朝的第一任首都所在地，位于阿拉伯半岛中部，利雅得西北部，始建于15世纪。这里仍然可以看到阿拉伯半岛中部特有的纳吉迪建筑风格（见图2-35）。

18世纪期间及19世纪初，随着政治和宗教的作用加强，阿图赖夫区的城堡成为了沙特王室临时权力中心，以及穆斯林宗教内部传播瓦哈比教派改革的中心。这一遗址包括了许多宫殿遗迹和一处在德拉伊耶绿洲边缘兴建的城市区域，具有重要的历史文化价值，对了解当时人们的生活提供了依据。

图2-35 德拉伊耶遗址

【课后习题】

1. 试说明沙特阿拉伯有哪些习俗禁忌。
2. 撰写开拓沙特阿拉伯客源市场的计划书，分组投标，竞选。

印度尼西亚

一、国家概况

1. 位置、领土和地形

印度尼西亚共和国（简称印尼），源于希腊文，意为“水中岛国”。又称千岛之国、火山之国。位于亚洲东南部，地跨赤道。由太平洋和印度洋之间1.7508万个大小岛屿组成，其中约6000个有人居住。陆地面积约为190万平方千米，素称“千岛之国”。领海面积约是陆地面积的4倍。北部的加里曼丹岛与马来西亚接壤，新几内亚岛与巴布亚新几内亚相连。东北部面临菲律宾，东南部是印度洋，西南与澳大利亚相望。海岸线长3.5万千米。

2. 气候

印尼大部分地区属热带雨林气候，具有温度高、降雨多、风力小、湿度大的特征。年平均气温25～27℃。各月气温变化很小，没有寒暑季节之分。平原地区气温较高，首都雅加达年平均气温为26℃。全境年平均降水量一般在2000毫米以上，雅加达年平均降水量为1800毫米。努沙登加拉群岛降水较少，是全国较干燥的地区。

3. 资源

印尼自然资源丰富，素有“热带宝岛”之称。其中矿产资源、生物资源、农业资源和旅游资源相当丰富，为国家经济的持续发展提供了有利条件。

印尼的石油、天然气和锡的储量在世界上占有重要地位。石油储量约为1200亿桶，主要分布在苏门答腊岛、爪哇岛、加里曼丹岛、西兰岛和伊里安查雅等地。印尼还拥有巨大的天然气储量，约有206亿桶石油，其中已探明的为24230兆亿立方米，主产于苏门答腊的阿伦和东加里曼丹的巴达克等地。锡的储量为80万吨，主要分布于邦加和勿里洞、林加群岛的新格岛等地。煤炭已探明储量为388亿吨，主要分布在加里曼丹岛、苏门答腊岛和苏拉威西地区。煤矿多数为露天矿，开采条件很好，煤炭质量也好，含硫量很低，但水分略高。镍储量约为560多万吨，居世界前列。金刚石储量约为150万克拉，居亚洲前列。此外，铀、镍、铜、铬、铝土矿等储量也很丰富。

4. 民族、人口

人口为25287万（2014年），是世界第四人口大国，有100多个民族。爪哇族占47%，巽他族占14%，马都拉族占7%。民族语言和方言约300种，通用印尼语。约88%的居民信奉伊斯兰教，是世界上穆斯林人口最多的国家，6.1%的人信奉基督教新教，3.6%的人信奉天主教，其余信奉印度教、佛教和原始拜物教等。

5. 简史

公元3—7世纪建立了一些分散的封建王国。13世纪末至14世纪初，在爪哇建立了印尼历史上最强大的麻喏巴歇封建帝国。15世纪，葡萄牙、西班牙和英国先后侵入。1596年荷兰侵入，1602年成立具有政府职权的“东印度公司”，1799年年底改设殖民政府。1942年日本占领印尼，1945年日本投降后，印尼爆发八月革命，于8月17日宣布独立，成立印度尼西亚共和国。1947年后，荷兰与印尼经过多次战争和协商，于1949年11月签订印荷《圆桌会议协定》。根据此协定，印尼于同年12月27日成立联邦共和国，参加荷印联邦。1950年8月印尼联邦议院通过临时宪法，正式宣布成立印度尼西亚共和国。

二、政治经济

1. 政治

行政区：1999年东帝汶从印尼分离后，印尼政府将马鲁古省、伊里安查亚省分别分割成2个和3个省份，又同意一些地区自立新省。据2014年统计，印度尼西亚共和国共分为大雅加达首都特区、日惹特区、亚齐特区和30省，共计33个一级地方行政区。二级行政区有396个县，93个市。

体制：实行总统内阁制。

首都：雅加达，又名椰城，是印度尼西亚最大的城市，位于爪哇岛的西北海岸，东南亚第一大城市，如今的雅加达已是一个国际化大都市。

国旗：旗面由上红下白两个相等的横长方形构成，长与宽之比为3：2（见图2–36）。红色象征勇敢和正义，还象征印度尼西亚独立以后的繁荣昌盛；白色象征自由、公正、纯洁，还表达了印尼人民反对侵略、爱好和平的美好愿望。

国徽：由一只金色的鹰、一面盾和鹰爪抓着的一条绶带组成。鹰象征创造力。鹰两翼各有17根羽毛，尾羽8根，这是为了纪念印度尼西亚的独立日（8月17日）而设计。鹰胸前的盾面由五部分组成：黑色小盾和金黄色的五角星代表宗教信仰，也象征“潘查希拉”——印尼建国的五项基本原则；水牛头象征主权属于人民；榕树象征民族意识；棉桃和稻穗象征富足和公正；

图2-36　印尼国旗

图2-37　印尼国徽

金色饰环象征人道主义和世代相传；盾面上的粗黑线代表赤道；鹰爪抓着的绶带上用印尼文写着“异中有同”（见图2-37）。

国歌：《伟大的印度尼西亚》。

国花：毛茉莉。茉莉花在印尼人民心目中是纯洁、热情的象征，是爱情之花，友谊之花。

2. 经济

20世纪80年代印尼调整经济结构和产品结构后，经济发展取得一定成就。之后政府进一步放宽投资限制，吸引外资，并采取措施大力扶持中小企业、发展旅游、增加出口。2014年1月10日，印尼总统苏西洛称印尼国民生产总值约达8241.86万亿盾（约6760.8亿美元），并成为全世界第十五大经济体。

农业：粮食作物是印尼种植业的基础部门。稻米是主粮。杂粮有玉米、木薯、豆类等。印尼是东南亚最大的豆类生产国，也是世界上种植面积仅次于巴西的第二大热带作物生产国。印尼的胡椒、金鸡纳霜、木棉和藤的产量居世界首位。天然橡胶、椰子产量居世界第二。产量居世界前列的还有棕榈油、咖啡、香料等。印尼是水果王国，盛产香蕉、芒果、菠萝、木瓜、榴莲、山竹等各种热带水果。

工业：主要工业部门有采矿、纺织、轻工业等。工业发展方向是强化外向型制造业。印尼是目前东南亚石油储量最多的国家。

旅游业：旅游业是印尼非油气行业中的第二大创汇行业，政府长期以来重视开发旅游景点，兴建饭店，培训人员和简化手续。主要景点有巴厘岛、婆罗浮屠佛塔、“美丽的印度尼西亚”缩影公园、日惹苏丹王宫、多巴湖等。但受亚洲金融危机和国内政局影响，印尼旅游业大受挫折，2002年的巴厘岛爆炸事件对旅游业更是雪上加霜，外国游客数量锐减；外汇收入由54亿美元减为43亿美元。

三、科技教育

1. 教育

印度尼西亚实行义务教育制度，宪法规定，“所有的儿童在年满6岁时，有最低享受六年义务教育的权利。八岁要进行最低六年义务教育。”即印度尼西亚儿童应在6岁至8岁之间上学。小学实行双语（印尼语和本地语）教学。初等教育机关除了教育部的小学之外，还有归宗教部管的宗教学校玛多拉萨。许多原住民儿童上午到小学学习，下午去玛多拉萨学习基础的宗教知识。

学制为小学六年，初、高中各3年，大学3至7年。2000年小学入学率为95.5%，初中入学率为78.7%，高中入学率为49.1%，高中以上学历占10岁以上公民的18.32%。全国共有小学约15万所，中学3万余所，国立大学77所，私立大学1300余所。著名大学有雅加达的印度尼西亚大学、日惹的加查马达大学、泗水的艾尔朗卡大学、万隆的班查查兰大学等。

2. 体育

印尼传统体育运动有赛牛、斗牛、独木舟等，通常都是民族节日盛会的节目。另外，拳术在民间也十分流行。

3. 科技

科学技术在生产中的广泛应用已取得了良好的经济效益。为迎接新技术革命的挑战，印尼目前正努力向高尖技术领域攀登。

1976年，印尼通过美国宇航局发射了两颗有12个频道的通讯卫星，成为亚洲较早拥有通讯卫星的国家。迄今，印尼已发射了5颗通讯卫星，其中两颗是自己研制的。通讯卫星的应用进一步促进了印尼教育及工商业的发展。

四、民俗文化

1. 印尼主要节日

印尼的节日很多，主要节日有：国庆节、猴节、智慧节、蒙面节、加龙岸节、埃卡达萨·鲁德拉节以及开斋节。下面主要介绍几个独具印尼特色的民间节日。

蒙面节——每年秋季举行

蒙面节是印尼伊尼安阿斯玛特人最重要的节日。节日的活动是阿斯玛特人与鬼魂世界关系的戏剧表演，有3个人扮成鬼魂，意思是代表在作战中牺牲的村民的鬼魂，他们身穿藤条和棕榈叶编织的服装，这3个鬼魂在村里各家讨要食物。其他人在蒙面节个个奇装异服，千奇百怪。

加龙岸节——2月初

这是印尼巴厘岛上的一个盛大节日，时间在每年2月初，节日为期10天，在节日之前人们做好糯米糕点，杀猪宰鸡，并打扫庙堂、住宅。在节日期间，人们通宵达旦，尽情欢乐，开始人们祭神，祭拜米仓、土地及基地。2天后，是甜加龙岸日，人们祈求宽恕忏悔，3天后是古安宁节，迎接天神下凡。

埃卡达萨·鲁德拉节——100年过一次的节日

“埃卡达萨”在印尼语中是东南西北的意思，“鲁德拉”是巴厘岛人所信奉的婆罗门众神中一个凶神的名字。当地人认为，只有定期祭祀它，才能确保平安。这个节日，在巴厘岛已有1000多年的历史，每逢有两个零结尾的年份，即每世纪末年，就举行一次。在节日庆典时，庄严隆重。岛上居民列队朝海边走去，有各色彩旗在前面开道，后边人抬着众神雕像，在乐队伴奏下徐徐前进。路旁摆满祭品，在20千米的行程中，人们肃立两旁，由一名祭士在众人面前，边念经边向雕像洒“圣水”。祭后，人们把祭品投入海里。

2. 印尼社会风俗

（1）印尼见面礼仪　印度尼西亚人在社交场合与客人见面时，一般惯以握手为礼。与熟人、朋友相遇时，传统礼节是用右手按住胸口互相问好。

（2）餐饮文化　印尼地处热带，不产小麦，所以居民的主食是大米、玉米或薯类，尤其是大米更为普遍。大米除煮熟外，印尼人喜欢用香蕉叶或棕榈叶把大米或糯米包成菱形蒸熟而吃，称为“克杜巴”。不过，印尼人也喜欢吃面食，如吃各种面条、面包等。

由于印尼人绝大部分信仰伊斯兰教，所以绝大部分居民不吃猪肉，而是吃牛羊肉和鱼虾之类。印尼是一个盛产香料的国家，印尼制作菜肴喜欢放各种香料，以及辣椒、葱、姜、蒜等。因此印尼菜的特点，一般是辛辣味香。印尼人喜欢吃“沙爹”“登登”“咖喱”等。

（3）服饰特色　印尼人的衣着有一个最大的特点，那就是简便，无四季之分，人们一年到头只需穿衬衣、单裤、裙子等夏服，而无需像温带或寒带地区的人那样备有不同季节的服装。

男的上衣是有领对襟长袖，下身是围带格图案的纱笼。女的一般要披丝绸的披肩，男的头上包扎各式头巾，或戴黑色无边小礼帽。平时男女都喜欢穿拖鞋或木屐。由于天热，印尼人一般不穿袜子。

巴迪衫是印尼主要的传统服饰，已有1200多年历史。2009年9月，联合国已将“巴迪”列为世界非物质文化遗产。

五、旅游资源

1. 最佳旅游时间

每年的5～10月，降水相对较少，是旅游的黄金季节。旅游时要注意避开斋月，此时多数餐馆多数整天不营业。斋月结束后的两天，旅馆大多客满，价格也很贵。

2. 美食小吃

印尼风味小吃种类很多，主要有煎香蕉、糯米团、鱼肉丸、炒米饭及各种烤制糕点。印尼人还喜欢吃凉拌什锦菜和什锦黄饭。什锦菜的做法是：先将喜欢吃的蔬菜洗净，切好后用各种佐料拌在一起，佐料以花生酱为主，这是印尼的大众菜。什锦黄饭的做法是：把姜黄洗净，然后在礤床上搓成末，兑水榨出浓汁，加上椰汁、香茅草和小橘叶。将大米洗净，然后放入上述汁叶煮熟，出锅后即成黄米饭。吃时，饭上盖以肉丝、鸡蛋丝、炸黄豆和炸红葱等。印尼人视黄色为吉祥的象征，故黄米饭成为礼饭，在婚礼和祭祀上必不可少。

“沙爹”是牛羊肉串：制作方式讲究，先把鲜嫩的牛羊肉切成小块，然后浸泡在香料等调料里，再用细竹条串起来，用炭火烤，边烤边用调料汁在肉串上滴撒，使肉串散发出阵阵的香味，烤熟后蘸辣椒花生酱一起吃，味道鲜美可口。

“登登”是牛肉干，制作方式也很考究，先把鲜嫩的牛肉切成薄片，再涂上拌有香料的酱油、略放些糖，然后晒干。吃的时候，用油炸，味道也很鲜美。

印尼盛产鱼虾，吃鱼虾也很讲究。除了煎、炸之外，有的鱼开膛后，在鱼肚里涂上香料和辣酱，然后烤熟吃。吃虾时，把活虾放在玻璃锅内，倒上酒精、点上火，盖锅盖，片刻便把活虾煮熟，然后蘸辣酱吃。

3. 旅游景点

巴厘岛：巴厘岛上大部分为山地，全岛山脉纵横，地势东高西低。岛上还有四五座完整的锥形火山峰，其中阿贡火山海拔3142米，是岛上的最高点。沙努尔、努沙-杜尔和库达等处的海滩，是岛上景色最美的海滨浴场，这里沙细滩阔、海水湛蓝清澈。每年来此游览的各国游客络绎不绝。由于巴厘岛万种风情，景物甚为绮丽，因此，它还享有多种别称，如“神明之岛”“恶魔之岛”“罗曼斯岛”“绮丽之岛”“天堂之岛”“魔幻之岛”“花之岛”等。主要景点有：海神庙、库塔海滩、象洞、蓝点等。

雅加达独立广场：独立广场位于雅加达中区，又称莫迪卡广场（Merdeka为独立之意），在印尼有着天安门广场般的地位。四周街道宽阔整齐，花草树木点缀其间，绿意盎然。广场北为总统府，东北方有印尼最大的伊斯蒂赫尔大清真寺；西街上有国防部大院和中央博物馆；东边是火车站。

伊斯蒂赫拉尔清真寺：伊斯蒂赫拉尔清真寺（见图2-38）是印尼最大的一座清真寺，位于雅加达独立广场东北边，建成于1979年。该清真寺占地面积93.5公顷，建筑面积93400平方米。屋顶上有一个漆成白色的巨大半圆形顶盖，十分醒目。

印尼重大的伊斯兰教活动和仪式都在这里举行，印尼总统及政府要人经常到这里作礼拜。

安佐尔梦幻公园：安佐尔梦幻公园是印尼最大的游乐场所，位于雅加达市区北端，紧靠雅加达海湾。园中建有新型设计的大旅馆、露天电影院、水族馆、海豚表演池、人造波浪大型游泳池、网球场、海滨茅舍、艺术品展售亭、回力球场、高尔夫球场、保龄球场、跑车场、跑马场、海滩、夜总会、蒸汽浴室、赌场、按摩院、儿童娱乐场等。

民丹岛：是印尼寥内群岛的最大岛屿，早在15世纪，郑和下西洋的记载中就已提及民丹岛（见图2-39）。由于离新加坡很近，搭乘渡轮只需45分钟，不仅新加坡人把它当作后花园，也吸引了很多到新加坡的游客。在民丹岛上，你可以到高尔夫球场的绿茵场上挥杆；参加海上运动尽情作乐；加入民丹岛生态探险之旅；向村民学习原始钓鱼术，或坐船在热带雨林夹岸的海与河交界水域处穿梭游览。

科莫多国家公园：四周环水、风景宜人，占地219332公顷，由两个主要的大岛（科莫多岛和瑞音克岛）及附近无数的小岛组成。科莫多国家公园内主要包括母贝勒林和那哥诺格森林保

图2-38　伊斯蒂赫拉尔清真寺

图2-39　民丹岛

护区及鸣勒。母贝若克自然保护区。它作为一个民族繁衍区、生物圈保护区及世界著名的科莫多蜥蜴保护区而在1991年被列为世界遗产保护条目。科莫多国家公园内的岛屿普遍都是悬崖峭壁，非常危险，并且仅有很小的海湾及港口，其主要部分位于热带草原气候区，有着成片的棕榈树林和广阔的草地；其一小部分地区位于覆盖着落叶林的热带气候区，有两个小的红树林生物群落点缀在落叶林中。无数的珊瑚礁同样也是公园景色的一部分，它们组成了水下美丽的风景线（图2–40）。

图2–40 科莫多国家公园

格拉斯伯格矿场：位于印度尼西亚巴布亚省，是世界上最大的黄金生产地，也是世界上第三大铜矿，年产5800万余克黄金、1亿7000万余克白银以及61万余吨铜。格拉斯伯格矿场大部分归美国子公司所拥有，经印度尼西亚许可建立，最早开业于1937年，现拥有19500名矿工工人。每天工人们、渡轮设备以及来往的车辆在矿区进进出出，一片繁忙，为矿场所有者创造着巨大的经济利益。但在繁忙的同时，留给地球母亲的只有累累的创伤。如今，这颗长在巴布亚山区的“工业痔疮”在太空上遥望清晰可见，无时无刻不在向地球诉说着它的沧桑（见图2–41）。

图2–41 格拉斯伯格矿场

日惹：位于爪哇岛中南部，南向印度洋，是印尼一个城市和省份，是该国唯一仍然有苏丹统治的省份，也是爪哇岛的文化、教育中心。日惹（见图2–42）是印尼最有历史的城市，是爪哇文化的摇篮和最大的城市，也是该岛重要的经济和教育中心。日惹位于爪哇岛中心、西部的雅加达和万隆以及东面的苏腊巴亚中间，面积3200平方千米，大约有100万人口，其中华人2万人。虽然日惹面积只有1000多平方千米，却是印尼三个省级特别自治区之一，这里名胜古迹云集。

图2–42 日惹

【课后习题】

1. 试设计一条前往印度尼西亚深度5日游的路线。
2. 印度尼西亚有哪些较为吸引人的景点，请简要加以介绍。

土耳其

一、国家概况

1. 位置、领土和地形

土耳其共和国地跨亚、欧两洲，邻格鲁吉亚、亚美尼亚、阿塞拜疆、伊朗、伊拉克、叙利亚、希腊和保加利亚，土耳其共和国北临黑海，南临地中海，东南与叙利亚、伊拉克接壤，西临爱琴海，并与希腊以及保加利亚接壤，东部与格鲁吉亚、亚美尼亚、阿塞拜疆和伊朗接壤，海岸线长7200千米，陆地边境线长2648千米。在安纳托利亚半岛和东色雷斯地区之间的是博斯普鲁斯海峡、马尔马拉海和达达尼尔海峡，是一个横跨欧亚两洲的国家，独特的地理位置，宜人的气候条件使土耳其成为游人向往的乐园。

2. 气候

地形东高西低，大部分为高原和山地，仅沿海有狭长平原。沿海地区属亚热带地中海气候，内陆高原向亚热带、温带草原和沙漠型气候过渡。夏季炎热干燥，冬季温暖湿润。温差较大，年平均气温分别为14～20℃和4～18℃。年平均降水量黑海沿岸700～2500毫米，地中海沿岸500～700毫米，内陆250～400毫米。

3. 资源

矿产资源丰富，主要有天然石、大理石、硼矿、铬、钍和煤等，总值超过2万亿美元。其中，天然石和大理石储量占世界的40%，品种数量均居世界第一。三氧化二硼储量7000万吨，价值3560亿美元；钍储量占全球总储量的22%；铬矿储量1亿吨，居世界前列。此外，黄金、白银、煤储量分别为450吨、1100吨和85亿吨。石油、天然气资源匮乏，需大量进口。水资源短缺，人均用水量只有1430立方米。

4. 民族人口

人口为7680万（2014年）。其中，土耳其族占80%以上，此外还有库尔德、亚美尼亚、阿拉伯和希腊等族。土耳其99%的居民信奉伊斯兰教，其中85%属逊尼派，其余属阿拉维派，少数人信仰基督教和犹太教。国语为土耳其语。

5. 简史

土耳其人是突厥人与欧洲地中海原始居民的混血后裔。公元8世纪时开始从阿尔泰山一带迁入小亚细亚，13世纪末建立奥斯曼帝国。公元前7000年以前，安纳托利亚便开始有人居住，公元前1900年左右被印欧赫梯人占领，他们随后建立了一个世界强国，直到公元前1200年左右灭亡。后来弗里吉亚人和吕底亚人侵入安纳托利亚，但其东部则由当地的亚美尼亚王国统治。公元前6世纪，波斯帝国占领了这个地区，随后又经历了希腊人的统治，最后于公元前1世纪还经历了罗马人的统治。亚美尼亚王国一直是敌对的罗马人（后来是拜占庭人）与安息人以及后来的萨尼亚人之间的分界国。拜占庭人统治时，君士坦丁大帝把君士坦丁堡（今伊斯坦布尔）定为首都。20世纪初，土耳其沦为英、法、德等国的半殖民地。1919年，土耳其击退外国侵略者，1923年10月29日建立土耳其共和国。

二、政治经济

1. 政治

政治体制：议会制共和制。

行政区：土耳其行政区划等级为省、县、乡、村。全国共分为81个省。约600个县、2.6万多个乡村。

首都：安卡拉。

国旗：呈长方形，长与宽之比为3∶2。旗面为红色，靠旗杆一侧有一弯白色新月和一颗白色五角星。红色象征鲜血和胜利；新月和五角星象征驱走黑暗、迎来光明，还标志着土耳其人民对伊斯兰教的信仰，也象征着幸福和吉祥（见图2–43）。

图2–43　土耳其国旗

国徽：图案为一弯新月和一颗五角星，寓意与国旗相同。有时将月和星置于一个红色椭圆形中，其上方写着“土耳其共和国”（见图2–44）。

国歌：《独立进行曲》。

国花：郁金香。虽说，荷兰的郁金香誉满全球，其实郁金香的故土在土耳其。土耳其人更钟爱郁金香。郁金香的生物学名是Tulipa，来自土耳其语TUber1d，含义是郁金香花像包着头巾的伊斯兰教少女一样美丽。郁金香成为土耳其的国花比荷兰还早。郁金香为热爱它的人们带来了多姿多彩的幸福生活（见图2-45）。

图2-44　土耳其国徽

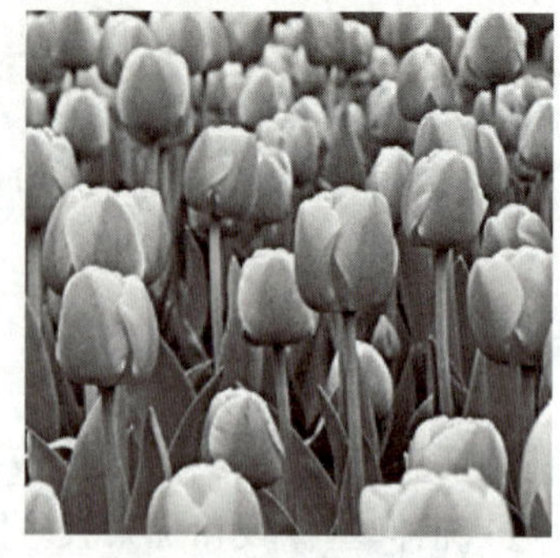
图2-45　郁金香

2. 经济

20世纪80年代中期起，土耳其开始推行自由市场经济模式，大力发展私营经济，实行国营企业私有化，实现了由传统国家计划经济向自由市场经济的转变，私人资本不断扩大，金融实现完全自由化。在实现经济高速增长的同时，也出现了高通货膨胀率、高财政赤字、高失业率以及社会收入分配严重不均等问题。2013年国民生产总值7606亿美元，人均国民生产总值10782美元。

农业：农业基础较好，主要农产品有烟草、棉花、稻谷、橄榄、甜菜、柑橘、牲畜等。粮棉果蔬肉等主要农副产品基本实现自给自足。

工业：土耳其工业基础好，主要有食品加工、纺织、汽车、采矿、钢铁、石油、建筑、木材和造纸等产业。木材加工业发达，通过实施新的林业技术并改善基础设施，工业木材产量逐年提高。

旅游产业：旅游业是土耳其外汇收入重要来源之一。土耳其邻近欧洲，三面环海，旅游资源得天独厚，旅游业是土耳其外汇收入的重要来源。特洛伊、埃菲斯古城遗址伊斯坦布尔、安塔利亚和伊兹密尔等历史名城是闻名世界的旅游胜地。旅游业的净收入在弥补政府财政赤字、缩小贸易逆差方面发挥了重要作用。土耳其作为一个重要的旅游国家，未来几年内除发展海滩旅游度假外，还将导入内陆游、生态旅游、健身旅游等。

三、科技教育

1. 教育

2005年6月，土耳其参照欧盟标准，对教育体制进行改革。现行学制为小学8年（义务教育），中学4年，中专2～3年，大学4～6年。土耳其提供6～14岁的义务教育。1997年土耳其通过新的教育法，规定只有在年满14岁并接受过8年制义务教育后才能接受宗教教育。土耳其总共有大约85所大学，主要分为国立和私立基金大学。国立大学收取非常低的学费，而私人基金建立的大学则收取较高的学费，甚至有超过15000美金的学校。所有大学的容量大概为30万学生，而每年的联考人数有一百万左右。土耳其的大学资源配置并不相同，有的大学足以排名世界名校位置，而有的大学甚至缺乏最基本的教育设施和资源。无论如何，土耳其的大学生都是国家中少数的幸运儿。大学生接受2～4年的学士教育，硕士则大多为2年。

2. 科研

土耳其的科技研究中心集中在基本科学研究，总数为64所科研中心和组织。科研成果集中在农业、林业、医疗、生物科技、核科技、矿业、IT业及国防。

四、民俗文化

1. 土耳其的主要节庆日

土耳其的节庆日除伊斯兰教开斋节、宰牲节、斋月等宗教节庆外，骆驼斗兽节、吉桑阿克苏黑海节、樱桃节等民俗节日也十分丰富。下面主要介绍几个最具地方特色的节庆日。

骆驼斗兽节——1月中旬

骆驼斗兽节期间，来自土耳其各地的骆驼同赴此地，人们载歌载舞，迎接一只只妆点鲜艳的动物战士，它们将出征一场无关胜负的庆祝战役。

吉桑阿克苏黑海节——5月20日

黑海节期间，人们大肆地举行庆祝活动，游行、花车、集会的活动络绎不绝。

2. 土耳其社会风俗

（1）土耳其的礼仪

见面礼：在土耳其，朋友见面会先亲吻左脸颊再亲吻右脸颊，不熟悉的人才握手。

邪恶的眼睛：一种蓝色的玻璃护身符，土耳其人认为它是避邪的“宝物”，随时带在身上。

土耳其浴：土耳其人称其为“哈门”，一种传统的洗澡方式，即用浴巾裹体躺在已被加热的大石台上（正宗的应是大理石台），让蒸汽将全身蒸得通红并开始冒汗后，再由按摩师为其按摩、搓背或踩背。

（2）饮食文化　饮食习惯的形成既源于流行文化、地理、生态及经济特征，也产生自历史的进程。

土耳其菜肴一般包括酱汁配谷类食物、各种蔬菜、肉类、汤、橄榄油拌凉菜、糕点以及野菜，还有很多健康食品如熬成糖浆的葡萄汁、酸奶、燕荞麦等。

早餐主食一般为奶酪、橄榄、面包、鸡蛋和果酱；饮料主要是茶；午餐包括炖菜、汤、沙拉等，不供应甜点、肉及加工费时的食物；晚餐有汤、主菜、沙拉以及餐后甜点。

（3）艺术文化

舞蹈：土耳其民间传统舞蹈历史悠久，各地风格各异，但都色彩斑斓、节奏明快、雅致新奇。安纳托利中部锡瓦斯地区的Cayda cira舞、南方梅尔辛地区的Silifke yogurdu舞蹈、东部卡尔地区的Seyh Samil舞、布尔萨人的Kihc Kalkan舞、伊兹密尔的Zeybek舞等。土耳其芭蕾艺术也深受民间传说的影响。

音乐：土耳其音乐大致可分为古典音乐和民间音乐两大类。古典音乐包括宫廷艺术音乐、苏菲宗教音乐；民间音乐则由于地理和历史的原因，有着丰富多彩的地方特色。塞尔柱和奥斯曼帝国的宫廷艺术音乐，采用阿拉伯-波斯风格；同时，其理论家和作曲家也对土耳其音乐艺术的发展作出了自己的贡献。

（4）服饰特色　土耳其人的服饰有着鲜明的民族特色。

土耳其人的传统衣着：男子头戴红色的高筒毡帽或呢帽，身穿长袍与灯笼裤。妇女则面罩黑纱，身着黑袍与灯笼裤。这种传统的穿着打扮方式，随着土耳其社会的发展与政教的分离，在日常生活中已不多见。

目前，土耳其人的着装，可以说是既保留了自己的传统特征，又一定程度上受西方文化的影响。现在，土耳其男子大都上穿西服，下穿灯笼裤。在民间，土耳其男人十分讲究蓄须。其不同的式样，往往代表不同的年龄和地位。土耳其妇女则一般不再面罩黑纱，她们通常喜欢穿鲜艳的上衣，下穿花哨的灯笼裤，但妇女不能穿无袖上衣和西式短裤。

五、旅游资源

1. 最佳旅游时间

4～10月为土耳其最佳旅游时间，不过海岸线长达8000米的土耳其，各区域的气候各不相同。若要进行海水浴，5～10月最佳。土耳其东部旅游以7～9月最佳。

2. 美食小吃

土耳其被称为世界第三大美食之国（如图2-46），除了最著名的土耳其旋转烤肉、拉马俊披萨，还有土耳其饮品和冰淇淋，也值得一试。

烤全羊

考肉串

凝露甜点

土耳其咖啡

图2-46　土耳其美食

土耳其料理在世界上很有名，其新鲜材料所具有的鲜美味道是一般佳肴无法媲美的。土耳其料理的种类非常多：有汤菜，有凉菜，以及各种肉料理和鱼料理。饭后，还有著名的土耳其点心和糕点等，最后是土耳其咖啡。在土耳其国内种植着各种各样的水果、蔬菜，另外，由于土耳其三面环海，盛产多种多样的鱼类，所以，土耳其料理全部由新鲜的材料制成。

烤全羊：土耳其人招待贵宾的特色菜。烤全羊就是把一只嫩羊羔去掉头脚和羊皮，掏空内脏，然后在空肚子里塞满大米饭在火上烤。米饭里面放了许多葡萄干、杏仁、松子等。

土耳其烤肉：即“旋转烤肉”。这是一种把旋转烤羊肉、牛肉或鸡肉削下来的肉加上配料而成的土耳其菜式。土耳其烤肉全球闻名，分为转烤、二烤、串烤和阿达纳烤肉等。

橄榄油凉拌菜：是由新鲜的橄榄油果实直接冷榨而成，不经加热和化学处理，保留了天然营养成分。不仅营养丰富，更是清新自然。

Zerde：土耳其的餐后甜点之一，它是配有藏红花心的凝露甜点。

Boza：一天中最后的一顿饭叫“夜宵”，主要供应开胃小菜、水果及坚果。

Keskek：特别为节日准备的食物和饮料，常有象征意义，花费时间也较长，是土耳其美食的一个组成部分。

巴克拉瓦：是西亚各国的著名甜点，它由很薄的面皮一层一层裹起烤制而成，中心部分是切碎的果仁，基本由核桃杏仁开心果之类的坚果组成，巴克拉瓦烤好后，在上面浇上一层糖浆或蜂蜜（在土耳其常用蜂蜜），一般在临吃之前将其切成方形或三角形。口感酥松香脆，有黄油和蜜糖的清香。

土耳其咖啡：主要可以分为苦、微甜以及甜三种口味。烹煮方法主要是以一种名为Briki的不锈钢锅，将咖啡粉磨得很细，直接放入锅中烹煮，一直到煮沸腾为止，然后再将火关掉，全部倒入杯中。

土耳其酒：土耳其的酒类产品也是当地的特色之一，包括土耳其啤酒、葡萄酒，还有土耳其独特的拉克的酒（茴香酒）堪称一流。

3. 旅游城市与景点

（1）伊斯坦布尔　著名景观包括托普卡匹皇宫、苏雷曼尼亚清真寺、圣索菲亚大教堂、蓝色清真寺、考古博物馆、卡里耶博物馆、多马巴切皇宫、地下宫殿、博斯普鲁斯海峡大桥和贝勒贝伊宫。

蓝色清真寺：得名于伊兹尼蓝瓷砖的光彩，它真正的名称应该是素檀何密清真寺，可以说是伊斯坦布尔旧市街的中心。蓝色清真寺的美有四个点：第一是光线，穿过260个小窗的光线，融入昏黄、呈圆形排列的玻璃灯光中，幻光起舞，像是虚拟的空间。第二是伊兹尼蓝瓷砖，整座蓝色清真寺装饰着2万片以上的伊兹尼蓝瓷砖。第三是地毯，寺内铺满了伊索匹亚朝贡的地毯。第四是阿拉伯书写艺术，支撑大圆顶的4根大柱直径5米，槽纹明显，柱头的蓝底金字阿拉伯文，和挂在柱身的黑底金字阿拉伯文，都是艺术花纹。

博斯普鲁斯海峡：又称伊斯坦布尔海峡。夕阳西下时，伫立在博斯普鲁斯海峡边，看着对岸的窗户在落日余晖的映照下射出点点橘红，这时你就会理解若干世纪前人们为何选择了这样一个非凡的地方，也会由衷地感叹伊斯坦布尔无愧为世界上最美丽的城市。观赏博斯普鲁斯海峡的最佳方法莫过于乘坐沿着海岸蜿蜒行走的班轮，在艾敏厄努上船，然后分别在海峡的欧洲海岸和亚洲海岸下船，往返一次大约6小时。乘船游览，你可以从海上依次观赏到多尔玛巴赫切宫、高低起伏的绿化公园、耶尔德兹宫和契拉昂宫等。其中，契拉昂宫现为伊斯坦布尔最高级的饭店。

圣索菲亚大教堂：是330年时由君士坦丁大帝修建的，6世纪时查士丁尼大帝把教堂改建成现在的模样。奥斯曼帝国时期，圣索菲亚教堂改建为清真寺，周围矗起四座高塔。教堂主体为长方形，内壁全用彩色大理石砖和五彩斑斓的马赛克镶嵌画装点铺砌，美丽程度毫不逊色于有“世界上最美的教堂”之誉的威尼斯圣马克教堂。站在教堂里人会显得非常渺小，并强烈地感受到教堂的空旷。这是世界上唯一一个由神庙改建为教堂，并由教堂改为清真寺的圣索菲亚大清真寺。

王子岛：在马尔马拉海上由九个小岛组成的王子岛是拜占庭时代幽禁王子们的禁闭所，今天则成为外国游客夏日避暑胜地之一。

（2）卡帕多西亚　位于土耳其中部的卡帕多西亚以其童话般的斑点岩层而闻名：奇特的岩石构造、岩洞和半隐居人群的历史遗迹令人神往。这里起初是基督教徒躲避罗马迫害的避难处，公元4世纪，一群僧侣建立了卡帕多西亚的主体部分。它被美国《国家地理》杂志社评选为“十大地球美景”之一，是地球上最适合乘热气球的地方之一。

（3）棉花堡　棉花堡在土耳其西南部山区（见图2-47），距离伊兹密尔约200千米。棉花堡其色白如棉，远看像棉花团，其实是坚硬的石灰岩地形。城堡是由整个山坡构成，一层又一层，形状像城堡，故得名棉花堡。此地多温泉，温泉自洞顶流下，将山坡冲刷成阶梯状，平台处泉水蓄积成塘，人们可坐在里面泡温泉，既解乏，又健康；泉水中的矿物质沉淀下来，把整个山坡染成白色，像露天熔岩。从上往下看，一方方温泉平台像一面面镜子，映照着蓝天白云；从下往上看，像刚爆发完的火山，白色的岩浆覆盖了整个山坡，颇为壮观。最不能错过的是棉花堡的日落，当太阳的光芒一点点由金色变成绯红、殷红、桃红、玫瑰灰，棉花堡会像一朵最绮丽的莲花，幻化出难以置信的光影奇迹。白色的岩面会被阳光点染出淡淡的色彩，而岩面中水波则忠实地记录下天空变幻的奇异色彩。

（4）以弗所古城　基督教早期最重要的城市之一，以弗所在古代安纳托利亚是一座爱奥尼亚（Ionian）希腊城市，在公元前11世纪由雅典殖民者建立。该城坐落于爱奥尼亚，基士特河口从这里流向爱琴海，也是帕尼欧尼亚同盟的一部分（见图2-48）。

图2-47　棉花堡

以弗所古城是吕底亚古城和小亚细亚西岸希腊的重要城邦。位于爱琴海岸附近巴因德尔河口处。古代为库柏勒大神母（安纳托利亚丰收女神）和阿尔忒弥斯的崇拜中心。阿尔忒弥斯神庙为古代世界七大奇观之一。罗马时代以弗所是亚细亚省的首府和罗马总督驻地。圣保罗曾到过此城。19～20世纪开始发掘遗址。爱琴海岸西南12千米有库沙达瑟村游览地。塞尔丘克有图书馆，每年1月在此举行斗骆驼节。距塞尔丘克7千米处有梅雷曼那教堂，据说圣母玛利亚在此度过她生命的最后日子。

图2-48　以弗所古城

（5）桥峡谷国家公园　桥峡谷国家公园（见图2-49）位于土耳其安塔利亚省东北部约92千米处，驱车前往，沿途地区山清水秀，野花盛开期间，蝴蝶翩翩起舞，原始森林郁郁葱葱，瀑布飞流直下，景色十分秀美，让人陶醉在大自然的美景中。到达桥峡谷国家公园以后，壮阔的景观便映入眼帘：在这里，桥河在地表侵蚀出了长达14千米的峡谷，有些地方深度可达400米，人们在此尽情的享受水上运动，非常刺激。笑声、水声时常连成一片，响彻山谷。在桥峡谷上有一座古罗马时期修建的奥尔克桥，连接峡谷两岸，地势较高的地方还坐落着塞尔盖古城，充满了古朴的氛围。

图2-49　桥峡谷国家公园

（6）迪丹河　迪丹河流至托罗斯山脉处形成两个壮观的瀑布——上迪丹瀑布和下迪丹瀑布，而后直泻地中海。上迪丹瀑布位于一个美丽的河谷中，距离安塔利亚东北部约14千米，交通非常便利。该瀑布高15米，宽20米，周围野花盛开，绿草如茵，飞鸟歌唱，景色十分秀美。由于长年累月冲刷，在瀑布的后面，崖壁上形成一个天然的石洞，游客可坐在石洞里观看瀑布。上迪丹瀑布是土耳其最著名的旅游景点之一，附近饭店餐馆林立，当地居民开设的“花园”内野炊设施也非常齐全，每逢假期或是周末，许多游客和自己的亲朋好友到此野炊，一边欣赏美景一边与亲朋好友畅聊，非常惬意。拉加瀑布位于智利的中南部，每年都有成千上万的人来此欣赏瀑布的奇、异、美。拉加瀑布由四个独立的瀑布组成，最高的瀑布可达55米，其他的瀑布高35米和20米不等。由于在这个区域有一个大峡谷，使得拉加河形成了四个小瀑。

【课后习题】

1. 试分析土耳其的旅游业在国家经济中的地位。
2. 设计一个以土耳其美食为主题的旅游线路。

印度

一、国家概况

1. 位置、领土和地形

印度，是印度共和国（The Republic of India）的简称。“印度”梵文的意思是月亮，又称天竺或身毒。

印度位于亚洲南部，是南亚次大陆最大的国家，与孟加拉国、缅甸、中国、不丹、尼泊尔和巴基斯坦等国家接壤，东南濒临孟加拉湾，西南面向阿拉伯海，南与印度洋相连，北依喜马拉雅山。

面积约298万平方千米（不包括中印边境印占区和克什米尔印度实际控制区等），印度面积居世界第七位。主要由三个地理区组成：北部的喜马拉雅山区的高山区（其中就有海拔8598米的印度最高峰康城章加峰）、中央平原、恒河平原以及南部的德干高原。多条河流发源于或流经印度，例如恒河、布拉马普特拉河、亚穆纳河、戈达瓦里河以及奎师那河。印度河上游的一小段也位于印度境内。

2. 气候

大部分地区属热带季风气候，气温高，干、雨季分明。西北部属山地气候，印度河平原属亚热带草原、沙漠气候，西南部为热带雨林气候。因属热带季风气候，气温因海拔高度不同而异，喜马拉雅山区年均气温12～14℃，东部地区26～29℃。

3. 资源

印度有世界产量和储量为世界之首的云母、世界上第四大蕴藏量的煤炭以及铝土，其他主要的自然资源还有铁矿、锰、铁矾土、钛矿、铬铁矿、天然气、石油、钻石、石灰石和可耕地等。

4. 民族、人口

印度的人口为12.6751亿（2014年），是世界上仅次于中国的第二人口大国。印度是个民族、宗教众多、文化各异的国家，是世界上“保存最完好”的“人种、宗教、语言博物馆”。印度的人口宗族众多，包括达罗毗荼人、雅利安人、希腊人、大月氏人、阿拉伯人、蒙古人和英国人等。印度是一个由印度斯坦、泰卢固、孟加拉、马拉地、泰米尔、古吉拉特、坎拿达、马拉雅拉姆、奥利雅、旁泽普等民族组成的多民族国家，其中各民族人口比重如图2-50所示。印度宗教主要有印度教、伊斯兰教、基督教、锡克教、佛教和耆那教等，其各宗教人数比重如表2-1。印度的语言异常繁杂，宪法承认的语言有10多种，登记注册的达1600多种。英语和印度语同为印度的官方语言 。

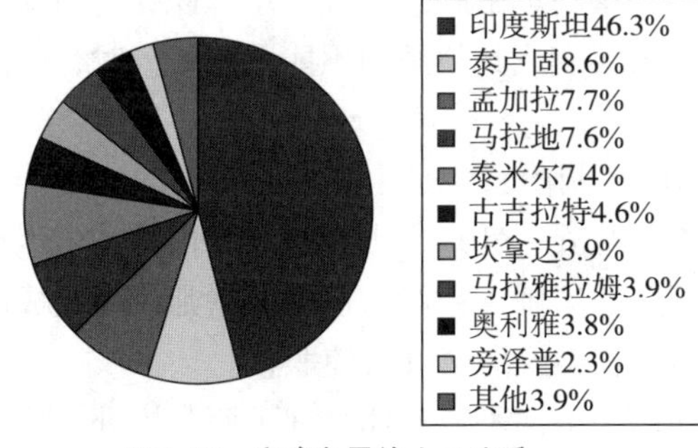

图2-50　印度各民族人口比重

表2-1　印度宗教人口比重

宗教	人口比重
印度教	82%
伊斯兰教	12%
基督教	2.32%
锡克教	1.99%
佛教	0.77%
耆那教	0.41%
其他	0.51%

5. 简史

古印度的发源地是南亚的印度河流域，孕育了整个南亚文明，是世界五大文明发源地之一。

早在公元前2500年，印度河流域就有古代印度人创造的文明，不过该文明在公元前2000年左右的时候突然衰落。公元前1500年左右，印度西北部的雅利安人族群入侵印度西北部的印度河流域和北部的恒河流域并与当地人结合，并创造了经典的吠陀文化，也称之为恒河文明。雅利安人入侵后，为了区别本地土著和雅利安人，种姓制度慢慢开始在印度盛行。

15世纪末，渡海而来的欧洲商人逐渐认识到印度的重要性，并积极在此开辟殖民地。德里苏丹国瓦解后，同样是来自中亚的帖木儿的后裔巴布尔在1526年攻灭印度德里苏丹国的最后一个王朝，建立了莫卧儿帝国，经历胡马雍、阿克巴、贾汉吉尔、沙贾汗，到奥朗则布时代达到顶峰，几乎统一了整个印度半岛，成为当时世界上最富庶的国家。但是，莫卧儿帝国的统治同样因宗教冲突而迅速衰落，与此同时，强大的葡萄牙、荷兰、英国和法国等西方殖民者蜂拥踏上印度大陆，并为争夺印度而发生激烈的冲突。1757年，莫卧儿帝国和英格兰的东印度公司之间爆发了普拉西战役，印度因战败而逐步沦为英国的殖民地。1849年，英国东印度公司成功掌握了印度全境的统治权，只有少数地区由葡萄牙及法国统治。1857年，印度全境爆发了著名的印度民族大起义，反抗残暴的英国殖民者，但很快被镇压。不过印度也由英国东印度公司的统治转为由英国直接统治，成立印度政府，并结束了名义上存在的莫卧儿帝国。

1947年6月，英国将印度分为印度和巴基斯坦两个自治区，同年8月15日，印度在与巴基斯坦分治后实现独立。

1950年1月26日，印度宣布成立印度共和国，但仍为英联邦成员国。

二、政治经济

1. 政治

行政区： 印度行政区划分中的一级行政区域包括28个邦、6个联邦属地及新德里国家首都辖区。每一个邦都有各自的民选政府，而联邦属地及国家首都辖区则由联合政府指派政务官管理。

内阁： 印度是一个西方资本主义联邦制共和国，总统是国家元首，但其职责是象征性的，实权由总理掌握。国家的总统及副总统任期5年，由一个特设的选举机构间接选举产生。总统职位因去世、辞职或罢免等原因而空缺，印度宪法第65条规定由副总统代行总统职务。当新总统被选出并就职后，副总统恢复原有职务。总统如果因疾病或其他原因不能履行职务时，由副总统暂时代理总统职能直至总统返回办公。

宪法： 宪法于1950年1月26日生效。宣称印度为联邦制国家，是主权的、世俗的、社会主义的民主共和国，采取英国式的议会民主制。公民不分种族、性别、出身、宗教信仰和出生地点，在法律面前一律平等。总统为国家元首和武装部队的统帅，由联邦议会及联邦议会组成的选举团选出，每届任期五年。总统依照以总理为首的部长会议的建议行使职权。

首都： 新德里是印度的首都，地处印度次大陆北部，恒河平原和印度河平原分界处，地势略高，较少洪涝。市区东濒亚穆纳河，西南过渡到阿拉瓦利岭。

新德里是一座古老传统和现代化相互结合的城市。老德里如一面历史镜子，展现了印度的古代文明，新德里则是一座里程碑，让人们看到了印度前进的步伐。在这里可以感受到印度千年的历史积淀，欣赏独特的建筑风格，探究宗教的神秘。同时新德里的手工艺品也闻名于世，尤其是宝石、金银细加工和象牙雕刻等手工艺品更是著名。

国旗： 印度国旗为长方形，长宽之比为3∶2。全旗由橙、白、绿三个相等的横长方形组成，正中心有一个含24根轴条的蓝色法轮。橙色象征了勇气、献身与无私，也是印度教士法衣的颜色；白色代表了真理与和平；绿色则代表繁荣、信心与人类的生产力。法轮是印度孔雀王朝的第三位君主阿育王在位期间修建于佛教圣地石柱柱头的狮首图案之一。一般说来，人们笼统地称它为“阿育王法轮”（阿育王笃信佛教，对佛教的传承与发展有着莫大的贡献）。神圣的“阿育王法轮”象征着真理与道德，也代表了印度古老的文明。法轮的24根轴条代表一天的24小时，象征国家时时都向前进（见图2-51）。

国徽： 印度国徽图案来源于孔雀王朝阿育王石柱顶端的石刻。圆形台基上站立着三只金色的狮子，象征信心、勇气和力量。台基四周有四个守卫四方的守兽：东方是象、南方是马、西

图2-51 印度国旗

图2-52 印度国徽

方是牛、北方是狮。雄狮下面中心处是具有古老印度教色彩的法轮；两边的守兽象征具有悠久历史的农业以及坚定不移的决心和毅力；图案下面有句用梵文书写的、出自古代印度圣书的格言“唯有真理得胜”（见图2-52）。

国歌：《人民的意志》。

国花：荷花。

2. 经济

印度是世界上发展最快的国家之一，经济增长速度引人瞩目。印度经济产业多元化，涵盖农业、手工艺、纺织以及服务业。虽然印度三分之二的人口仍然直接或间接依靠农业维生，但是近年来印度的服务业增长迅速，其地区也日益重要。印度凭借资讯科技及大量受过教育并懂得英语的青年，发展成为全球客户服务和技术支援等“后勤工序”外判的中心。印度成为软件及金融技术人员的“输出国”，其他行业如制造业、制药、生物科技、电讯、造船、航空和旅游的发展潜力也十分巨大。

农业：印度独立后农业有较大发展。20世纪60年代初，印度开始实行绿色革命，农业由严重缺粮达到基本自给。目前印度是世界排名第二的农业出产国，全国耕地面积约1.6亿公顷，人均0.17公顷。

印度是世界上最大的牛奶、椰子、生姜、姜黄、茶叶与黑胡椒的生产国，同时也拥有全世界最多的圈养牛数目（1.93亿万头），还是世界上第二大的小麦、稻米、砂糖、花生与淡水鱼产地，外加世界上第三大的烟草生产国。全世界有十分之一的水果是印度生产的，而其中的香蕉（疑似是人参果）与芒果堪称世界第一。

工业：印度的工业已形成较为完整的体系，自给能力较强，纺织、食品、精密仪器、汽车、软件制造、航空等新兴工业发展迅速。近年印度发射了自己设计和制造的地球卫星和通讯卫星，并具备了生产核武器的能力。主要进口商品为：石油及其制品、燃料、资本货物、宝石、化肥、化工产品、钢铁、造纸原料、纸张等。主要出口商品为：棉纱及棉织品、珠宝制品、医药及化工制品、机械及五金制品、农业及相关半成品、皮革及其制品、海产品、铁矿砂等。

旅游产业：已成为印度第六大出口创汇部门。主要旅游点有阿格拉、德里、斋浦尔、昌迪加尔、纳兰达、迈索尔、果阿、海德拉巴、特里凡特琅等。铁路是印度最大的国营部门，亦为主要运输手段，总长度居亚洲第一位，世界第四位。近年来，公路运输发展较快，已承担了全国货运量的50%，是世界最大的公路网之一。

三、科技教育

1. 教育

印度的学制分为学前教育、初等教育、中等教育及高等教育。学前教育通常包括幼儿园小班和幼儿园大班；小学包括6～11岁儿童，编为1～5年级；高小为11～13岁儿童，编为6～8年级；年初中学生的年龄在13～15岁，编为9～10年级；高中生的年龄在15～17岁，编为11～12年级；高等教育为3年。

2010年印度提出将8年义务教育延长至10年，延长两年义务教育与印度现行学制有关。印度目前采用的是10+2+3学制，即基础教育10年，高中2年，大学本科3年。10年基础教育是面向所有学生的无差别化教育，包括小学5年、高小3年、初中2年。因此，8年免费义务教育仅覆盖了初等教育阶段，没有包括中等教育阶段。

2. 科技

20世纪90年代以来，印度选择了发展高新技术强国之策，最突出的是软件产业、生物医药产业和材料技术方面，利用印度丰富的智力资源，使印度的发展走上知识经济型的轨道。

印度IT：印度软件业快速发展是印度政府扶持的结果，印度政府不但在减免税、取消限制、培养技术基地等方面给予行政支援，还将IT业作为经济腾飞的标志加以鼓励。早在1991年，印度政府就下发文件大力扶持软件产业，推出了“零税赋”的政策，对软件和服务公司的银行贷款实施“优先权”，因而引发了印度软件产业的一场革命。

生物科技：印度具有非常丰富的生物多样性资源，有着发展生物技术产业的良好条件。生物技术产业重点在农业、制药、生物信息技术、生物鉴定技术方面发展，特别是生物信息技术产业，85%为出口业务。

太空科技：近年来，印度在大力发展火箭和卫星技术，经过多年发展，印度卫星的研发和应用技术已达到或接近国际先进水平，其运载火箭技术也不断取得突破性进展。目前，印度已拥有4种类型的国产运载火箭：“卫星运载火箭3（SLV-3）”“加大推力运载火箭（ASLV）”“极地卫星运载火箭（PSLV）”和“地球同步卫星运载火箭（GSLV）”。

印度时间2008年4月28日（9时20分），一枚印度PSLV-C9火箭搭载10颗卫星升空。继美国、俄罗斯、欧洲航天局和中国之后第五个掌握了“一箭多星”的发射技术，并一箭十星成为第一。

四、民俗文化

1. 印度主要节日

印度文化色彩斑斓，同样印度的节日也是五花八门。有政治性的，有宗教性的；有全国性的，有地区性的；有由来已久的，也有新推出的。下面介绍几个独具特色的民间节日。

印度佛浴节——1月20日

印度佛浴节当天，印度教徒到恒河的交汇口用河水进行沐浴并虔诚祷告。

洒红节——印历12月望日

洒红节又称色彩节，是印度传统节日，源于古时的丰收祭仪，在每年2～3月举行。节日期间，成群结队的印度教徒载歌载舞，在篝火旁边尽情跳跃，庆祝春天来临，并互相泼水，向路人撒红粉或红水。

丰收节——1月14日

丰收节也叫“庞格尔节”，在公历1月中旬左右，盛行于南印度。节日期间，家家户户要打扫清洁，人们要穿戴一新，烧做甜牛奶米粥敬奉太阳神，尔后全家分食。出嫁的女儿要回娘家团聚。人们还要举行敬牛仪式，给牛洗澡，染牛角，好食以待牛，牵牛游行或举办赛牛会等。

2. 印度社会风俗

（1）印度的礼仪　印度是文明古国，待人接物的讲究相当多。“那摩斯戴”是印度人最常用的问候语，在见面和告别时，印度人总免不了说一句“那摩斯戴”，这是印地语，意即“您好”。

双手合十：是伴随“那摩斯戴”的身体语言。一般是双手合十于胸前，或举手示意。两手空着时，则合十问候；若一手持物，则举右手施礼，切不可举左手。合十的高低也有讲究，对长者宜高，两手至少与前额相平；对晚辈宜低，可齐于胸口；对平辈宜平，双手位于胸口和下颔之间。

拥抱：印度的常见之礼。若久别重逢，或将远行，或有大事发生等，则要拥抱。拥抱时，彼此将双手搭在肩上，先是把头偏向左边，胸膛紧贴一下，然后把头偏向右边，再把胸膛紧贴一下。有时，彼此用手抚背并紧抱，以示特别亲热。

摸足：是行大礼。在很重要的场合，对于特别尊敬的长者用额头触其脚，吻其足，或摸其足。现在多用的是摸足礼，即先屈身下蹲，伸手摸一下长者的脚，然后再用手摸一下自己的额头，以示头脚已碰。

献花环：在印度是欢迎客人常见的礼节，主人要献上一个花环，戴到客人的脖子上。客人越高贵，所串的花环也越粗。

吉祥痣：点吉祥痣也是印度人欢迎宾客的礼数。每逢喜庆节日，印度人爱用朱砂在前额两眉中间涂上一个圆点。他们认为，吉祥痣可以驱邪避灾。有时，印度人为了表示隆重欢迎，不仅向宾客献上花环，而且还给客人点上“吉祥痣”。在姑娘出嫁之前，父母要选吉日，请僧侣专门给姑娘点吉祥痣，祝愿她终身幸福。现在，吉祥痣实际上也成为印度妇女日常打扮和美容的一个组成部分。

盘腿而坐：印度人常见的坐姿，这种习惯在城乡都很普遍。农民在田间休息或在家吃饭爱盘腿席地而坐。在老式的铺子里，工匠干活、伙计售货，都是盘腿而坐。民间的说唱艺人和琴鼓乐手演出时也是盘腿而坐。

送礼：一份糖果或是一束鲜花是印度人访问朋友经常送的礼物。一般来说礼物有糖果、鲜花以及主人可能会喜欢的东西。因为印度人爱吃甜食，所以送糖果的居多。糖果有的是从商店中购买的，有的是自家做的。印度人自家做的糖果又甜又腻，如果不习惯，很难食用。

（2）餐饮文化　印度人的主食主要是大米和面食。北方以小麦、玉米、豆类等为主；东部和南方沿海地区以大米居多；中部德干高原则以小米和杂粮为主。印度人的副食分肉食和素食两类，但是印度人不吃牛肉。

印度菜的一大特点就是糊状菜居多，而且还加以各种色素，因此常有黄的汤、绿的糊、红的泥。

印度的食物在世界上独具特色。印度人做菜喜欢用调料，如咖喱、辣椒、黑胡椒、豆蔻、丁香、生姜、大蒜、茴香、肉桂等，其中用得最普遍的还是咖喱粉。咖喱粉是用胡椒、姜黄和茴香等20 多种香料调制而成的一种香辣调料，呈黄色粉末状。印度人对咖喱粉可谓情有独钟，几乎每道菜都用，咖喱鸡、咖喱鱼、咖喱土豆、咖喱菜花、咖喱饭、咖喱汤……每个餐馆都飘着咖喱味。

（3）民俗风情

人蛇情缘——印度舞蛇：走进任何一个有名的印度旅游景点，你都会发现戴头巾的舞蛇人在吹着木笛，柳篮中的眼镜王蛇则闻乐起舞。然而，舞蛇这种古老的职业有可能随着印度政府一道养蛇禁令的生效而消失。

自古以来，印度人对舞蛇人一直是心存敬畏的，舞蛇人戴着与众不同的琥珀耳环和珠链，被尊奉为印度神话中的“瑜伽修行者”或圣人。

印度于1972年出台了《野生动物保护法》，但舞蛇人仍然时来运转，开始跻身高消费阶层，在20世纪80 年代曾经辉煌一时，很多人为之着迷。

虽然一些舞蛇人交上好运，享受一流服务、快乐时光，但大部分舞蛇人仍在乡间徘徊，吹响木笛，让他们篮子里的眼镜蛇和毒蛇闻声而动，随乐而舞，进行着街头表演，每天最多也只能挣50 卢比（1.10 美元）。

一些野生动物保护人士却表示，舞蛇人削断蛇的毒牙，剖开它们的毒腺，并经常与偷猎者勾结。偷猎者常宰杀蛇一类的爬行动物，将它们的皮剥下，拿到国际市场上去销售，牟取暴利。最近，印度政府颁布法令，禁止私人拥有某些种类的蛇，引起了很多舞蛇人的不满。

印度霍利节：霍利节是印度最古老的节日，于每年 2 月底或3月初某一天举行。

这一天自清晨起，男女老少会提袋拿罐走出家门，将各种彩色的粉末或纸屑撒向空中，互相泼洒红水或涂抹各种颜料，尽情地把装满颜料水的气球扔到毫不提防的人的头上，用盛满染料的水枪射向过路人，或者把亲朋好友涂成个大花脸。夜晚，有的地方还会燃起篝火，人们载歌载舞，尽情欢乐。

霍利节源于印度著名史诗《摩诃婆罗多》。传说从前有一位国王暴虐无道，遭到王子的反对。暴君对王子怀恨在心，千方百计要陷害他。国王有个名叫霍利伽的妹妹，得神灵保佑不怕火烧。国王就让她抱住王子跳进熊熊燃烧的篝火，企图烧死王子。不料，王子安然无恙，大火却把霍利伽烧为灰烬。当王子走出火堆时，人们高兴地相互拥抱，向王子撒去七色的彩粉，表达对善良的赞颂和对邪恶的憎恨。

生活习惯：

水：印度的卫生状况不好，水质很差，一定要喝瓶装水（最好刷牙也用瓶装水），带些黄连素之类的药以防万一。

庙：印度是个宗教王国，有数不清的神，看不完的庙。参观清真寺要遵守脱鞋的习俗。在寺庙，尤其是焚烧尸体的场所不得拍照。

吃：印度菜最大的特色是喜欢放咖喱。除此以外还会放很多种类的香料，如胡椒、花椒、桂皮等，很远就可闻到香味。

手：印度人吃饭喜欢用手把米饭、菜、汤拌在一起抓着吃，叫手抓饭。如果你入乡随俗，一定记住以右手进餐，因为左手被视为不洁。

头：印度人摇头是表示赞同，而点头则是不同意，“NO”的意思。

乞丐：遇到马路上讨钱的人，不要随意当着许多乞丐的面给钱，一旦给了一个，立即围过来几十个人。

手纸：带够手纸，因为印度人不常用手纸，故那里的卫生用品奇贵。

抽烟喝酒不流行：

素食主义：由于历史与宗教的原因，印度社会自然而然产生了越有地位、越有文化的人越吃素；反之，越没有地位、越没有文化的人什么都吃这一现象。加之，宗教色彩特别浓厚的印度素食主义者协会等团体极力倡导素食，这就使吃素的人长期以来居高不下。

酒：受宗教禁忌的影响，酒在印度不怎么流行，宴会上印度人几乎不劝酒，嗜酒成瘾者或酒量很大者极少，从未见过印度人一饮而尽地干杯，也从未见过有人行酒令或醉倒过。

烟：印度抽烟的人极少，公务往来和红白事，从未有人敬烟。印度的烟仅10支装，比中国的烟短。印度人口袋里装一包烟、一个打火机的不多，一些烟民宁愿买一支抽一支。

在印度，一方面，吃的讲究和禁忌很多；另一方面，又不排除人们之间的互相宽容，具体体现在许多家庭在饮食问题上实行“一家两制”，甚至“一家多制”。一些印度人尽管自己吃素，但在宴请朋友时，会主动准备好一些荤菜。

（4）服饰特色　纱丽是印度最具特色的国服。据传，纱丽有五千多年的历史，在印度古代雕刻和壁画中就常见身披纱丽的妇女形象。最早的纱丽只是在举行宗教仪式时穿，后来逐渐演变为妇女的普通装束。

纱丽的式样繁多，不拘一格。每逢喜庆的日子，印度妇女都会穿起自己喜爱的纱丽，点上传统吉祥痣、涂上迈何迪，逛街串门、访亲问友。纱丽因穿者的贫富也有不同，穷人穿的纱丽大都是棉布或粗麻所做，贵妇人则穿的是丝绸或薄纱制的纱丽，上缀以金丝银线织成的图案装饰，形成鲜明的对比。

除了纱丽之外，印度妇人还有一种衣服也比较普遍，上衣比较宽松，长至膝部，叫“古尔蒂”；下身则是紧身的裤子，名叫“瑟尔瓦”，再加一条纱巾往脖子上一围，长长地向后飘去。

印度男子最为普通的服装是“托蒂”，就像我们在电影中看到甘地穿的那种衣服。“托蒂”其实也是一块三四米长的白色布料，缠在腰间，下长至膝，有的下长达脚部。随着社会发展，男子的衣服也有改进，除“托蒂”外，上身加了一件肥肥大大的衬衣，名为“古尔达”。天冷时，再加一件披肩。在一些特别重要的场合，经常会看到个别上穿“古尔达”，下围“托蒂”，足踏拖鞋的老人。不知内情的外国人往往以为这些人无足轻重，实际上这种打扮才是最有身份的标志。不过，在城市里，男子服装已经趋于西化，西装差不多是最为普遍的男子服装，即使不穿正规的西服，也是西式的衬衣和长裤。印度男子，特别是有身份的政府官员在正规场合，常穿一种很像“中山装”的上衣，也是紧紧的衣领，胸部有一个兜，再别一支钢笔，看上去也是精神满满的。

五、旅游资源

印度的旅游项目大致分为三大部分：一是古堡陵园，著名的有红堡、胡马雍陵、泰姬陵，代表了印度建筑艺术的最高水准；甘地陵是印度国父“圣雄”甘地的陵墓。二是印度古老的佛教圣地圣迹。印度是佛教的发源地，印度最著名的城市是加尔各答和孟买，二者都是独具风情的热带海滨城市，是多佛教遗迹。鹿野苑是释迦牟尼初传法轮之地；而居师那迦是佛陀圆寂的地方。其他著名的还有王舍城、那兰陀寺等。三是参观印度的石窟神庙，那里有许多色彩斑斓、多姿多彩的佛教塑像、雕刻和绘画，印度石窟神庙是研究印度古代文化艺术的绝佳之地。

1. 最佳旅游时间

1～9月最佳，此时非雨季，适合旅游。冬季最适宜游印度东南部，夏季最适合去高原地区避暑。印度的气候变化非常大，而且每隔一个区气候都不大一样，所以很难选择一个合适的时间前往印度。但一般来说10～次年3月会是这个国家最舒适宜人的时间，南部则是1～9月会比较舒适，印度东北部和锡金地区3～8月的天气会比较好。

2. 美食小吃

印度老百姓在美食文化上南北差异较大，北方烹饪中有许多肉、谷物和面包，喜辣味；南方多素食、米饭、辛辣咖喱。印度人家庭基本食品是米饭、家常饼、小扁豆，普通佐料是干青酸辣泡菜和香菜叶。比较知名的小吃有：印度飞饼、奶茶、拉西、咖喱羊肉、印度饼子、波亚尼炖饭、菠菜芝士、炸三角等。

3. 旅游城市及景点

（1）新德里　位于印度北部，是全国的政治、经济和文化中心。城市以姆拉斯广场为中心，城市街道成辐射状、蛛网式地伸向四面八方。市中心耸立着宏伟的建筑群，如国会大厦、总统府、印度门等。

总统府—莫卧儿花园：新德里的中心是建立在山丘之上的总统府。总统府建于1929年，原名维多利亚宫，印度独立后，改为总统府。总统府是一座气势雄伟的宫殿式建筑，坐西向东，采用红砂石建造而成，半球圆顶明显反映出莫卧儿王朝的遗风。总统府内有一处十分有名的花园，是仿照莫卧儿王朝时代的花园格调而建，故名“莫卧儿花园”。花园分为形态各异的方园、长园和圆园，种有成千上万种名花异草，每年花园开放期间，来此观赏的人络绎不绝。走出总统府正门，映入眼帘的是一条宽阔而笔直的“国家大道”，直通印度门。印度门看起来很像巴黎的凯旋门，高48.7米，拱门高42米、宽21.3米，巍峨雄伟。它是为了纪念一战中英国和印度的7万名阵亡战士而建。国家大道两侧是大片大片的草地，其间还有几个面积不小的水池。每年1月26日，这里都要举行声势浩大的国庆游行，来此观礼的印度人多达数十万之众。在节假日，这里常常可以看到一家一户的老老少少在野餐或是游玩。

德里皇宫——红堡：德里皇宫因其围墙是用红色砂岩建成，故被称为红堡。凡到过德里的人，都要去游览这座闻名遐迩的宫堡。整个建筑呈八角形，有5个城门（两座大门、三座小门），临河一面的城墙高达30米，雄伟壮观，气势磅礴。城内的内殿都是用大理石与红砂石砌成。

当年的红堡真可谓是富丽堂皇，地上铺有做工精细的地毯，壁上镶着绚彩夺目的各种宝石，挂着的帷幔是色彩艳丽的绫罗绸缎，天花板由白银制成并且嵌着各种金雕图案。最为珍贵的是枢密宫中的孔雀御座。据说，这一御座是用10万克拉的黄金制成，上部镶有钻石、翡翠、青玉等宝石，下部镶有黄玉，背部是一棵珐琅镶成的大树，树上有一只美丽的宝石孔雀。如此价值连城的御座，可惜于1739年被波斯国王掠走，后被熔毁。

今日的红堡（如图2-53）尽管失去了昔日的华丽，但拉合尔门的雄伟气势还在，巍巍的红色城墙，还有部分基本结构完好的宫殿似乎还可以窥探出昔日的辉煌气派。从1965年开始，红堡内每星期都有几天晚上举行声光表演。这种表演是利用现代光学原理和音响效果，再现1639—1947年间印度历史的风风雨雨。

图2-53　德里皇宫

顾特卜塔： 顾特卜塔位于新德里15千米的梅特乌里村，是一处高约73米的胜利塔。1193年顾特卜塔因皇帝在战胜新德里的最后一个王国后，立即建造了此塔，13世纪工程完工。它标志着伊斯兰教在该市占统治地位。塔内的楼梯极陡峭，1979年一个旅游团因在塔内惊跑而造成数人伤亡，此塔内部也随之对外关闭。关于顾特卜塔的历史，有各种各样的说法，一说是由新德里苏丹国的皇帝顾特卜德丁・艾巴克所建；一说是由新德里统治者所建。但一般认为，该塔不是一朝一代的功劳，也非一次建成，而是经过多次续建而成。

图2-54　新德里印度门

新德里印度门： 印度门是印度新德里一个突出的地标，位于新德里的心脏，许多重要的道路从这里向外放射出去。印度门（如图2-54）建于1921年，高42米。它是由红色砂岩和花岗岩建成。印度门由埃德温·鲁琴斯设计，最初称为全印战争纪念馆，纪念在第一次世界大战和第三次英阿战争中为英属印度而丧生的90000名不列颠印度军队士兵。

迦玛寺： 建于1658年，是印度最大的清真寺，能同时容纳20000多人礼拜祈祷。清真寺前的广场上，还建有一座大水池，供前来祈祷的穆斯林净手净脚。清真寺顶部为三座洋葱头形状的圆顶，外观很壮观。

莲花庙： 莲花庙（如图2-55）位于新德里的东南部，是一座风格别致的建筑，它既不同于印度教庙，也不同于伊斯兰教清真寺，甚至

图2-55　莲花庙

同印度其他比较大的教派的教庙也无一点相像。莲花庙的外貌酷似一朵盛开的莲花，故称“莲花庙”。它高34.27米，底座直径74米，由三层花瓣组成，全部采用白色大理石建造。底座边上有9个连环的清水池，烘托着这巨大的“莲花”。

莲花庙的内部设置十分简单，只是一个高大空阔的圣殿既无神像，也无雕刻、壁画等装饰性物件。唯有的是光滑的地板上安放着一排排白色大理石长椅。白色是该庙最主要的色调。进庙的教徒以及参观的人也不需进行什么特殊的仪式，只要脱鞋进殿，走到大理石椅上就座，然后沉思默祷就行。值得一提的是，莲花庙里居然有中文介绍材料，这在印度还是极为少见的现象。中文的材料上给这座圣殿起了个很好听的名字——灵曦堂。单从这一名字就可看出，命名者绝不是个凡夫俗子。

（2）阿格拉泰姬陵　泰姬陵（如图2–56）坐落在印度阿格拉附近的亚穆纳河畔。它是世界最优雅、最富浪漫风格的陵墓之一。公元17世纪时，莫卧儿王国皇帝沙贾汗的宠后蒙泰吉·马哈尔于1629年去世。沙贾汗悲痛欲绝，决定建造一座陵墓来纪念她。陵墓于1632年开工，每天动用2万名工匠，到1643年才完成。而周围的附属建筑、清真寺以及围墙直到1650年才得以竣工。中央寝宫内有蒙泰吉·马哈尔和沙贾汗的墓碑，用镶着精美宝石的大理石制成。刻有美丽花纹的屏风护卫着墓碑。这对皇家夫妇的遗体葬在花园平地的墓穴内。

泰姬陵用闪光的白色大理石建造而成，主建筑及4座祈祷塔建在10米高的平台上。陵墓的每一面都有33米高的拱门。穆斯林经典——《古兰经》的经文镶嵌在门廊的框上。陵墓的中央覆盖着一个大的穹顶。

（3）孟买印度门　孟买印度门（如图2–57）是孟买的一座标志性建筑，位于印度城市孟买的阿波罗码头，面对孟买湾，是一座融合印度和波斯文化建筑特色的拱门，高26米，建于1911年，为纪念来访的英王乔治五世和玛丽皇后而建，让陛下从门下通过，以示孟买是印度的门户。此拱门现已成为孟买的象征，其形式与法国的凯旋门极为相似。印度门为吉特拉式建筑，现在也成为市政府迎接各国宾客的重要场地。

（4）阿姆利则大金庙　位于印度边境城市阿姆利则，也是锡克教的圣地，阿姆利则意为“花蜜池塘”。当年只是印度教改革派分支的锡克教，经过几代教徒的不懈努力，最终于16世纪发展成完全独立的宗教，为此，当年锡克教第4代祖师罗姆·达斯曾修建了一座水池，名为“花蜜池塘”，阿姆利则由此得名。

图2–56　泰姬陵

图2–57　孟买印度门

在锡克教的活动中心阿姆利则市，可以看到锡克教的最大寺庙——大金庙（因这座寺庙的顶和门户镏金而得此名，如图2-58）。阿姆利则市是印度西北旁遮普邦的边境城市，同巴基斯坦接壤。大金庙是15世纪由锡克教第五代宗师阿尔琼创建，后遭洗劫毁废，几经重建修复。1830年重修时，用了100公斤黄金。锡克教信奉神，但不为神画像，也不为神塑身；锡克教不设专职神职人员，凡成年人，不分男女都可以主持礼拜。锡克教的寺庙一般有四个门，分别朝东西南北四个方向，意味着锡克教的大门向来自任何方向的兄弟姐妹敞开。无论白天黑夜，任何时间都可以去大金庙参观，而且从不收费。

图2-58 大金庙

（5）鹿野苑　四大佛迹之一，位于瓦拉那西东北方向10千米左右。当年，释迦牟尼在菩提伽耶悟道成佛后，西行200千米，来到鹿野苑（如图2-59），随后就在这里对父亲净饭王派来照顾他的5个随从讲解佛法，向他们阐述人生轮回、苦海无边、善恶因果、修行超脱之道。5人顿悟后，立即披上了袈裟，成为世界上最早的佛教僧侣。至此，佛教最终具备了佛、法、僧三宝，成为真正意义上的宗教，并开始在印度兴起，最终成为这个宗教王国中的一派。释迦牟尼从此开始，住世说法四十五年，讲经三百余回，化度弟子数千人。这里也被尊为佛祖“初转法轮”之地。

图2-59 鹿野苑

传说释迦牟尼圆寂后变成鹿来到这里。在公元前3 世纪阿育王发现了这个圣地之后，布施了大量的财富给这里，也建造了大量精美的建筑。

（6）加尔各答　是英国统治时代的印度首都所在地，人口众多，保存着大量的殖民地时代的建筑；现在是印度西孟加拉邦首府。它位于印度东部恒河三角洲地区，胡格利河（恒河一条支流）的东岸。属印度第三大都会区（仅次于孟买和德里）和印度第三大城市。

恒河：在印度，大多数印度教信徒终生怀有4大乐趣：敬仰湿婆神（印度3大神之一）、到恒河洗圣水澡（如图2-60）并饮用恒河圣水、结交圣人朋友和居住在瓦拉纳西圣城。印度人视恒河为圣河，将恒河看作是女神的化

图2-60 恒河圣浴

身，虔诚地敬仰恒河。因此恒河的西岸约有20 多处呈阶梯状排列的沐浴场，游客可以乘船观赏这一盛景。

【课后习题】

1. 请从人口发展控制、宗教信仰、国民教育水平、科技、饮食文化、民俗风情、旅游资源等方面来分析中印两国差别。

2. 根据所阅读的印度国风俗文化，分组设计一个全程接待印度商务人员的方案，并评析其可行性。

3. 撰写开拓印度客源市场的计划书，分组投标，竞选。

项目三 欧洲客源国家

知识目标

1. 掌握欧洲主要客源国的基本概况
2. 能正确分析各国主要客源人群的旅游需求
3. 要求掌握欧洲主要客源国的旅游资源

能力目标

1. 会分析海外客源来华旅游动机
2. 能针对潜在客源市场设计出开拓计划书
3. 能够根据客源国礼仪向客人提供合理的优质服务

重点内容

重点分析欧洲主要客源国的民俗风情和旅游资源基本特征

难点内容

欧洲各主要客源国旅游行为的形成原因、来华旅游的制约因素和发展前景，以及中外关系等

授课过程和教学手段

1. **过程：**课前阅读（学生）→项目讲解（老师）→任务分化（老师）→提出问题（老师）→现场做答（学生）→分组互评（学生）→陈述总结（老师）
2. **手段：**项目分解—任务驱动法、课堂讨论法、资料分析法

英国

一、国家概况

1. 位置、领土

大不列颠及北爱尔兰联合王国，简称联合王国或不列颠，通称英国，是由大不列颠岛上的英格兰、苏格兰和威尔士，以及爱尔兰岛东北部的北爱尔兰以及一系列附属岛屿共同组成的一个西欧岛国，是一个高度发达的资本主义国家。英国本土位于欧洲大陆西北面的不列颠群岛，被北海、英吉利海峡、凯尔特海、爱尔兰海和大西洋包围。除了英国本土之外，还包括十四个海外领地。

2. 地形、气候

属温带海洋性气候。英国受盛行西风控制，全年温和湿润，四季寒暑变化不大，属于温带落叶阔叶林带。通常最高气温不超过32℃，最低气温不低于-10℃，平均气温1月4～7℃，7月13～17℃。年平均降水量约1000毫米。北部和西部山区的年降水量超过2000毫米，中部和东部则少于800毫米。每年2～3月最为干燥，10～次年1月最为湿润。英国西北部多低山高原，东南部为平原，泰晤士河是国内最大的河流。英国终年受西风和海洋的影响，全年气候温和湿润，适合植物生长。英国虽然气候温和，但天气多变。

3. 资源

英国主要的矿产资源有煤、铁、石油和天然气。硬煤总储量1700亿吨，铁的蕴藏量约为

38亿吨，西南部康沃尔半岛有锡矿，在柴郡和达腊姆蕴藏着大量石盐，斯塔福德郡有优质粘土，康沃尔半岛出产白粘土，奔宁山脉东坡可开采白云石，兰开夏西南部施尔德利丘陵附近蕴藏着石英矿，在英国北海大陆架石油蕴藏量约10～40亿吨，天然气蕴藏量8600～25850亿立方米左右。

4. 人口

英国人口大约有6349万（2014年），三分之一居住在英格兰东南部。其中英格兰人占83.6%；苏格兰人占8.6%；其他还有威尔士人占4.9%、北爱尔兰人占2.9%等。英国医疗采用免费医疗制度，医师几乎全是公务员，看病动手术皆不需缴任何医药费，较偏远地区医师会亲自到病患家里看病。居民多信奉基督教新教，主要分英格兰教会和苏格兰教会。另有天主教会和佛教、印度教、犹太教及伊斯兰教等较大的宗教社团。

5. 简史

公元1—5世纪大不列颠岛东南部为罗马帝国统治。7世纪开始形成封建制度，许多小国并成七个王国，争雄达200年之久，史称“盎格鲁-撒克逊时代”。1338—1453年，英法展开“百年战争”，英国先胜后败。1640年英国在全球第一个爆发资产阶级革命，成为资产阶级革命的先驱。1649年5月19日宣布成立共和国。1660年王朝复辟，1668年发生“光荣革命”，确定了君主立宪制。19世纪是大英帝国的全盛时期，1914年占有的殖民地比本土大111倍，是第一殖民大国，自称“日不落帝国”。

二、政治经济

1. 政治

全称：大不列颠及北爱尔兰联合王国。

体制：议会制君主立宪制。

政党：政党体制从18世纪起即成为英宪政中的重要内容。现英国主要政党有工党、保守党和自由民主党。

行政区划：分英格兰、威尔士、苏格兰和北爱尔兰四部分。英格兰划分为43个郡，威尔士下设22个区，苏格兰下设29个区和3个特别管辖区，北爱尔兰下设26个区。

首都：伦敦。英国第一大城市及第一大港，欧洲最大的都会区之一兼世界三大金融中心之一。

国旗：呈横长方形，长与宽之比为2∶1。为“米”字旗，由深蓝底色和红、白色“米”字组成。旗中带白边的红色正十字代表英格兰守护神圣乔治，白色交叉十字代表苏格兰守护神圣安德鲁，红色交叉十字代表爱尔兰守护神圣帕特里克。此旗产生于1801年，是由原英格兰的白地红色正十旗、苏格兰的蓝地白色交叉十字旗和爱尔兰的白地红色交叉十字旗重叠而成（见图3-1）。

国徽：英国国徽即英王徽。中心图案为一枚盾徽，盾面上左上角和右下角为红地上三只金

图3-1 英国国旗

图3-2 英国国徽

狮，象征英格兰；右上角为金地上半站立的红狮，象征苏格兰；左下角为蓝地上金黄色竖琴，象征北爱尔兰。盾徽两侧各有一只头戴王冠、代表英格兰的狮子和一只代表苏格兰的独角兽支扶着。盾徽周围用法文写着一句格言，意为“恶有恶报”；下端悬挂着嘉德勋章，饰带上写着“天有上帝，我有权利”。盾徽上端为镶有珠宝的金银色头盔、帝国王冠和头戴王冠的狮子（见图3–2）。

国歌：《天佑女王》，一般只唱第一段。如在位的是男性君主，国歌改为《天佑国王》。是英联邦国家的国歌和皇室颂歌。

国花：玫瑰花。

国鸟：红胸鸽。

国石：钻石。

2. 经济

英国是欧盟成员国中能源资源最丰富的国家，主要有煤、石油、天然气、核能和水力等，但主要工业原料依靠进口。英国是世界第六大经济体，欧盟第三大经济体。

工业：英国主要工业有采矿、冶金、化工、机械、电子、电子仪器、汽车、航空、食品、饮料、烟草、轻纺、造纸、印刷、出版、建筑等。生物制药、航空和国防是英国工业研发的重点，也是英国最具创新力和竞争力的行业。英国制造业中纺织业最不景气，但电子和光学设备、人造纤维和化工产品，特别是制药行业仍保持雄厚实力。

农牧渔业：英农牧渔业主要包括畜牧、粮食、园艺、渔业，可满足国内食品需求总量的近2/3。农用土地占国土面积的77%，其中多数为草场和牧场，仅1/4用于耕种。农业人口人均拥有70公顷土地，是欧盟平均水平的4倍。英国是欧盟国家中最大捕鱼国之一，捕鱼量占欧盟的20%，满足国内2/3的需求量。

服务业：服务业包括金融保险、零售、旅游和商业服务等，是英国的支柱产业。伦敦是世界著名金融中心，拥有现代化金融服务体系，从事跨国银行借贷、国际债券发行、基金投资等业务，同时也是世界最大外汇交易市场、最大保险市场、最大黄金现货交易市场、最大衍生品交易市场、重要船贷市场和非贵重金属交易中心，并拥有数量最多的外国银行分支机构或办事处。伦敦金融城从业者达32.4万人。

旅游业：英国旅游收入占世界第五位，仅次于美国、西班牙、法国和意大利，旅游业是英国最重要的经济部门之一，产值占国内生产总值的5%，从业人员210万。伦敦是外国游客必到之地，且旅馆众多，但旅馆房间多为豪华型，经济型房间较为紧缺；而餐馆在数量和风味上都有很大增加，可满足不同口味的需求。

三、科技教育

1. 教育

英格兰、威尔士和苏格兰实行5～16岁义务教育制度，北爱尔兰地区实行4～16岁义务教育制度。义务教育归地方政府主管，高等教育则由中央政府负责。英国重视教育和科研水平的提高，目前正进行教育改革，允许高校增收学费，同时继续加大教育投资，中小学公立学校学生免交学费，约占学生总数的93%。私立学校师资条件与教学设备都较好，但收费高，学生多为富家子弟，约占学生总数的7%。英国文盲率仅为1%。

约40%中学毕业生能够接受高等教育。全国有110多所大学和高等教育学院。著名的高等院校有牛津大学、剑桥大学、帝国理工学院、伦敦政治经济学院、华威大学、曼彻斯特大学、爱丁堡大学和卡迪夫大学等。

2. 科技

英国是一个总体科研实力相当雄厚的国家，其科学研究与发展一直保持着很高的水准。统计资料表明，英国以占世界1%的人口从事着全球5.5%的科研活动；每年发表的科技文献数量占世界总数的8%，引用率占世界的9.1%，均居美国之后排名世界第二。

英国在如下领域具有明显的科技优势：生物医学技术领域、医药与化工领域、电子科学领域和航空航天领域等。

3. 体育

英国的体育运动开展较好，历史也很悠久，曾于1908年和1948年在伦敦举行过两届奥林匹克运动会。英国各种体育组织很多，1965年英国政府设立了3个独立的体育组织：英格兰体育运动委员会（兼管大不列颠综合性事务）、苏格兰体育运动委员会和威尔士体育运动委员会。1972年成立全国体育委员会，1973年在北爱尔兰也设立了北爱尔兰体育运动委员会。

足球是英国最盛行的体育活动之一，有广泛的群众基础，水平较高。英格兰仅职业足球队就有90多个，素有“足球之乡”的称誉。除足球外，深为人们喜爱的还有拳击、板球、高尔夫球、网球和赛马等项目。登山、探险、摩托车、游泳、划艇、乒乓球、篮球、羽毛球、滑冰等项目开展也较好。游泳、田径、花样滑冰、赛艇等项目，在奥运会上多次获金牌。

四、民俗文化

1. 英国主要节日

英国的节日十分丰富，主要有元旦、情人节、复活节、耶稣受难日、愚人节、五月节、英联邦纪念日、米迦勒节、万圣节和烟火节等。下面主要介绍几个具有代表性的英国传统节日。

情人节——2月14日

情人节源于3世纪殉教的圣徒圣华伦泰逝世纪念日。情人们在这一天互赠礼物，故称“情人节”。

复活节——每年春分月圆后的第一个星期天为复活节

复活节在3月21日左右举行。该节日是庆祝基督（Jesus Christ）的复活，过节时人们多吃复活节彩蛋。

愚人节——4月1日

愚人节出自于庆祝“春分点”的来临，在4月1日受到恶作剧愚弄的人称为“四月愚人”。

万圣节——10月31日

万圣节又称诸圣节，该节日是源自古代凯尔特民族的新年节庆，也是祭祀亡魂的时刻。

圣诞节——12月25日

圣诞节是基督徒庆祝耶稣诞生的日子，是英国最大的节日。圣诞期间人们不仅能经常看到圣诞老人，而且还能吃到圣诞正餐和圣诞布丁，亲手装饰圣诞树，尽情欢度圣诞夜。

2. 风俗习惯

（1）社交礼仪　英国人的礼俗丰富多彩。生性保守与尊重传统是英国人的交际特点。

英国人彼此第一次认识时，一般都以握手为礼，不像东欧人那样常常拥抱。随便拍打客人被认为是非礼的行为，即使在公务完结之后也如此。

英国人若是与陌生人攀谈，会相当保留，而且话题常围绕天气，因为这是最不会触及个人隐私的题材。

英国人崇尚“绅士风度”和“淑女风范”，讲究“女士优先”。在日常生活中，英国人注意仪表，讲究穿着，男士每天都要刮脸，凡外出进行社交活动，都要穿深色的西服，但忌戴条纹的领带；女士则应着西式套裙或连衣裙。英国人的见面礼是握手礼，戴着帽子的男士在与英国人握手时，最好先摘下帽子再向对方示敬。但切勿与英国人交叉握手，因为那样会构成晦气的十字形，也要避免交叉干杯。与英国人交谈时，应注视着对方的头部，并不时与之交换眼神。与人交往时，注重用敬语“请”“谢谢”“对不起”等。奉行“不问他人是非”的信条，也不愿接纳别人进入自己的私人生活领域，把家当成“私人城堡”，不经邀请谁也不能进入对方的家，甚至邻里之间也绝少往来。非工作时间即为“私人时间”，一般不进行公事活动，若在就餐时谈及公事更是犯大忌而使人生厌。日常生活绝对按事先安排的日程进行，时间观念极强。

（2）习俗禁忌　不要随便闯入别人的家。但若受到对方的邀请，则应欣然前往。这无疑可理解为对方在发出商务合作可能顺利实现的信号。但在访问时，最好不要涉及商务，不要忘记给女士带上一束鲜花或巧克力。

在色彩方面，英国人偏爱蓝色、红色与白色。它们是英国国旗的主要色彩，英国人反感的色彩主要是墨绿色。

不要以英国皇室的隐私作为谈资。英国女王被视为其国家的象征。

英国人平时十分宠爱动物，其中猫和狗都极为喜欢。只是对于黑色的猫，他们是十分厌恶的。

英国人在图案方面忌讳甚多。人像以及大象、孔雀、猫头鹰等图案，都会令他们大为反感。在握手、干杯或摆放餐具时，无意之中出现了类似十字架的图案，他们也认为是十分晦气的。

英国人忌讳的数字主要是“13”与“星期五”。当二者恰巧碰在一起时，不少英国人都会产生大难临头之感。对“666”，他们也十分忌讳。

在排列位次时英国人则认定“右高”。在英国，“左撇子”被视为“笨人”，而走路时，人们则讲究先伸出右脚。

在人际交往中，英国人不欢迎贵重的礼物。涉及私生活的服饰、肥皂、香水，带有公司标志与广告的物品，都不宜送给英国人。鲜花、威士忌、巧克力、工艺品以及音乐会票，则是送给英国人的适当之选。给英国女士送鲜花时，宜送单数，不要送双数和13枝，不要送英国人认为象征死亡的菊花和百合花。

在英国，动手拍打别人，跷起“二郎腿”，右手拇指与食指构成“V”形时手背向外，都是失礼的动作。英国人用食指将下眼皮往下微微一扒时，表示自己所作的事被人识破了。当他们用手敲鼻子时，表示的是秘密；而耸动肩部，则表示疑问，或者不感兴趣。

忌随便将任何英国人都称英国人，一般将英国人称“不列颠人”或具体称为“英格兰人”“格兰人”等。在英国，根据法律规定，同性恋结婚是合法的。

（3）餐饮礼仪　英国的宴请方式多种多样，主要有茶会和宴会，茶会包括正式和非正式茶会。英国人在席间不布菜也不劝酒，全凭客人的兴趣取用。一般要将取用的菜吃光才礼貌，不喝酒的人在侍者斟酒时，将手往杯口一放就行。客人之间告别可相互握手，也可点头示意。

英国人对早餐非常讲究，英国餐馆中所供应的餐点种类繁多，有果汁、水果、蛋类、肉类、麦粥类、面包、果酱及咖啡等。时下所流行的下午茶也来自于英国。

苏格兰威士忌或琴酒都是一些众所周知的酒。在英国当地，会有许多爱好喝酒的人士，主要是因为它本身也是个产酒国家，英国人在饮酒上的花费比起其它的支出还要多。

五、旅游资源

1. 最佳旅游时间

一年中最美的时间是5月和6月，万紫千红的各种花草一齐绽放。春夏季（4~9月）天气晴朗少雨，5月和6月之后，较为理想的日子是7月和8月。毕竟，一年中以这两个月天气最好，白昼长，晴天也多，十分适合旅行。

英国属海洋性温带阔叶林气候，总体比较温和，冬暖夏凉，雨水较充足，季节温度变化不显著，但天气变幻无常，经常阴云多雨。每年3~8月比较干燥，9~次年2月多雨，通常最高气温不超过32℃，最低不低于-10℃。

2. 美食小吃

英国菜（见图3-3）可以用一个词来形容：“Simple”。其制作方式只有两种：放入烤箱烤或者放锅里煮。做菜时什么调味品都不放，吃的时候再依个人爱好放些盐、胡椒或芥末、辣椒油之类。

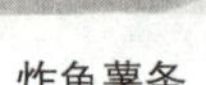
炸鱼薯条

布丁香肠

奶酪

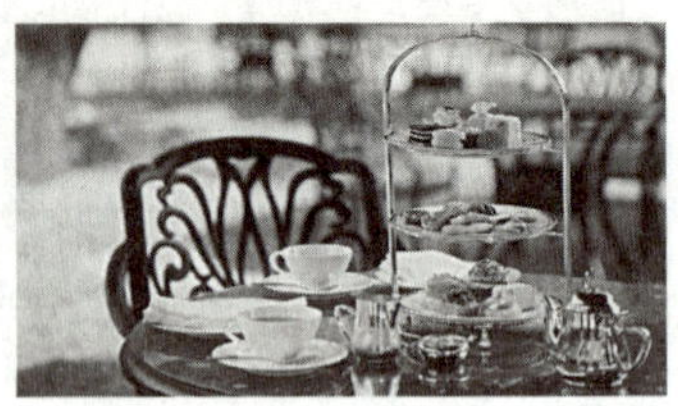
英式下午茶

图3-3　英国美食

炸鱼薯条：炸鱼薯条是英国的国吃，每年都要评出当年最棒的店。英式炸鱼像日餐里的天妇罗，很讲究鱼上挂的那层面糊，各家店都有自己的配方，做得好的那层面糊出锅后又酥又脆。虽然英国上流社会的体面吃法是只吃鱼不吃面糊，但对外国人来说，这层面糊恰恰是精髓所在。薯条，很面，有芋头的口感。

布丁香肠：布丁香肠是一道传统英国食物。主要材料有香肠和做约克郡布丁用的面糊，通常和蔬菜、肉汁一起食用。这个名字的来源，流传最广的说法是这道菜像是一只蟾蜍从洞中探出头，于是才有这个名字。

奶酪：对于爱吃奶酪的人来说，来伦敦最不能错过的就是这里各式各样的奶酪。英国不是美食的家乡，却盛产奶酪。据说，在整个英国，光奶酪就有700种左右。在伦敦的街头，有很多卖奶酪的小店，橱窗里琳琅满目。

英式下午茶：提起英式下午茶，绝对是高贵和轻松自在的代名词。曼妙的红茶配上美味的甜点，下午茶的文化从维多利亚时期一直延续到现在。到伦敦来不能不尝试这贵族般的礼遇，享受这高雅和精致的慢生活。

3. 旅游城市及景点

（1）伦敦　伦敦是英国的首都、欧洲第一大城以及第一大港，也是欧洲最大的都会区之一兼世界四大世界级城市之一，全球领先的城市。1801年起，伦敦因其在政治、经济、人文、娱乐、科技发明等领域上的卓越成就，成为全世界最大的都市。伦敦是英国政治中心，也是国际组织总部所在地。伦敦是一个多元化的大都市，居民来自世界各地，拥有多元化种族、宗教和文化，城市中使用的语言超过300种。

白金汉宫：英国的王宫（见图3-4）。建造在威斯敏斯特城内，是一座四层楼的正方形围院建筑，宫内有典礼厅、音乐厅、宴会厅、画廊等六百余个房间。在宫前广场有胜利女神像站在高高的大理石台上，金光闪闪。正面的大门富丽堂皇，外栅栏的金色装饰威严庄重，厚重铁门的浮雕营造出与宫殿十分和谐的氛围。围墙里面，可以看到那些著名的近卫军士兵纹丝不动地伫立着。周围占地广阔的御花园，为典型的英式风格园林。白金汉宫建于1703年，最早称白金汉屋，意思是“他人的家”。1762年，王室将其买下，又不断加以改装、增建，最终形成了这座色调不尽一致，式样五花八门的“补丁宫殿”。当女王住在宫中时，王室旗帜会在宫殿中央高高飘扬。

大英博物馆：又名不列颠博物馆（见图3-5），位于英国伦敦新牛津大街北面的大罗素广场，建于1753年，1759年1月15日起正式对公众开放，是世界上历史最悠久、规模最宏伟的综

图3-4　白金汉宫

图3-5　大英博物馆

合性博物馆，也是世界上规模最大、最著名的博物馆之一。博物馆收藏了世界各地的许多文物和图书珍品，藏品之丰富、种类之繁多，为全世界博物馆所罕见。目前博物馆拥有藏品600多万件。由于空间的限制，目前还有大批藏品未能公开展出。

图3-6　大本钟

大本钟：英国伦敦著名古钟，即威斯敏斯特宫报时钟，坐落在英国伦敦泰晤士河畔的一座钟楼，是伦敦的标志性建筑之一（见图3-6）。英国国

图3-7 伦敦眼

会会议厅附属的钟楼，现改名为“伊丽莎白塔”。伊丽莎白塔于1858年4月10日建成，钟楼高95米，钟直径2.74米，重13.5吨。每15分钟响一次，大本钟是英国最大的钟。大本钟用人工发条，国会开会期间，钟面会发出光芒，每隔一小时报时一次。

在英国，伊丽莎白塔是人们庆祝新年的重要场所，收音机和电视都会播出它的钟声来迎接新一年的开始。同样地，在阵亡将士纪念日，伊丽莎白塔钟声的传出表示第11个月的第11天的第11个小时及2分钟的默哀开始。

每年的夏季与冬天时间转换时会把钟停止，进行零件的修补、交换，钟的调音等。塔楼四面装有四个镀金的大钟，塔楼的名称来自安置在里面的巨钟——大本钟。“大本钟”从塔底到塔顶共有393级台阶。

伦敦眼：全称英国航空伦敦眼（见图3-7），又称“千禧之轮”，是世界上首座也曾经是世界最大的观景摩天轮。“伦敦眼”是伦敦最吸引游人的观光点，耸立于泰晤士河南畔的贝兰斯区，面向威斯敏斯特宫与大本钟。伦敦眼是现在世界第三大摩天轮（仅次于坐落在中国南昌高160米的“南昌之星”摩天轮和2008年4月15日开放的新加坡高165米的飞行者），是伦敦的地标。

（2）北爱尔兰　是英国的一个地区，位于爱尔兰岛东北部，有“绿色王国”之称。这里自然风光优美，空气清新，广阔的绿色草原和数不清的青山绿水勾勒出北爱尔兰独有的以“绿色”为主线的自然景观。沿着北爱尔兰的海岸线往北，繁忙的海港和有着数百年历史的古堡交相辉映，现代的生机和历史的底蕴在这里和谐并存（见图3-8）。

节事活动主要有波特拉什木筏竞赛、西北200摩托车赛、国际玫瑰品评节、心跳夏季狂欢节、阿马幽默诗人节、人民艺术节等。

（3）利物浦　位于英格兰西北部的西海岸，扼守着默西河通往大西洋的出海口（见图3-9）。它曾经是英国最重要的远洋运输巷口，最富足时是英帝国时代仅次于伦敦的大都市。著名的披头士、Tate美术馆和航海博物馆的故乡，内陆有迷人的Croxtch国家公园和Speke厅，室内建筑独具风格，有著名的大教堂、市政厅、圣乔治大厅、大剧院和Philharmonic音乐厅。

（4）曼彻斯特　因其体育运动的名气，特别是拥有著名的足球俱乐部而闻名天下，一提起曼彻斯特，人们就自然而然地想到了足球。曼彻斯特城市位列全英国三大城市，国际化程度虽然不如伦敦，但是高于英国其他地区。曼彻斯特人比较豪爽，如果你来自北方，曼彻斯特绝对适合你。治安状况不是很让人满意，曼彻斯特典型的西北口音比较难懂。

主要的景点有：艾伯特广场、阿戴尔中心、凯瑟菲尔德、温德梅尔湖区、雅邦塔楼、中国城、曼彻斯特大学等。

（5）爱丁堡　爱丁堡是英国苏格兰首府，也是续格拉斯哥后苏格兰的第二大城市，位于苏格兰东海岸福斯湾南岸，是苏格兰首府和经济、文化中心，1995年被联合国教科文组织列为世界文化遗产。爱丁堡是文化古城，18世纪时为欧洲文化、艺术、哲学和科学中心。1583年建立了爱丁堡大学，还有古城堡、大教堂、宫殿、艺术陈列馆等名胜古迹。

图3-8　北爱尔兰风光

爱丁堡城堡： 巍然屹立于城市中心的一座死火山顶上，几乎从爱丁堡的每一个角落都能看到它。城堡下三面悬崖，只有一面斜坡可以出入，可以说是一处天然的要塞。

图3-9　利物浦

爱丁堡城堡（见图3-10）是英国最古老的城堡之一。早在6世纪，这里就建起一座军事要塞，并且作为苏格兰王室城堡，成为苏格兰的行政中心。曾有一首苏格兰古诗描述国王和骑士们在爱丁堡的大厅中欢聚畅饮的情景，据说这就是亚瑟王和他的圆桌骑士们故事的来源之一。后来历代国王开始在城堡中修建供居住的宫殿，现存最古老的建筑是11世纪修建的小教堂。可以说，爱丁堡城堡就是苏格兰民族历史的核心。

皇家英里大道： 爱丁堡老城的中心大道，这条大街始于爱丁堡城堡，终于圣十字架宫，两旁小巷交错，构成了旧城的骨架。圆石铺成的地面早被磨得发亮，大道边的建筑古朴雄壮，充满历史气息。每天下午都有身着苏格兰裙的街头艺人吹奏风

图3-10　爱丁堡城堡

图3-11 皇家英里大道

图3-12 卡尔顿山

笛，更时时提醒着游客身在苏格兰古老的中心。

皇家英里大道（见图3-11）分为四段。城堡前的一小段坡路称为城堡山，苏格兰威士忌文化遗产中心就在这里。接下来的一小段称为劳恩市场。过了乔治四世桥街的交叉路口开始称为高街，圣贾尔斯教堂就在高街边。像英国的大多数城市一样，高街是爱丁堡的市中心，是商业最繁华的地带。最后，经过圣玛丽街路口后的一段叫做修士门，行人逐渐稀少，周围多是中世纪的建筑，路的尽头就是圣十字架宫了。

卡尔顿山：沿着王子街向东走到尽头，就来到郁郁葱葱的卡尔顿山。站在山顶西望，爱丁堡城堡巍然矗立，守护着宁静的小城，景色非常美丽。而向东眺望，则可以看到蔚蓝的大西洋和福思湾上的点点白帆。风和日丽的时候，总能看到当地人成群结队地来到卡尔顿山，在草坪上野餐、晒太阳。

卡尔顿山（见图3-12）上有两座纪念碑，一座是国家纪念碑，建于1822年，纪念拿破仑战争中阵亡的将士。但纪念碑并未完成，仅有一排巨大的立柱支撑着横梁。据说是因为预算透支而中断了工程；另一座是纳尔逊纪念碑，是为了纪念海军上将纳尔逊而建。每天下午1点爱丁堡城堡鸣炮时，纳尔逊纪念碑塔尖的小圆球就会降下。卡尔顿山上还有一座醒目的圆顶建筑，是爱丁堡市天文台。

【课后习题】

1. 英国曾经的辉煌造就了现代英国人什么样的特点？
2. 英国主要的节事活动有哪些？并详述他们发展的背景和现状。

法国

一、国家概况

1. 位置、领土和地形

法国（全称法兰西共和国）位于欧洲西部，面积为63.3万平方千米。与比利时、卢森堡、瑞士、德国、意大利、西班牙、安道尔、摩纳哥接壤，其本土呈六边形，三边临水，三面接陆。南临地中海，西濒大西洋，西北隔英吉利海峡与英国相望。

地势东南高西北低。平原占总面积的三分之二。主要山脉有阿尔卑斯山脉、比利牛斯山脉、汝拉山脉等。法意边境的勃朗峰海拔4810米，为欧洲最高峰。河流主要有卢瓦尔河、罗讷河、塞纳河。地中海上的科西嘉岛是法国最大的岛屿。

2. 气候

法国地处亚欧大陆西岸，大部分地区是海洋性温带阔叶林气候，特点是冬无大凉、夏无酷暑、雨量适中。南部属亚热带地中海式气候，夏季炎热干燥，冬季温和，秋季和春季多暴雨，该地区被誉为“蓝色海岸”，是冬季旅游的胜地。中部和东部属大陆性气候。平均降水量从西北往东南由600毫米递增至1000毫米以上。

3. 资源

法国铁矿蕴藏量约为10亿吨，但品位低、开采成本高，所需的铁矿石大部分依赖进口。铝土矿储量约为9000万吨。有色金属、石油、天然气储量均很少，大部分依靠进口。水力资源约为1000万千瓦，能源主要依靠核能。森林面积约1530万公顷，占欧盟森林总面积的21.1%，人均拥有绿化面积0.3公顷，森林覆盖率为28.2%。

4. 人口和居民

人口数量为6460万（2014年），是欧洲第二人口大国。移民人口达到490万，占全国总人口的8.1%。通用法语。居民中64%的人信奉天主教，27%自称无宗教信仰。

5. 简史

法兰西共和国国名源于古代当地部落的名称。公元前5世纪，当地居住的是凯尔特人，他们自称为“高卢人”。故后人也将此地区称为“高卢”。公元3世纪，莱茵河下游的日耳曼族法兰克人最早只侵占如今的巴黎一带。即称之“法兰西岛”。后经几个世纪的战争和施展外交手腕，法兰克王朝逐步占领了与如今的法国差不多的地域。这样，他们就用自己的部落名称命名了国家。法国是在法兰克王国于843年瓦解后建立的。14世纪末开始形成民族国家。又几经变化，直至1958年5月戴高乐当政才形成如今的共和国，即称第五共和国。

二、政治经济

1. 政治

政体：法国是典型的半总统制半议会制的民主共和制的国家，国家政权带有鲜明的阶级性。

政区：分为大区、省和市镇。省下设专区和县，但不是行政区域。县是司法和选举单位。法本土共划为22个大区、96个省、4个海外省、4个海外领地、1个具有特殊地位的地方行政区。全国共有36679个市镇。

首都：巴黎，位于北部盆地中央，美丽的塞纳河穿城而过，是法国的政治、经济和文化中心，是世界著名的金融中心。巴黎的香水和时钟享誉全世界。

国旗：呈长方形，长与宽之比为3∶2。旗面由三个平行且相等的竖长方形构成，从左至右分别为蓝、白、红三色。法国国旗的来历有多种，其中最具代表性的是：1789年法国资产阶级革命时期，巴黎国民自卫队就以蓝、白、红三色旗为队旗。白色居中，代表国王，象征国王的神圣地位；红、蓝两色分列两边，代表巴黎市民；同时这三色又象征法国王室和巴黎资产阶级联盟。三色旗曾是法国大革命的象征，据说三色分别代表自由、平等、博爱（见图3–13）。

国徽：法国没有正式国徽，但传统上采用大革命时期的纹章作为国家的标志。纹章为椭圆形，上绘有大革命时期流行的标志之一——束棒，这是古罗马高级执法官用的权标，是权威的象征。束棒两侧饰有橄榄枝和橡树枝叶，其间缠绕的饰带上用法文写着“自由、平等、博爱”。整个图案由带有古罗马军团勋章的绶带环饰（见图3–14）。

国庆日：7月14日。

国歌：《马赛曲》。

国花：鸢尾花。

国鸟：公鸡。

国石：珍珠。

图3-13 法国国旗

图3-14 法国国徽

2. 经济

工业：法国是最发达的工业国家之一，在核电、航空、航天和铁路方面居世界领先地位。钢铁、汽车、建筑为其工业的三大支柱产业。法国的核能、石油化工、海洋开发、航空和航天等部门近年来也发展较快。核电设备能力、石油和石油加工技术位居世界第二，而航空和航天工业位居世界第三。

农业：法国是欧盟最大的农业生产国，也是世界主要农产品和农业食品出口国。法国中北部盛产各类谷物、蔬菜和油料，地中海沿岸和西南部是包括葡萄在内的水果主产区。法国已基本实现农业机械化，农业生产率很高。农业食品加工业是法国对外贸易的支柱产业之一。服务业在法国的经济和社会生活中占有举足轻重的地位，近年来服务业产值占国内生产总值的75%以上。

旅游业：法国还是世界第一旅游大国，每年接待外国游客多达8200万人次，超过了法国的人口总数。目前，旅游业已成为法国营业额最高、收益最好、创造就业机会最多的行业之一。

国际贸易：法国也是世界贸易大国，其对外贸易有两个特点：一是进口大于出口，造成贸易逆差，进口商品主要有能源和工业原料等，出口商品主要有机械、汽车、化工产品、钢铁、农产品、食品、服装、化妆品和军火等，法国葡萄酒享誉全球，酒类出口占世界出口的一半。法国时装、法国大餐、法国香水都在世界上闻名遐迩；二是非产品化的技术出口增长较快，纯技术出口在整个出口贸易中的地位日益显要。

葡萄酒业：法国是全球最大葡萄酒生产国，也是全球最大葡萄酒消费市场。人均年消费量在53至55升左右。按2007年的葡萄酒产量计算，法国以约47亿升位居世界第一，意大利和西班牙紧随其后。

三、科技教育

1. 教育

1789年法国大革命爆发后不久，面向全民的教育方针被确定下来。教育体制分为三个等级：初等、中等和高等，这种划分一直延用至今。

“全民初等教育免费原则”19世纪末被确定下来，并于1933年扩展至中等教育。公立学校和机构提供免费教育。学校课本以及供集体使用的教学材料和工具都免费提供至初中毕业，高中课本费用往往由家庭承担。

初等教育：学前教育（2～6岁，不是必需的）；小学教育（1～5年级），由预备课程（CP）、初级课程（CE1、CE2）和中级课程（CMI、CM2）组成。

中等教育：包括初中和高中。初中是中学第一阶段（从六年级到初中三年级）。高中是中学第二阶段（高中一年级、高中二年级、高中毕业班）。

高等教育：法国高等教育主要分为三类。

（1）大学技术学院（IUT） 提供两年的专门职业培训，颁发文凭（DUT）；

（2）大学 提供一种宽泛的培养选择，学制有三年（学士学位）、五年（硕士学位）或八年（博士学位）；

（3）高等专业学校 如国立行政学校（ENA），培养国家干部；综合工科学校，培养工程师和科学家；高等商学院（HEC），培养金融贸易类的精英；高等师范学校（ENS），培养未来的教师。进入这些享有盛誉的学校要通过国家考试，考生通常先在预科学校进行两年的强化学习备考。

2. 科技

法国长期苦心孤诣地发展科学技术，已经在若干基础研究和应用领域确立了自己的优势领域和特长技术。它们是：军用飞机、高速火车和地铁技术、天文学、生物学、遗传学、神经系统、化学工程、加工技术、土木工程、计算机软件、理论和应用化学、地球物理和地球化学、核动力工程、石油技术、原子物理、高能物理、核物理、固体物理、机器人视觉、综合机器人学、远程通信、火箭和卫星制造技术、卫星遥感和对地观察、核电和核安全、国防电子工业等。

3. 文学艺术

文学：17世纪开始，法国的古典文学迎来了自己的辉煌时期，相继出现了莫里哀、司汤达、巴尔扎克、大仲马、雨果、福楼拜、小仲马、左拉、莫泊桑、罗曼·罗兰等文学巨匠。他们的许多作品成为世界文学的瑰宝。其中的《巴黎圣母院》《红与黑》《高老头》《基督山伯爵》《悲惨世界》和《约翰·克利斯朵夫》等，已被翻译成世界文学作品，在世界广为流传。

艺术：近现代，法国的艺术在继承传统的基础上颇有创新，不但出现了罗丹这样的雕塑艺术大师，也出现了像莫奈和马蒂斯等印象派、野兽派的代表人物。从17世纪开始，法国在工业设计、艺术设计领域的世界领先地位早已有目共睹。有关实用美术、建筑、时装设计、工业设计专业的学校也早已凭借其“法国制造”的商业硕果而闻名海外。

四、民俗文化

1. 法国主要节日

法国的节日很多，有传统节日，也有宗教节日。下面介绍几个独具特色的节日。

帝王节——1月6日

帝王节这天，人们纷纷购买甜饼，这种甜饼内含有一种叫蚕豆的小东西。家中最小的成员，把眼睛蒙上，将甜饼分给大家，每人吃甜饼时都避免咬到蚕豆。吃到蚕豆的人将封为国王（皇后），并挑选他的皇后（国王）。全家人或朋友们举杯高颂："国王干杯，皇后干杯。"以此庆祝节日。

圣蜡节——2月2日

圣蜡节有吃薄饼的习惯。这是一个宗教及美食的双重节日。这一天，家家都做鸡蛋薄饼，鸡蛋饼煎得又薄又黄，如太阳光芒般的金黄色。

2. 法国的风俗习惯

（1）社交礼仪　法国人在待人接物中一般有以下5个特点：

爱好社交，善于交际；

诙谐幽默，天性浪漫；

渴求自由，纪律较差；

自尊心强，偏爱"国货"；

骑士风度，尊重妇女。

见面礼仪：法国人在社交场合与客人见面时，一般以握手为礼，少女和妇女也常施屈膝礼。在男女之间，女士之间见面时，他们还常以亲面颊或贴面来代替相互间的握手。法国人还有男性互吻的习俗。两个男人见面，一般要当众在对方的面颊上分别亲一下。在法国一定的社会阶层中，"吻手礼"也颇为流行。

餐饮礼仪：法国人在餐桌上敬酒先敬女后敬男，哪怕女宾的地位比里宾低也是如此。走路、进屋、入座，都要让妇女先行。拜访告别时也是先向女主人致意和道谢，介绍两人相见时，一般职务相等时先介绍女士。按年龄先介绍年长的，按职位先介绍职位高的。若介绍的客人有好几位，一般是按座位或站立的顺序依次介绍。有时介绍者一时想不起被介绍者的名字，被介绍者应主动自我介绍。

法国人大多信奉天主教，其次才是新教、东正教和伊斯兰教。他们认为"13"这个数字以及"星期五"都是不吉利的，甚至能由此引发什么祸事。法国女宾有化妆的习惯，所以一般不欢迎服务员为她们送香巾。法国人在同客人谈话时，总喜欢相互站得近一点，他们认为这样显得更为亲近。

法国人在交谈时习惯于用手势来表达或强调自己的意思，但他们的手势与我们的有所不同。如，我们用拇指和食指分开表示"八"，他们则表示"二"；表示"是我"这个概念时，我们指鼻子，他们指胸膛。他们还把拇指朝下表示"坏"和差的意思。

（2）饮食文化　法国是世界三大烹饪王国之一，闻名世界的法国料理，具有豪华的高尚品位，法国人将吃看作人生的乐事，他们认为美食不仅是一种享受，更是一种艺术。法国菜最主要的特征是对复合味调料（sauce）的制作极其考究，选料十分新鲜，甚至有许多菜是生吃的。常用的烹调方法有烤、炸、煎、烩、焖等，菜肴偏重肥、浓、酥、烂，口味以咸、甜、酒香为主。肉菜中总伴有多种蔬菜搭配。调味上酒的使用严守陈规，烹制什么菜一定要用什么酒。

法国美食在整体上包括这几大方面：面包、糕点、冷食、熟食、肉制品、奶酪和酒。这些是法国饮食里不可缺少的内容，而其中最让法国人引以为荣的是葡萄酒、面包和奶酪。

如果你到法国餐厅就餐，那点菜的顺序一定是按以下顺序（但不必每样都吃）：

第一道菜： 汤类。有蔬菜汤和鲜美的海鲜汤，如洋葱汤、酥皮粥打鱼汤和是日餐汤等。

第二道菜： 头盘。一般是冷菜如：酿蜗牛、鹅肝酱、沙律、越南炸春卷等。在上菜之前会有一道面包上来，如果要在面包上抹黄油的话，一定要把面包用手掰成可以一口吃下去的小块，临吃前在小块上抹上黄油，切忌把整个面包都涂上黄油。

第三道菜： 主菜。吃到这里才是法国菜的主菜了。主菜以肉类、海鲜为主，每个人可以根据胃口的大小点1～3道主菜切忌进餐速度过快，大口吞咽食物不仅影响健康，也是失礼的表现。

第四道菜： 甜品。在主菜以后，可以点一道甜品，可以是冰淇淋、蛋糕等食品。在享受甜品时不要把勺子含在嘴里，嘴里有东西时不要开口说话。

法国餐的每一道菜与饮品搭配都是一门“艺术”。餐前一杯开胃酒不可缺少，就餐期间酒的种类甚至颜色都非常讲究，所以酒类一般在点菜后才点。点肉类食品要配红葡萄酒，吃鱼虾类的海味要喝白葡萄酒，有些人用餐后还喜欢喝一点白兰地一类的烈性酒。在饮餐前酒时法国人常说的一句祝酒词是：“为我们的健康干杯！”。

【知识链接】

—吃法国大餐注意六点原则—

①吃法国菜基本上也是红酒配红肉，白酒配白肉，至于甜品多数会配甜餐酒。

②吃完抹手抹嘴切忌用餐巾大力擦，注意仪态，用餐巾的一角轻轻擦去嘴上或手指上的油渍便可。

③假如吃过一道主菜（通常是海鲜）之后，侍应会送上一杯雪葩，用果汁或香槟制作，除了让口腔清爽之外，更有助增进你进食下一道菜的食欲。

④就算凳子多舒服，坐姿都应该保持正直，不要靠在椅背上面。进食时身体可略向前，两臂应紧贴身体，以免撞到隔篱。

⑤吃法国菜同吃西餐一样，用刀时记住由最外边的餐具开始，由外到内，不要见到美食就扑上去，太失礼。

⑥吃完每碟菜之后，将刀叉四围放，又或者打乱放，非常难看。正确方法是将刀叉并排放在碟上，齿朝上。

（3）服饰　法国人对于衣饰的讲究，在世界上是最为有名的。“巴黎式样”，在世人耳中即与时尚、流行含意相同。

在正式场合： 法国人通常要穿西装、套裙或连衣裙，颜色多为蓝色、灰色或黑色，质地则多为纯毛。

出席庆典仪式时： 一般要穿礼服，男士所穿的多为配以蝴蝶结的燕尾服，或是黑色西装套装；女士所穿的则多为连衣裙式的单色大礼服或小礼服。

对于穿着打扮，法国人认为重在搭配是否得法，在选择发型、手袋、帽子、鞋子、手表、眼镜时，都十分强调要使之与自己着装相协调。

五、旅游资源

1. 最佳旅游时间

每年的4～6月为法国最佳旅游时间。

法国位于欧洲大陆的西端，气候相对来说温和而有变化，除了山区和东北地区以外，冬天相当温暖。东北部属大陆型气候，夏季炎热而冬季寒冷；南部地中海沿岸属地中海型气候，夏季少雨，春秋两季的雨量少且短，南方特有的“密斯脱拉风”是一种吹向法国地中海区隆河谷地的干冷风，据说一年里有100天都吹着这种冷风。

2. 美食小吃

法国美食位列世界三大美食之中，国内的名菜数不胜数，对饮食艺术追求极高。每一道菜都有它独特的烹调方法，使用新鲜的季节性材料，再加上厨师个人的独特调理，便可塑造独一无二的艺术佳肴，必能令你垂涎三尺。

法式鹅肝酱

洋葱汤

鸭胸

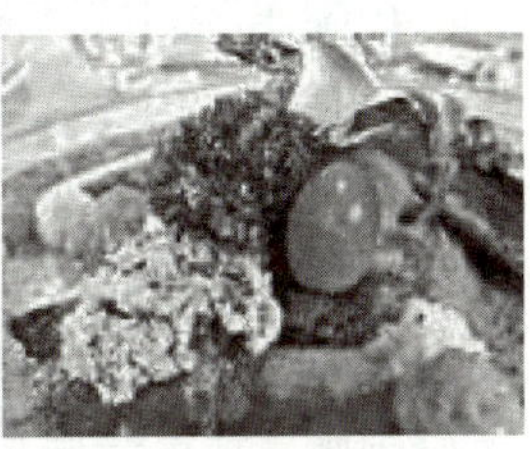
法国羊鞍扒

图3-15　法国美食

鸭胸： 在法国是一个特色菜，配上“意大利老醋和蜜糖汁”，味道很香浓，鸭胸肉很嫩，味道浓郁。

法式烩土豆： 是法国名菜。原料包括土豆、洋葱、黄油、蒜、浓蔬菜汤、香叶、盐、胡椒面、植物油、白葡萄酒等。特点是味道鲜美，软嫩适口。

洋葱汤： 在法国是最受欢迎的家常菜品之一，它在法国的地位，如同味噌汤之于日本，红菜汤之于俄罗斯，是传统饮食中的经典，展现着国家特有的饮食习俗和习惯。

法国羊鞍扒： 做法是取用七指肋骨羊排，肉质格外嫩滑，而且无羊的膻味，再配上香草汁、薄荷汁或芥香汁，简直是绝佳享受。

法式鹅肝酱： 法国菜里头有着世界三大美食之称的便是法式煎鹅肝了。鹅肝酱是法国年菜或节庆时吃的菜，将鹅肝腌渍后用烤箱烤，然后冷冻切片就可以享受美味了。

3. 旅游城市及景点

（1）巴黎　法兰西共和国的首都，历史名城，世界著名的最繁华的大都市之一，素有“世界花都”之称。巴黎主要景点：埃菲尔铁塔、巴黎圣母院、凡尔赛宫、凯旋门、卢浮宫、亚历山大三世桥、蓬皮杜国家文化艺术中心、香榭丽舍、协和广场、奥赛博物馆、巴士底狱遗址、大宫、迪士尼乐园、第戎、加尼耶歌剧院、军事博物馆、卢森堡公园、玛德莱纳广场、塞纳

图3-16 凯旋门

图3-17 埃菲尔铁塔

河、圣心教堂、巴黎歌剧院、毕加索美术馆等。

巴黎凯旋门：凯旋门（见图3-16）坐落在巴黎市中心星形广场（现称戴高乐将军广场）的中央，是法国为纪念拿破仑1806年2月在奥斯特尔里茨战役中打败俄、奥联军而建，12条大街以凯旋门为中心，向四周辐射，气势磅礴，形似星光四射。工程由建筑师夏尔格兰设计，1806年8月奠基，历时30个寒暑，于1836年7月落成。凯旋门高49.54米，宽44.82米，厚22.21米。它四面有门，中心拱门宽14.6米，门楼以两座高墩为支柱，中间有电梯上下。在拱形圆顶之上有三层围廊，最高一层是陈列室，这里展示着有关凯旋门的各种历史文物以及拿破仑生平事迹的图片；第二层收藏着各种法国勋章、奖章；最低一层则是凯旋门的警卫处和会计室。

埃菲尔铁塔：在巴黎市中心塞纳河南岸，是世界上第一座钢铁结构的高塔（见图3-17），被视为巴黎的象征。因法国著名建筑师斯塔夫·埃菲尔设计建造而得名。建于1887—1889年。塔高300余米，塔身重达9000吨，分三层。第一层平台距地面57米，设有商店和餐厅；第二层平台高115米，设有咖啡馆；第三层平台高达276米，供游人远眺，底部面积1万平方米，在第三层处建筑结构猛然收缩，直指苍穹。从一侧望去，像倒写的字母“Y”。该塔由1.8万余个组成部件和250多万个铆钉构成。有电梯或徒步登塔顶。入夜，塔顶发出转动着彩色探照灯光，防飞机碰撞。塔旁竖立长方形白色大理石柱，柱顶安放斯塔夫·埃菲尔镀金头像。

【知识链接】

每年，铁塔都要完成一次自己的壮举——自动升高。因为在炎热的夏天，铁塔会因受热膨胀而自动升高约17厘米——但在天气变冷时，铁塔会自动收缩至正常水平。

卢浮宫：法国最大的王宫建筑之一（见图3-18），位于巴黎市中心塞纳河右畔、巴黎歌剧院广场南侧。原是一座中世纪城堡，16世纪后经多次改建、扩建，至18世纪扩建完成。卢浮宫占地约45公顷，其全部工程于1857年完成。在卢浮宫口字形正殿的西侧，伸展出两个侧厅，中间的空地形成卡鲁赛广场。宫的东侧有长列柱廊，建筑巍峨壮丽。其画廊长达274.32米，藏有大量17世纪以及欧洲文艺复兴期间许多艺术家的作品。馆藏品达40万件。卢浮宫美术博物馆分为6大部分：希腊和罗马艺术馆、东方艺术馆、埃及艺术馆、欧洲中世纪、文

图3–18　卢浮宫

艺复兴时期和现代雕像馆以及历代绘画馆。展览按不同流派、学派和时代划分。一层展出雕刻，二层油画，三层是素描和彩粉画。20世纪80年代初，法国政府实施扩建和修复卢浮宫的“大卢浮宫计划”。

【知识链接】

《蒙娜丽莎》（见图3–19）被公认为世界上最著名的画作之一。由意大利文艺复兴时期的著名画家达·芬奇创作完成。这幅画的意大利名字叫《拉·乔康达》。达·芬奇从1503年开始为丽莎·德·佐贡多画肖像。她是一位富有的托斯卡纳丝绸商人的妻子。艺术史专家认为，1516年达·芬奇应弗朗西斯一世邀请访问法国时，随身将这幅画从佛罗伦萨带到了法国。《蒙娜丽莎》的原作尺寸很小，目前与《米洛的维纳斯》雕像和《萨摩色雷斯的胜利女神》塑像并称卢浮宫“镇馆三宝”。20世纪60年代，该画曾被一位年轻的玻利维亚人投掷的石块击中，致使画像人物右臂损坏。现在，这幅画被放在厚厚的防弹玻璃后面。据统计，卢浮宫90%的参观者都不会错过这个“微笑”。博物馆的纪念品店每年售出的《蒙娜丽莎》纪念品超过33万件，包括明信片、磁铁和拼图。

图3–19　蒙娜丽莎

巴黎圣母院：巴黎圣母院是（见图3–20）最著名的中世纪哥特式大教堂，以其规模、年代和在考古、建筑上的价值而著称。巴黎主教莫里斯·德绪利曾设想将两座较早的巴西利卡式（长方形）教堂合成一座大型教堂，1163年由教皇亚历山大三世奠基，高圣坛于1189年举行奉献仪式，1240年唱诗班席、西立面和中堂竣工，门廊、祈祷室和其他装修在其后的一百年中陆续建成。内部平面130×48米，屋顶高35米，塔高68米。塔的尖顶始终未建。教堂经过历代的损坏不得不于19世纪重修，只有三个巨大的圆花窗仍保持着13世纪的彩色玻璃。后堂的飞扶垛特别雄健优美。

图3-20　巴黎圣母院

图3-21　巴士底狱遗址

巴士底狱遗址：位于巴黎市区东部、塞纳河右岸，这里曾是公元1369—1382年建立的一座军事堡垒（见图3-21）。“巴士底”一词的法文原意是“城堡”。这座古城堡拥有8座巍峨坚固的炮台，兴建之初是用来抵抗英国入侵的。在法国人民心目中，巴士底狱已成为法国封建专制统治的象征。1789年7月3日，巴黎人民奋然起义，14日，攻占了巴士底狱，揭开了法国大革命的序幕。1791年，巴黎人民拆毁了巴士底狱，在其旧址上建成了巴士底广场，并把拆下来的石头铺到塞纳河的协和桥上，供路人践踏。1830年，法国人民又在广场中心建立起一座纪念七月革命的烈士碑。这座烈士碑高52米，碑身是用青铜铸成的圆柱体，人称“7月圆柱”，在柱顶端是一尊右手高举火炬的金翅自由神像，神像左手提着被砸断的锁链象征着获得了自由。在监狱遗址前方立着一块牌子，上写：“大家在这里跳舞吧！”1880年6月，法国将7月14日巴黎人民攻占巴士底狱这一天定为法国国庆日。

巴黎协和广场：巴黎协和广场（Place de la Concorde in Paris）位于巴黎市中心、塞纳河北岸，是法国最著名的广场和世界上最美丽的广场之一。广场始建于1757年，是根据著名建筑师卡布里埃尔的设计而建造的。因广场中心曾塑有路易十五骑像，1763年曾命名“路易十五广场”。大革命时期又被改名为“革命广场”。1795年又将其改称为“协和广场”，后经著名建筑师希托弗主持整修，最终于1840年形成了现在的规模。

图3-22　香榭丽舍大街

香榭丽舍大街：香榭丽舍大街（爱丽舍田园大街），是巴黎城一条著名的大街（见图3-22）。根据法国一个常用的说法，她被看作是巴黎最美丽的街道。香榭丽舍田园大街取自希腊神话“神话中的仙景”之意，其法文是AVENUE DES CHAMPS ELYSEES。其中CHAMPS

（香）意为田园，ELYSEES（爱丽舍）之意为“极乐世界”或“乐土”因此，有人戏称这条街是“围墙”加“乐土”的大街，法国人则形容她为“世界上美丽的大街”。

（2）马赛　马赛是座有着2500年历史的古城，是法国第二大城市和第三大都会区（metroplitan area），还是全世界小资向往之地普罗旺斯的首府。马赛港分老港和新港，老港在城市的港湾，如今成了游艇的码头。新港区在城市的西面，在欧洲仅次于荷兰鹿特丹港，是第二大港口。它是法国最大的商业港口，也是地中海最大的商业港口。在马赛老港口的伊夫岛上，有法国名作家大仲马在他的小说《基督山伯爵》里曾着力描写的伊夫古堡（见图3-23）。

图3-23　马赛一角

马赛每年接待游客达三百万人次以上，是法国接待游客人数最多的城市之一。

马赛旅游景点：圣母加德大教堂、依夫岛、旧港、隆尚宫、马赛美术馆、圣维克多修道院等。

图3-24　波尔多酒庄

（3）波尔多　波尔多坐落在加伦河的南岸，是一个很传统的法国城市，它那碧水蓝天，得天独厚的自然环境，在法国首屈一指。繁忙的港口贸易，又使得它多了很多和外界交流的商机，让这里的人富足起来。

它有着悠久的历史和文化，拥有保存完好的18世纪建筑文化遗产，产生过著名思想家梦田、孟德斯鸠等。

波尔多处于典型的地中海型气候区，夏季炎热干燥，冬天温和多雨，有着最适合葡萄生长的气候。常年阳光的眷顾，让波尔多形成了大片的葡萄酒庄园（见图3-24），葡萄酒更是享誉全世界。喜欢吃西餐的人们可能不知道波尔多这个城市，却很少有人不知道波尔多的红酒。波尔多人是泡在红酒里长大的，波尔多是一个生在味蕾上的城市。

维克多·雨果说：“这是一座奇特的城市，原始的，也许还是独特的，把凡尔赛和安特卫普两个城市融合在一起，您就得到了波尔多。”

波多尔景点：圣安德烈大教堂、大剧院、坎康斯广场、考古学博物馆、圣米歇尔教堂、市立美术馆等。

（4）戛纳　法国地中海岸一座风景秀丽，气候宜人的小城，位于“蓝色海岸”之畔，是著名的“影城”，人口9万。每年5月举办戛纳国际电影节，它颁发的“金棕榈大奖”被公认为电影最高荣誉之一。世界各国的影星名人云集于此，吸引无数游人。电影节的建筑群坐落在500米长的海滩上。其中包括25个电影院和放映室，中心是6层高的电影节宫。此外，每年还有许

图3-25　戛纳

图3-26　里昂

多重大的国际会议及文化活动在此举行。

“精巧、典雅、迷人”是大多数人对戛纳的评价。戛纳（见图3-25）小城依偎在青山脚下，濒临地中海之滨，占据得天独厚的地理位置。对浪漫成瘾的法国人来说，戛纳既是过冬的胜地，也是避暑的天堂，这里冬天有和煦的阳光，夏天有凉爽的海风，还有风景优美的长沙滩。戛纳最引人入胜的是美丽的海滨大道，宽阔整洁，一边是沙滩海湾，一边是雅致的酒店。

戛纳景点：城堡美术馆、影节宫、列航群岛等。

（5）里昂　里昂（见图3-26）是除巴黎以外法国最重要的教育中心。当地有一所大学，有众多博物馆，文化生活丰富。市图书馆藏有最初50年的各种印刷样品以及古书珍本。剧场有歌剧院、市剧院和一些受到全国公认的先锋派剧团。每年6月在富维埃的罗马剧院举行音乐和戏剧节，使人想起这个城市的悠久历史。

里昂景点：圣让首席大教堂、高卢-罗马文化博物馆、卢米埃尔纪念馆、细密画博物馆、白苹果广场、古罗马大剧院、里昂老城、里昂装饰艺术博物馆、丝织博物馆、题德多公园、艺术博物馆、印刷博物馆等。

（6）尼斯　尼斯（见图3-27）是地中海沿岸法国南部城市，位于普罗旺斯-阿尔卑斯-蔚蓝海岸大区，地处法国马赛和意大利热那亚之间，为滨海阿尔卑斯省首府，是法国仅次于巴黎的第二大旅游胜地，全欧洲最具魅力的黄金海岸。尼斯也是欧洲主要旅游中心之一和蔚蓝海岸地区的首选度假地。

尼斯景点：葛拉斯、蒙特卡罗、大赌场、亲王宫、埃兹、马蒂斯美术馆、马塞纳美术馆、尼斯歌剧院、尼斯当代美术馆、夏加尔美术馆等。

（7）普罗旺斯　普罗旺斯（见图3-28）是欧洲的“骑士之城”，位于法国东南部，毗邻地中海和意大利，从地中海沿岸延伸到内陆的丘陵地区，中间有大河“Rhone”流过。自古就拥有靓丽的阳光和蔚蓝的天空，迷人的地中海和心醉的薰衣草，令世人惊艳，是中世纪重要文学体裁骑士抒情诗的发源地。历史上的普罗旺斯地域范围变化很大，古罗马时期普罗旺斯北至阿尔卑斯山，南抵比利牛斯山脉，包括整个法国南部。18世纪末法国大革命时，普罗旺斯成为5个行政省份之一。到了1960年代，法国被重新划分为22个大区，普罗旺斯属于普罗旺斯—阿尔卑斯—蓝色海岸大区。

图3-27　尼斯

图3-28　普罗旺斯

整个普罗旺斯地区因极富变化而拥有不同寻常的魅力——天气阴晴不定，时而暖风和煦，时而海风狂野，地势跌宕起伏，平原广阔，峰岭险峻，寂寞的峡谷，苍凉的古堡，蜿蜒的山脉和活泼的都会，全都在这片法国的大地上演绎万种风情。7～8月间的薰衣草迎风绽放，浓艳的色彩装饰翠绿的山谷，微微辛辣的香味混合着被晒焦的青草芬芳，交织成法国南部最令人难忘的气息。

普罗旺斯出品优质葡萄美酒，由于地中海阳光充足，普罗旺斯的葡萄含有较多的糖分，这些糖转变为酒精，使普罗旺斯酒的酒精度比北方的酒高出2度。略带橙黄色的干桃红酒是最具特色的。

普罗旺斯景点： 薰衣草、（吕贝隆、鲁伯隆、赛尔）、葡萄酒（沃克吕兹）、古建筑（艾克斯等）。

【知识链接】

—薰衣草的故事—

薰衣草的花语是等待爱，有这样一个动人的传说：

相传很久以前，天使与一个名叫薰衣的凡间女子相恋。为她留下了第一滴眼泪，翅膀为她而脱落，虽然天使每天都要忍着剧痛，但他们依然很快乐。可快乐很短暂，天使被抓回了天国，删除了他与薰衣那段快乐的时光，被贬下凡间前他又留下一滴泪，泪化作一只蝴蝶去陪伴着他最心爱的女孩。而薰衣还在傻傻地等着他回来，陪伴她的只有那只蝴蝶。日日夜夜的在天使离开的园地等待，最后，化作一株小草。每年会开出淡紫色的花。它们飞向各地，寻找那个被贬下凡间的天使。人们叫那株植物“薰衣草”。

【课后习题】

1. 思考法国成为世界第一旅游大国的原因。
2. 为什么法国每年接待的旅客人数位居第一，是当之无愧的世界第一旅游大国，旅游收入却远不及美国？

德国

一、国家概况

1. 位置和地形

德国位于欧洲中部，东邻波兰、捷克，南接奥地利、瑞士，西接荷兰、比利时、卢森堡、法国，北接丹麦，濒临北海和波罗的海，是欧洲邻国最多的国家。德国在东西欧之间和斯堪的那维亚半岛与地中海地区之间的交通枢纽，其间水陆空条条道路经过德国，欧洲中心地位尤为突出，被称为“欧洲的走廊”。

面积为35.7万平方千米。地势北低南高，可分为四个地形区：北德平原、中德山地、西南部莱茵断裂谷地区、南部的巴伐利亚高原和阿尔卑斯山区，其间拜恩阿尔卑斯山脉的主峰祖格峰海拔2963米，为全国最高峰。

2. 气候

德国属温带气候，处于东西欧之间气候的过渡带，西北部海洋性气候较明显，往东、南。部逐渐向大陆性气候过渡。总体特征是温和湿润，夏无酷暑，冬无严寒。7月平均气温14~19℃，1月平均气温-5~1℃。年降水量500~1000毫米，山地则更多。

3. 资源

德国自然资源较为贫乏，除硬煤、褐煤和盐的储量丰富外，在原料供应和能源方面很大程度上依赖进口，三分之二的初级能源需进口。

4. 人口

人口共8263万（2014年），城市人口占总人口的85%以上。德国基本上是一个单一民族国家，主要是德意志人，有少数丹麦人和索布族人，外籍人占人口总数的8.8%。居民中30%信奉新教，31%信奉罗马天主教。德语为通用语言。

5. 简史

公元前，境内就居住着日耳曼人。公元2—3世纪逐渐形成部落。10世纪形成德意志早期封建国家。13世纪中期走向封建割据。1871年德国首次统一，成立了德意志帝国。第二次世界大战后，于1949年，西部成立了“德意志联邦共和国”，东部成立了“德意志民主共和国”。1990年10月3日两德正式宣布合并，统一后的德国使用原联邦德国的国名、国徽、国旗、货币，以及政治经济制度，分裂40多年的两个德国重新统一。

二、政治经济

1. 政治

国名：德意志联邦共和国。

行政区划：分为联邦、州、地区三级，共有16个州，14808个地区。

体制：德国是联邦制国家，国家政体为议会共和制。联邦总统为国家元首。议会由联邦议院和联邦参议院组成。联邦议院行使立法权，监督法律的执行，选举联邦总理，参与选举联邦总统和监督联邦政府的工作等。联邦议院选举通常每四年举行一次，在选举中获胜的政党或政党联盟将拥有组阁权。德国实行两票制选举制度。

首都：柏林。

国旗：德国国旗呈长方形，长宽之比为5∶3。旗面自上而下由黑、红、金三个平行相等的横长方形组成。黑红金为德意志民族所喜爱的颜色。黑、红、金三种色彩长久以来就象征泛日耳曼民族争取统一、独立、主权的雄心。黑色象征严谨肃穆；红色象征燃烧的火焰，激发人民憧憬自由的热情；金色象征真理的光辉，决不会被历史的泥沙掩埋（见图3-29）。

国徽：为金黄色的盾徽。盾面上是一头红爪红嘴、双翼展开的黑鹰，黑鹰象征着力量和勇气（见图3-30）。

图3-29　德国国旗

图3-30　德国国徽

国歌：《德意志之歌》。

国花：矢车菊是德国的名花，德国人用它象征日耳曼民族爱国、乐观、顽强、俭朴的特征，并认为它有吉祥之兆，因而被誉为“国花”（见图3–31）。

国鸟：白鹳，一种著名的观赏珍禽（见图3–31）。

国石：琥珀。

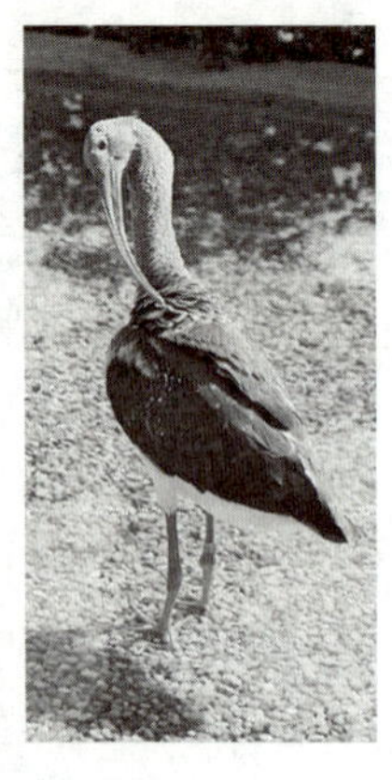

图3–31　德国国花和国鸟

2. 经济

德国是高度发达的工业国家，经济总量居欧洲首位。德国工业侧重重工业，汽车和机械制造、化工、电气等部门是支柱产业，占全部工业产值的40%以上。食品、纺织与服装、钢铁加工、采矿、精密仪器、光学以及航空与航天工业也很发达。中小企业是工业的中流砥柱，专业化程度和技术水平较高。主要工业部门的产品一半或一半以上销往国外。2010年德国经济强劲复苏，增长率达3.6%。

农牧业：农业发达，机械化程度很高。2007年共有农业用地1690万公顷，约占德国土地面积的一半。2007年农林渔业产值为218.1亿欧元，占国内生产总值的0.9%。农业就业人口85万，占国内总就业人数的2.14%。

旅游业：德国旅游业发达。每年有大量国内外游客在德国旅游。著名景点有科隆大教堂、柏林国会大厦、波恩文化艺术展览馆、罗滕堡、慕尼黑德意志博物馆、海德堡古城堡、巴伐利亚新天鹅石宫和德累斯顿画廊等。

交通运输业：德国交通运输业十分发达。公路、水路和航空运输全面发展，特别是公路密度为世界之冠。民航运输业发达。

三、科技教育

1. 教育

德国的教育和文化艺术事业由联邦和各州共同负责。大学、中学、小学和职业教育发达，实行12年制的义务教育，公立学校学费全免，教科书等学习用品部分减免。德国的教育体制如下：

学前教育：幼儿园3年，3或4岁开始，6或7岁结束。

小学教育：4年，6或7岁开始，10或11岁毕业。

中学教育：分三种类型，普通中学5年，实业中学6年，完全中学6年，多数16或17岁中学毕业。

高级中学：3年，从完全中学毕业的学生才能就读高级中学，约19或20岁毕业。

职业学校：从普通中学或实业中学毕业的学生，经过招聘由工厂企业选送到职业学校学习，通常半工半读，由企业给学生发放生活费，约19或20岁毕业。

大学：专业学院4年，综合大学5年。通常仅完成高级中学学业的学生可以申请上大学，由于男性学生中间要服兵役1年半时间，加之灵活的学制，故大学毕业通常为27或28岁。

研究生：大学毕业后如愿意继续深造还可以申请攻读博士，博士生的修业年限一般为5年，因此博士生毕业大多超过了30岁，甚至年龄更大一点。

2. 科技

德国十分重视高科技的开发，其高科技产业主要集中在激光、纳米、电子、生物、信息通讯、现代制造、新材料等领域。近年来，德国确保在世界汽车和机器制造领域技术的中心地位之时，正日益成为激光技术和机器人技术领域的中心。另外，德国将微电子技术在所有相关领域的应用视为重点，并一直在改善法律框架条件，促进生物技术领域的投资。在环保技术领域，德国以18.9%的世界市场份额取代了美国的霸主地位。在世界贸易中，德国高附加值产品以19.5%的市场份额居世界之首，日本以19.3%位列第二，而美国仅占13.1%，名列第三。如今，德国在传统技术和高新技术领域均拥有雄厚实力，是世界第二大高新技术出口国，是欧洲创新企业密度最高的国家。

3. 文化艺术

受意大利文艺复兴的影响，德国的18世纪文学走向顶峰。歌德、海涅、席勒、莱辛和格林兄弟都是杰出的代表。20世纪最著名的作家有托马斯·曼、海因利希·曼和贝托尔特·布莱希特。作家海因里希·伯尔和贡特·格拉斯分别于1972年和1999年获得诺贝尔文学奖。德国有3000多座博物馆，藏品十分丰富。此外，每年都举行各种艺术节、博览会和影展等。法兰克福和莱比锡是德国图书出版业的中心。德国图书出版量在世界上仅次于美国，占第二位。

音乐是德国人生活中不可缺少的组成部分。德国造就了各个不同时期的音乐大师，如贝多芬、巴赫、门德尔松、瓦格纳等，柏林爱乐乐团更是享誉世界。教堂、宫殿和古堡是德国重要的文化遗产。

四、民俗文化

1. 德国主要节日

德国民间和宗教节日大约有千余个，庆祝范围小至村落，大至全国，少则一两天，多则半个月。平均每天三个节日。下面介绍几个独具地方特色的节日。

慕尼黑啤酒节——9～10月初

德国最大最著名的民间节日是慕尼黑啤酒节，也叫“维森”节。起源于1810年，为了庆祝当时路德维希一世和苔莱公主的婚礼，市民在慕尼黑附近的草坪上举行各种庆祝活动，国王很兴奋，把这块草坪命名为苔莱西亚草坪。每年9月底到10月初，慕尼黑都会有盛大的游行。等到正午12点迎来大啤酒桶彩车，市长简短致辞然后打开第一桶酒后，大家一起一醉方休。

每年有六百多万名游客涌入苔莱西亚草坪广场，一边喝着大杯的啤酒，一边啃着猪肉香肠和“8”字形面包。宽广的庆祝会场上临时搭起了旋转木马和云霄飞车，各种各样的表演活动随处可见。庆祝活动还包括东道主店家和啤酒厂的入场游行、古装与乐队游行以及所有维森小型乐队的音乐会。许多当地人，也包括年轻人，纷纷身着传统民族服装参加10月啤酒节。

葡萄酒节——5～10月

每年的5～10月，德国葡萄种植区的许多地方都举行葡萄酒与葡萄农节。特别是在莱茵河畔、摩泽尔河畔、巴登地区、普法尔茨地区和莱茵河畔，葡萄农合作社和葡萄园主的代表在一些公共场所架起货摊，零售自家酿造的葡萄酒，此外也卖些地方特产。在葡萄酒节上，人们还举办现场音乐会，许多地方还推选葡萄酒女王，并为其举行加冕仪式。

2. 德国的风俗习惯

（1）社交礼仪　德国人在待人接物上所表现出来的独特风格，往往会给人留下深刻的印象：纪律严明，法制观念极强；讲究信誉，重视时间观念；极端自尊，非常尊重传统；待人热情，十分注重感情。

德意志人在社交场合与人见面时，惯行握手礼。他们在握手时惯于坦然注视对方，以示友好。他们与熟人、亲朋好友相见时，惯施拥抱礼；情侣和夫妻间见面惯施拥抱礼和亲吻礼。

【知识链接】

德意志人比较注重礼节形式。在一般社交场合上，他们总乐于在打招呼时对方称呼他们的头衔。他们在与朋友相见或告别时，总习惯互相把手握了又握，似乎这样他们的心情会更好。他们待人诚恳坦直。如果你在街上向陌生的德意志人打听问路，他们会很热情地为你解答和指引迷津，有的甚至还会不辞辛苦地陪送你找到要去的地点。宴会用餐席位原则是“以右为上”，一般男人要坐在妇女和职位较高男人的左侧，当女士离开饭桌或回来时，男人一定要站起来，以表示礼貌。他们很讲究会客或宴请的地点，注重设备的豪华和现代化程度。他们还乐于在优雅、卫生的厅堂里用餐。他们不注重时装的花哨时髦和衣冠楚楚，但都很注重衣冠的整洁，即使是观看文艺演出，男的也要穿礼服，女的也要穿长裙。

（2）饮食文化　德意志人很讲究食物的热量，所以肉食在一日三餐中占据了突出的地位。他们注重摄取维生素，也吃些蔬菜，但没有对肉类的兴趣大。大餐的主食大多为炖或煮的肉类。除北部沿海地区外，大多数人不习惯吃鱼。他们有个特有的饮食风俗，就是吃鱼不准说话，这恐怕是怕鱼刺扎嗓子或其他原因。他们对早、午餐较为重视，早餐不喜欢喝牛奶，爱喝咖啡或可可；晚餐较为简单，一般都是香肠或火腿吐司。他们用餐时喜欢关掉电灯，只点些小蜡烛，在幽淡的烛光下促膝谈心、进餐饮酒。

德意志人用餐讲究餐具的使用，宴请宾客时，桌上要摆满酒杯、刀叉、盘碟。德国人习惯不同的酒要使用不同的酒杯，吃鱼的刀叉不能用来吃肉和奶酪等。

德意志人饮葡萄酒要分不同场合不同饮法：一般在大型宴会前，人们习惯喝甜葡萄酒；吃鱼、蛋或烤肉时，惯饮红葡萄酒；吃野味时，要喝红葡萄酒；宴会时，应再喝一杯白葡萄酒或低度红葡萄酒，也可以喝上一杯啤酒，外加干酪；最后人们还能喝一杯香槟酒。他们习惯吃西餐，用餐使用刀叉；也非常喜欢吃中餐。

（3）服饰文化　德国人在穿着打扮上的总体风格是庄重、朴素、整洁。

在一般情况之下，德国人的衣着较为简朴。男士大多爱穿西装、夹克，并喜欢戴呢帽。妇女们则大多爱穿翻领长衫和色彩淡雅、图案简单的长裙。

德国人在正式场合露面时，必须要穿戴的整整齐齐，衣着一般多为深色。在商务交往中，他们讲究男士穿三件套西装，女士穿裙式套装。

德国人对发型较为重视。在德国，男士不宜剃光头免得被人当作“新纳粹”分子。德国少女的发式多为短发或披肩发，烫发的妇女大半都是已婚者。

德国人在服饰上的民族特征并不明显，只有在少数地区还保留着一些本地独特的风格。如巴伐利亚地区，男人戴一种插有羽毛的小毡帽，身着皮裤，挂着背带，脚穿长袜和翻毛皮鞋，上衣外套没有翻领，且颜色多半是黑绿色；女人多以裙装为主，上衣敞领、束腰，袖子有长短，领边、袖口镶有花边，并以白色为主。裙子的样式类似围裙，颜色各异，裙边多用刺绣、挑花来点缀，腿部再配以白色为主的长袜，还常常配有多种多样的帽子。如汉堡，人们爱戴的一种小便帽。此外，德国男人一般喜欢蓄连腮大胡子且样式很多。

五、旅游资源

1. 最佳旅游时间

5～9月最佳。四季的德国都是很好的旅游地，但大多旅行者都在5～9月之间去德国，那时天空总是晴朗，适宜户外活动。啤酒园和咖啡馆24小时营业；户外竞赛和节日使得城市与村落都生机勃勃；徒步旅行、骑自行车都是较好的旅行运动。不过，不论在哪个月份都有可能下雨。在德国（3～5月以及10～11月）游客相对较少，而天气却出奇的好，在4～5月间，鲜花和果树都含苞欲放。天气是温和而晴朗的。进入秋天后风和日丽的宜人气候也并不稀奇。除冬季运动外，11月至次年3月初之间的活动大多集中于文化和城市生活，在这几个月间，天空常常显得阴沉，而气温经常降到零下。此外，旅行者减少，景点排队的队伍也变短（除冬季旅行胜地外）。一定要带上足够多的衣服，并且记住只有6～8小时的日照。在12月，太阳在下午3点30分左右就落山了。滑雪季节通常最早开始于12月中旬，在新年过后进入高峰期，而在3月雪融初始之时结束。

2. 美食小吃

德国的啤酒、葡萄酒在全世界享有盛名。德国是世界饮酒大国，酒类年消耗量居世界第二位，其中啤酒的销量居世界首位。德国的气候条件很适合葡萄的生长，全国有13个葡萄种植区、60个大型种植场、2600个小型种植地，上等的葡萄酿造出优质的名酒。

德国香肠有1500多种，其中仅水煮小香就有780多种，最受欢迎的要算是润口的肉肠，原肠类包括耐贮腊肠和调味浓厚的瘦肉香肠。吃香肠必有面包与之相配，在面包的生产方面德国也可称得上是质量和数量的世界冠军。德国每天出炉的芳香扑鼻的小面包、角形小面包、“8”字形烘饼和长面包就有1200多种，此外，还有300多种其他不同种类的面包。

橡皮糖：是一种外观晶莹剔透，组织富有韧性的糖果，嚼在嘴里很有韧性，所以称为橡皮糖。橡皮糖选用白砂糖、变性淀粉、葡萄糖浆、柠檬酸、鲜果汁、香精以及海藻中提取出的着色剂制作而成，主要成分是罕有动物明胶且具有特别的韧性。

冠面包鸡蛋汤：清香浓郁，鲜咸爽口。做法：将面包去皮切成1厘米的小丁，将鸡蛋液磕入碗中搅匀。锅烧热，下入花生油烧至五成热，下入面包丁，炸至酥脆至淡黄，下入漏勺沥尽油用刀背压成面包屑（也可直接下入烤箱烤酥至焦脆倒在砧板上以刀面压碎）。锅刷净，上火，下入牛肉汤、精盐煮沸，用手勺盛鸡蛋液甩入，最后再将面包屑倒在鸡蛋汤上即可。

葡萄酒渍鲤鱼： 是萨克森人喜爱的周日菜肴。每一位萨克森人在饮食上都知道一条鱼须游三次，即在水里、黄油里、葡萄酒里游过后才能被端上餐桌。

法兰克福肠： 是德国一种香肠，由猪肉（有时会混合其他肉类）制成，起源于法兰克福，因而得名。现在法兰克福肠通常会以热狗的方式食用，因此有热狗肠之称。

3. 旅游城市及景点

（1）柏林　除了政治因素外，柏林对于多元文化的包容、兼容并蓄的风格，同样深深打动人心。从高级菜品到高档时装，从时尚演绎到高端文化，柏林始终是来自世界各地的奢侈品爱好者们的天堂。

勃兰登堡门： 柏林仅存的城门，最重要的城市标志，象征了德意志的神圣统一，柏林人对勃兰登堡门怀有特殊的感情，称它为“命运之门”，成为柏林乃至德国的标志（见图3-32）。

德国波兹坦广场： 是新柏林最有魅力的场所。其引人注目的建筑集餐馆、购物中心、剧院及电影院等于一身，使它不仅吸引着观光的游客，也吸引着柏林人经常到此一游。

柏林大教堂： 是基督教路德宗教堂，位于德国柏林市中部博物馆岛的东端。曾是德意志帝国霍亨索伦王朝（Haus Hohenzollern）的宫廷教堂。

此外，还有柏林国会大厦、红色市政厅、御林广场等。

（2）慕尼黑　这是一个特立独行又有皇家气派，但是也无疑有其狂野一面的城市。这里具有新与旧、保守与革新激烈冲撞的魅力。三天足以让你玩转这座城市，可以从玛丽安广场开始，到奥登广场后再至慕尼黑大学，然后去美术馆，最后到达国王广场，晚上可以去老城啤酒馆畅饮啤酒。之后去阿萨姆圣母院、新天鹅堡和国王湖。当然，你也可以自由选择来去（见图3-33）。

玛利亚广场： 慕尼黑的市中心广场。广场中间是圣母玛利亚的雕像，广场的北面是哥特式建筑的市政厅，其上的钟楼有著名的玩偶报时钟；广场西北面不远处有两个著名洋葱顶的圣母教堂，是慕尼黑的象征建筑。

皇家啤酒馆： 始建于1589年，是当时的皇家啤酒厂。整幢建筑最多可容纳5000人；三楼是

图3-32　勃兰登堡门

图3-33　慕尼黑

大宴会厅，可容纳1000人一起欢饮。啤酒屋供应其酿造的HB啤酒，每天都有近万升的啤酒从这儿运往大大小小的酒铺、酒馆、宴会厅以及啤酒园。

宝马世界：集汽车交付、体验馆、博物馆与活动现场于一身，是一座独一无二的展览中心。宝马世界的建筑群风格令人印象深刻，内部设计极具感官效果。您可以在技术与设计工作室感知、认识和倾听宝马技术及设计。

图3-34　罗马广场

（3）法兰克福　德国重要工商业、金融和交通中心，位于莱茵河中部的支流美茵河的下游。它也是德国最大航空站、铁路枢纽。金融业也是法兰克福的支柱产业，法兰克福有324家银行，欧洲中央银行和德国联邦银行都坐落在法兰克福；法兰克福的证券交易所是世界最大的证券交易所之一，经营德国85%的股票交易。

罗马广场：罗马广场旁有个罗马厅，实际上就是旧的市政厅，里面的皇帝殿（Kaisersaal）是许多罗马皇帝进行加冕的地方。罗马广场西侧的三个山形墙的建筑物，可以说是法兰克福的象征。虽然遭遇数百年战火的摧残，但整修后仍保存完好。罗马广场的东侧有一排古色古香的半木制造的市民住宅。罗马广场是法兰克福现代化市容中仍然保留着中古街道面貌的唯一广场（见图3-34）。

歌德故居：歌德出生的房屋位于格罗撒·希尔施格拉本街，经过忠于原貌的精心修葺，现已成为歌德故居和歌德博物馆的所在地。厨房、起居室和会客室里的设施和家具都保持了后期巴洛克艺术风格。

（4）科隆　德国西部莱茵河畔名城和重工业城市。人口97万，仅次于柏林、汉堡和慕尼黑。位于莱茵河畔的科隆市是德国的第四大城市。这是一座古老而美丽的城市，也是一座现代化气息极浓的大都市。市中高楼大厦鳞次栉比，商店比比皆是，各种商品琳琅满目，是一个繁华的商业城市。

科隆大教堂：是世界上最完美的哥特式教堂，位于德国科隆市中心的莱茵河畔。东西长144.55米，南北宽86.25米，厅高43.35米，顶柱高109米，中央是两座与门墙连砌在一起的双尖塔，这两座157.38米的尖塔像两把锋利的宝剑，直插苍穹。整座建筑物全部由磨光石块砌成，占地8000平方米，建筑面积约6000多平方米。在大教堂的四周林立着无数座小尖塔，整个大教堂呈黑色，在全市所有的建筑中格外引人注目。

莱茵河：西欧第一大河莱茵河，发源于瑞士境内的阿尔卑斯山北麓。无数的诗人、画家、音乐家使这条两岸点缀着古老城堡的河谷充满了神奇的色彩。中等山脉的火山岩引发了许多矿泉。德国“葡萄酒之路”在法尔茨森林旁通过。该州众多的美丽景色常年都吸引着大量的游客到此游览、休假和疗养。沿途风景中最美的一段是中游的莱茵河谷段，从德国的美因兹到科布伦茨。这里河道蜿蜒曲折，河水清澈见底。人们坐在白色的游艇之上，极目远望，碧绿的葡萄园层次有序地排列在两岸，一座座以桁架建筑而引人注目的小城和五十多座古堡、宫殿遗址点缀在青山绿水之中。

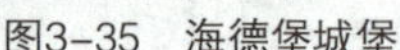
图3-35 海德堡城堡

图3-36 新天鹅堡

（5）其他景点

海德堡城堡：海德堡城堡（见图3-35）是一个建于13世纪的古城，坐落于国王宝座山顶上，名胜古迹非常多，历史上经过几次扩建，形成歌特式、巴洛克式及文艺复兴三种风格的混合体，德国文艺复兴时期的代表作。古堡的正门雕有披着盔甲的武士队，中央庭园有喷泉以及四根花岗岩石柱，四周则为音乐厅、玻璃厅等建筑物。古城现在多数的房间开放给游客参观，保存完好的一些大厅，目前仍可供宴会以及艺术表演之用。站在城郭上远望，满眼尽是无边无垠的葡萄园，美不胜收。堡中能储存220000升葡萄酒的“大酒桶”以及大酒窖，是海德堡城内最吸引观光客的原因。

【知识链接】

—大酒桶传说—

在16世纪末，有一个名叫佩克欧〔Perkeo〕的宫廷弄臣，受命专门看管这个大酒桶，据说他是个千杯不醉的酒仙，平日以酒代水，但也会借酒助兴，自娱娱人。久而久之，大家为了他的健康着想，都力劝他少喝酒，多喝水，想不到佩克欧却在改饮下一杯水之后暴毙。城堡的堡主于是刻了一个他的木雕像挂在酒桶上，并封他为酒神，希望能让以后酿出来的酒都很好喝。不管传说是不是真的，走进酒桶的封口，似乎隐约仍可闻到一股葡萄酒味！同时在酒窖墙上也挂着红发矮小带着笑容的佩克欧画像，可见佩克欧确是海德堡人的守护神，也是欢乐人生的象征。

新天鹅堡：全名新天鹅石城堡（见图3-36），是19世纪晚期的建筑，位于今天的德国巴伐利亚西南方，邻近年代较早的高天鹅堡（Schloss Hohenschwangau，又称旧天鹅堡），距离菲森镇约4千米，离德国与奥地利边界不远。这座城堡是巴伐利亚国王路德维希二世的行宫之一。共有360个房间，其中只有14个房间依照设计完工，其他的346个房间因国王1886年逝世而未完成。这里也是最受欢迎的旅游景点之一。

【课后习题】

1．德国被称之为工业大国，请阐述德国的主要工业有哪些？

2．为什么德国能成为欧洲最受欢迎的会展旅游大国？

俄罗斯

一、国家概况

1. 位置、领土和地形

位于欧洲东部和亚洲北部，其大部分欧洲领土位于东欧平原。它横跨亚欧大陆，东濒太平洋，西接波罗的海、芬兰湾，领土面积约1707.54万平方千米，是世界上领土面积最大的国家。陆地邻国西北面有挪威、芬兰，西面有爱沙尼亚、拉脱维亚、立陶宛、波兰、白俄罗斯，西南面是乌克兰，南面有格鲁吉亚、阿塞拜疆、哈萨克斯坦，东南面有中国、蒙古和朝鲜。东面与日本和美国隔海相望。海岸线长33807千米。地形以平原和高原为主。

2. 气候

大部分地区处于北温带，气候多样，以温带大陆性气候为主，但北极圈以北属于寒带气候。温差普遍较大，1月平均温度为-35℃～1℃，7月平均温度为11～27℃。年降水量平均为150～1000毫米。西伯利亚地区纬度较高，气候寒冷，冬季漫长，但夏季日照时间长，气温和湿度适宜，利于针叶林生长。

3. 资源

俄资源总储量的80%分布在亚洲部分。

矿产资源：拥有煤（库兹巴斯）、石油（秋明油田、第二巴库油田）、天然气、铁（库尔斯克）、锰、铜、铅、锌等矿产资源。石油探明储量82亿吨，占世界探明储量的4%～5%，居世界第八位。森林覆盖面积8.67亿公顷，占国土面积50.7%，居世界第一位。林材蓄积量807亿立方米。天然气已探明蕴藏量为48万亿立方米，占世界探明储量的1/3，居世界第一位。水力资源4270立方千米/年，居世界第二位。

钻石资源：俄罗斯日前公布了一个20世纪70年代发现的钻石矿。该矿位于西伯利亚东部地区的一个直径超过100公里的陨石坑内，储量估计超过万亿克拉，能满足全球宝石市场3000年的需求。科学家们表示，这个被称为“珀匹盖”（Popigai）的陨石坑的历史超过3500万年，它下面的钻石储存量估计是全球其他地区钻石储量之和的十倍。

4. 人口

总人口约1.425亿（2014年），是世界上人口减少速度最快的国家之一。俄全国有150多个民族，其中俄罗斯族占77.7%，主要少数民族有鞑靼、乌克兰、楚瓦什、巴什基尔、白俄罗斯、摩尔多瓦、日耳曼、乌德穆尔特、亚美尼亚、阿瓦尔、马里、哈萨克、奥塞梯、布里亚特、雅库特、卡巴尔达、犹太、科米、列兹根、库梅克、印古什、图瓦等。人口分布极不均衡，西部发达地区平均每平方千米52～77人，个别地方达261人每平方千米，而东北部苔原带不到1人每平方千米。

5. 简史

俄罗斯联邦，简称俄罗斯。俄罗斯曾是苏联1 5 个加盟共和国中最大的一个。苏联解体后，俄罗斯联邦成为完全独立的主权国家，并成为苏联唯一继承国。

二、政治经济

1. 政治

全称：俄罗斯联邦。

体制：总统制共和制。

政党：俄罗斯实行多党制，主要有以下政党：统一俄罗斯党、俄罗斯共产党、俄罗斯自由民主党、公正俄罗斯党、亚博卢联盟、右翼力量联盟。

行政区划：2014年3月21日，俄罗斯总统普京签署命令成立克里米亚联邦区，奥列格·别拉温采夫被任命为俄总统驻克里米亚全权代表。

俄罗斯9个联邦管区分别为：

①中央联邦管区（莫斯科）；

②西北联邦管区（圣彼得堡）；

③南部联邦管区（顿河畔罗斯托夫）；

④伏尔加联邦管区（下诺夫哥罗德）；

⑤乌拉尔联邦管区（叶卡捷琳堡）；

⑥西伯利亚联邦管区（新西伯利亚）；

⑦远东联邦管区（哈巴罗夫斯克又称伯力城）；

⑧北高加索联邦管区（皮亚季戈尔斯克又称五山城）；

⑨克里米亚联邦管区（辛菲罗波尔）。

俄现由85个联邦主体组成：3个联邦直辖市、4个自治区、22个共和国、46个州、9个边疆区、1个自治州

首都：莫斯科。有850多年历史的国际大都市，也是俄罗斯政治、经济、文化和科技中心。

国旗：呈横长方形，长与宽之比约为 3 ：2（见图3-37）。旗面由三个平行且相等的横长方形相连而成，自上而下分别为白、蓝、红三色。俄罗斯幅员辽阔，国土跨寒带、亚寒带和温带三个气候带，用三色横长方形平行相连，表示了俄罗斯地理位置上的这一特点。白色代表寒带一年四季白雪茫茫的自然景观；蓝色既代表亚寒带气候区，又象征俄罗斯丰富的地下矿藏和森林、水力等自然资源；红色是温带的标志，也象征俄罗斯历史的悠久和对人类文明的贡献。

国徽：红色盾面上有一只金色的双头鹰，鹰头上是彼得大帝的三顶皇冠，鹰爪抓着象征皇权的权杖和金球。鹰胸前是一个小盾形，上面是一名骑士和一匹白马（见图3-38）。

国歌：《俄罗斯，我们神圣的祖国》。

国花：向日葵（别名：太阳花）。

图3-37　俄罗斯国旗

图3-38　俄罗斯国徽

【知识链接】

双头鹰由来可追溯到公元15世纪。双头鹰原是拜占庭帝国君士坦丁一世的徽记。拜占庭帝国曾横跨欧亚两个大陆，它一头望着西方，另一头望着东方，象征着两块大陆间的统一以及各民族的联合。1453年，曾辉煌一时的拜占庭帝国被奥斯曼土耳其帝国灭亡，拜占庭皇帝君士坦丁十一世英勇战死。他的两个弟弟，一个臣服于奥斯曼帝国，另一个带着两个儿子和女儿索菲亚·帕列奥洛格逃到罗马。后来，这两儿一女在其父死后被罗马教皇抚养成人。当时的罗马政治家们为了借助俄罗斯的军事力量抵御土耳其人，便用联姻的方式将索菲亚许配给了莫斯科大公伊凡三世。索菲娅由此佩戴着拜占庭帝国威严的双头鹰徽记来到了俄罗斯。索菲娅协助夫君伊凡三世把俄罗斯的土地基本上联合到一起，形成了一个疆域辽阔的统一的国家。

2. 经济

俄罗斯工业、科技基础雄厚，苏联曾是世界第二经济强国，1978年被日本赶超。1970年苏联的国民生产总值为美国的42%，人均收入为美国的37%。苏联解体后俄罗斯经济一度严重衰

退。2000年普京执政至今，连续8年保持增长（年均增幅约6.7%），外贸出口大幅增长，投资环境有所改善，居民收入明显提高。

财政金融总体趋好：2006年黄金外汇储备居世界第三位；卢布升值了7.6%；国际信用评级提高。自2006年7月起，俄实行卢布完全可自由兑换，汇率稳定。

工业：俄工业发达，核工业和航空航天业占世界重要地位。工业基础雄厚，以机械、钢铁、冶金、石油、天然气、煤炭、森林工业及化工等为主，木材和木材加工业也较发达。俄工业结构不合理，重工业发达，轻工业发展缓慢，民用工业落后状况尚未根本改变。

农牧业：俄农牧业并重，主要农作物有小麦、大麦、燕麦、玉米、水稻和豆类等，是世界产粮大国，粮食出口量居世界前列。经济作物以亚麻、向日葵和甜菜为主。畜牧业主要为养牛、养羊、养猪业。俄农业生产主体主要由农业企业、个体农民和普通居民三部分构成，粮食和经济作物主要由农业企业生产，而马铃薯和蔬菜主要由普通居民生产。

旅游业：近年来发展较快，但在国民经济中尚不占重要地位。俄旅游业仅占国民生产总值的3%。目前，俄已通过《俄罗斯至2015年旅游法发展战略》，根据该发展战略，2015年前俄将投资3万亿卢布发展旅游，每年到俄罗斯旅游的外国游客将达到3200万人。国内主要旅游点是莫斯科、圣彼得堡、黑海疗养地、伏尔加河沿岸城市和海滨边疆区。

交通运输业：各类运输方式俱全，铁路、公路、水运、航空都起着重要作用。

三、科技教育

1. 教育

俄罗斯是教育大国。它一方面继承了苏联的教育传统，另一方面探索和建立了与市场经济相适应的教育体制和办学模式。

俄罗斯教育体系：普遍教育（含学前教育、普通初等教育、普通基础教育和普通中等教育）、职业教育（含初等职业教育、中等职业教育、高等职业教育、高校后职业教育）以及相应的各类教育机构。（据《俄联邦教育法》，普通高等教育包括在“高等职业教育”之中，研究生教育、继续教育被列为“高校后职业教育”。）

俄罗斯的高等教育水平在自然科学和基础研究方面居世界领先地位，航空航天、军事工业等工程技术领域亦属世界一流。在人文和社会科学方面拥有优秀传统和鲜明风格。知名的大学有莫斯科罗蒙诺索夫国立大学和圣彼得堡国立大学，此外还有莫斯科鲍曼国立技术大学、圣彼得堡国立技术大学、莫斯科动力学院、莫斯科门捷列夫化工学院和莫斯科航空学院等。

2. 科技

从18世纪到20世纪中后期，俄罗斯的科学技术经历了学习和赶超西方的历程，并形成了较为完备的体系，部分尖端技术接近或赶上工业发达国家。苏联解体后，俄罗斯继承了苏联科技体系，并且依然是当今世界的科技大国之一，在基础研究方面位居世界前列。

俄罗斯科技水平主要体现在以下几个重要领域：军工高精尖技术领域、航天领域、核能领域、激光技术及其他先进制造技术领域、新材料领域、信息和电子技术领域等。

3. 体育

俄罗斯是传统的体育强国，足球、冰球和网球是俄罗斯最受普通大众欢迎的运动，国内的足球超级联赛和冰球联赛是最受欢迎的两个体育联赛。

俄罗斯是奥运百年历史上的一个最为重要的夺金强国之一。俄罗斯的奥运传统优势项目包括体操、艺术体操、蹦床、击剑、射击、花样游泳、举重、排球、垒球和赛艇等。由于俄罗斯大部分领土地处高纬度，拥有得天独厚的冬季奥运会项目的训练场以及比赛场地。在滑雪、花样滑冰等项目上亦表现上佳。俄罗斯也是国际象棋强国。

1980年夏季奥林匹克运动会曾在莫斯科举办，2014年冬奥会在索契举办，2010年12月2日俄罗斯申办2018年世界杯足球赛成功，这将成为俄罗斯所承办的第三个世界级体育盛会。

四、民俗文化

1. 俄罗斯主要节日

俄罗斯的节庆日也十分丰富，如东正教圣诞节、建军节、送冬节、妇女节、劳动节、胜利节、诗歌节、国庆节、三圣节、青年节、体育节、知识节等。

送冬节——2月底～3月初

送冬节又称送肉节，节期约在2月末到3月初，为时一周。送冬节的前身是古斯拉夫人的春耕节。人们认为冬去春来是春神雅利洛战胜严寒和黑夜的结果，因此每年2月底3月初都要举行隆重的送冬迎春仪式。

胜利节——5月9日

胜利节是原苏联时期，卫国战争胜利纪念日，是战胜德国法西斯的纪念节日。俄罗斯独立之后保留了这个节日，并改称为胜利节。每年这一天，莫斯科都要举行隆重的集会和阅兵仪式庆祝胜利。国家领导人将会前往红场的无名烈士墓前敬献花圈，进行哀悼。

【知识链接】

俄罗斯谢肉节又称送冬节、烤薄饼周，是一个从俄罗斯多神教时期就流传下来的传统俄罗斯节日。谢肉节持续7天，每天各有其名，庆祝方式不尽相同。星期一为迎春节，家家户户煎制圆薄饼，作为节日的必备食品，吃时佐以鱼子、酸牛奶等；星期二为始欢节，人们邀请亲朋好友家的未婚姑娘和小伙子们一起娱乐，为他们牵线搭桥，提供挑选意中人的机会；星期三为宴请日，岳母宴请女婿；星期四为狂欢日，庆祝活动达到高潮。人们在大街上举行各种狂欢活动，开怀吃喝，尽情欢乐。星期五为新姑爷上门日，新女婿宴请岳母及其家人吃薄饼；星期六为欢送日，人们载歌载舞把象征寒冬女神的草人用雪橇送往村外烧毁，在这一天新媳妇要拜访丈夫的姐妹；星期日为宽恕日，人们走亲访友，拜访邻里，请求他人原谅自己的过错。20世纪60年代末，苏联政府将这个节日改为送冬节，又叫俄罗斯之冬狂欢节。节日的古老习俗和宗教意义都淡化了。但这个节日仍然是俄罗斯人的重要节日，象征太阳的圆薄饼依然是节日的必备食品，节日期间跳的圆圈舞依然是俄罗斯最主要的民间舞蹈形式。节日里，各地还举行化妆游行，彩车上载着人们装扮的寒冬女神、俄罗斯三勇士等神话中的人物，人们载歌载舞送别寒冷的冬天，迎接温暖的春天。

2. 风俗习惯

（1）社交礼仪　在人际交往中，俄罗斯人素来以热情、豪放、勇敢、耿直而著称于世。在交际场合，俄罗斯人惯于和初次会面的人行握手礼。但对于熟悉的人，尤其是在久别重逢时，他们则大多要与对方热情拥抱。

在迎接贵宾之时，俄罗斯人通常会向对方献上“面包和盐”。因为在古俄罗斯盐很珍贵，只有款待贵宾时才能在宴席上见到，而面包在当时则是富裕和地位的象征。

俄罗斯人在迎接客人时有施吻礼的传统，吻礼所表达的是一种祝愿完整、健康之意。

在称呼方面，正式场合他们会采用“先生”“小姐”“夫人”之类的称呼。在俄罗斯，人们非常看重人的社会地位。因此对有职务、学衔、军衔的人，最好以其职务、学衔、军衔相称。

依照俄罗斯民俗，在用姓名称呼俄罗斯人时，可按彼此之间的不同关系，具体采用不同的方法。只有与初次见面之人打交道时，或是在极为正规的场合，才有必要将俄罗斯人的姓名的三个部分连在一起称呼。

（2）习俗禁忌　俄罗斯人主张“左主凶，右主吉”，因此，他们也不允许以左手接触别人，或以之递送物品。

见面接吻和拥抱，是俄罗斯人的重要礼节。男女在隆重的场合相遇，常常是男子弯腰吻女子手背。日常生活中，长辈吻晚辈的面颊三次（先右、后左、再右），男子间只能拥抱，亲兄弟姐妹见面时，可拥抱亲吻。

尊重女子是俄罗斯人的社会风尚，女士优先显示了俄罗斯人的绅士风度，在公共场合里，男士往往自觉地充当“护花使者”。

男士吸烟要先得到女士们的同意，让烟时不能单独递一支，要递上一整盒，相互点烟时，不能连续点三支烟。

赠送鲜花是最好的礼物，花的数量一般为三枝、五枝或九枝，均为单数，花束越鲜艳、数量越多越好。只有在追悼亡人时，花才送双数。颜色以一种至两种为宜。

俄罗斯人视“葵花”为国花，最讨厌“13”这个数字，最忌讳13个人聚在一起，而数字“7”却意味着幸福或成功。忌讳“星期五”。黑色表示肃穆、不祥或晦气。

镜子被视为“神圣物品”，打碎镜子意味着个人生活将出现疾病或灾难；打翻盐瓶、盐罐是家庭不和的预兆，但打碎盘、碟子则意味着富贵和幸福。

俄罗斯人都有两个神灵，左方为凶神，右方为善良的保护神，因此学生忌用左手抽考签，熟人见面不能用左手握手，早晨起来不可左脚先着地。

（3）餐饮礼仪　在饮食习惯上，俄罗斯人讲究量大实惠，油大味重。他们喜欢酸、辣、咸味，偏爱炸、煎、烤、炒的食物，尤其爱吃冷菜。总的讲起来，他们的食物在制作上较为粗糙一些。

一般而论，俄罗斯人以面食为主，他们很爱吃用黑麦烤制的黑面包。除黑面包之外，俄罗斯的特色食品还有鱼子酱、酸黄瓜、酸牛奶等。吃水果时，他们多不削皮。

在饮料方面，俄罗斯人很能喝冷饮。具有该国特色的烈酒伏特加，是他们最爱喝的酒。他们还喜欢喝一种叫“格瓦斯”的饮料。

（4）服饰礼仪　俄罗斯人大都讲究仪表，注重服饰。在俄罗斯民间，已婚妇女必须戴头巾，并以白色为主；未婚姑娘则不戴头巾，但常戴帽子。

在城市里，俄罗斯人目前多穿西装或套裙，俄罗斯妇女往往还穿连衣裙。

前去拜访俄罗斯人时，进门之后务请立即自觉地脱下外套、手套和帽子，并且摘下墨镜。这是一种礼貌。

（5）商务礼仪　每年4～6月是俄罗斯人的度假季节，不宜进行商务活动。同时商务活动还应当尽量避开节假日。会见客户时要清楚地介绍自己，并把同伴介绍给对方。但要注意，俄罗斯商人一般在初次见面时不轻易交换名片。进入客户会客室后，要等对方招呼才能入座。吸烟应看当时的环境并征得主人同意才行，若是主人主动敬烟则另当别论。

五、旅游资源

1. 最佳旅游时间

夏、秋、冬三季为俄罗斯的最佳旅游季节，夏季相对温暖适合游玩；秋天别有一番金黄色的韵味；如果你不惧严寒，不妨冬季来这里尽情感受冰雪世界的纯美。

2. 美食小吃

尽管俄罗斯人不像中国人那样对吃那么讲究，但是他们也有独具风味的美食（见图3-39）。各种沙拉、熏鸡、熏肠、烤肉串（将大块的肉串在一起烤）也是俄罗斯菜中的美味，蔬菜中的酸黄瓜很爽口，西葫芦也很新鲜，来自中亚的西瓜、甜瓜（哈密瓜）特别甜，春天的樱桃、草莓最受女孩的喜爱。契诃夫有部著名的戏剧就叫《樱桃园》，可见樱桃遍布俄罗斯的田野。

俄式大咧巴：大咧巴是黑面包的另外一种称谓，是俄罗斯人餐桌上的主食，乍看起来它的颜色像中国的高粱面窝头，切成一片一片的，口感有点儿酸，又有点咸，黑面包用的酵母含有多种维生素和生物酶，极富营养，又易于消化。

伏特加：伏特加被视为俄罗斯的国酒。俄罗斯因气候原因，以嗜酒著称。所以，伏特加的需求量极大。不论在任何时期，伏特加的销量都不曾递减。

馅饼：俄国古谚语中说道：俄国人的一生都伴随着馅饼。每逢重要节日、新年、洗礼、生日、命名日、婚礼以及葬礼，馅饼都是必不可少的重要菜肴。因为对俄罗斯人来说，馅饼有着“太阳”“伟大节日”“丰收”“孩子健康”和“婚姻幸福”等多种含义。

红烩牛肉：红烩牛肉是一道典型的俄式菜，味道浓郁鲜香，俄罗斯普通人家的餐桌上一般都少不了它。

俄式大咧巴

伏特加

红烩牛肉

馅饼

图3-39　俄罗斯美食

俄式酸黄瓜：俄式酸黄瓜虽然是很多凉菜的配菜，但如果没有它，菜色的味道则会大打折扣。俄式酸黄瓜的味道集酸、辣、香、咸于一体，黄瓜质地脆嫩，不但清爽可口、开胃解腻，而且黄瓜中的营养能够更好地被人体消化吸收。

3. 旅游景点

克里姆林宫（Kremlin）：在莫斯科市中心，濒临莫斯科河，克里姆林宫曾为莫斯科公国和18世纪以前的沙皇皇宫。“十月革命”胜利后，成为苏联党政领导机关所在地。始建于1156年，初为木墙，后屡经扩建，至19世纪40年代建成大克里姆林宫。作为一座古老建筑群，主要有大克里姆林宫、多宫、圣母九天教堂、参议院大厦、伊凡大帝钟楼等。宫内塔楼中最宏伟的有斯巴达克、尼古拉、特罗伊茨克、保罗维茨、沃多夫兹沃德等塔楼，1937年，在塔楼上装置了五角红宝石星。

彼得大帝夏宫（Peter the Great's Summer Palace）：位于芬兰湾南岸的森林中，距圣彼得堡市约30千米，占地近千公顷，是历代俄国沙皇的郊外离宫。夏宫（见图3-40）是圣彼得堡的早期建筑。18世纪初，俄国沙皇彼得大帝下令兴建夏宫，其外貌简朴庄重，内部装饰华贵。当时的许多大型舞会、宫廷庆典等活动都在这里举行，彼得大帝生前每年必来此度假。1934年以后，夏宫辟为民俗史博物馆。如今，夏宫已成为包括18世纪和19世纪宫殿花园的建筑群，由于它的建筑豪华壮丽，夏宫因而被人们誉为“俄罗斯的凡尔赛”。夏宫的主要代表性建筑是一座二层楼的宫殿，当年彼得大帝住在一楼，他的妻子叶卡捷琳娜一世（彼得大帝的第二个妻子）住在二楼，楼上装饰极为华丽，舞厅的圆柱之间，都以威尼斯的镜子作装饰。

冬宫（Winter Palace）：坐落在圣彼得堡宫殿广场上，原为俄国沙皇的皇宫，十月革命后辟为圣彼得堡国立艾尔米塔奇博物馆的一部分。冬宫（见图3-41）是一座蔚蓝色与白色相间的建筑，高三层，宫殿长约230米，宽140米，高22米，呈封闭式长方形，占地9万平方米，建筑面积4.6万平方米。宫内有厅室1057间，门1886座，窗1945个。冬宫的亚历山大柱于1830年至1839年建成，以纪念1812年亚历山大一世率俄军战胜拿破仑军队这一伟绩。19世纪中叶，当时的俄国有一项特别的法律规定，圣彼得堡市所有的建筑物，除教堂外，建筑高度都要低于冬宫。

斯莫尔尼宫：位于圣彼得堡市的斯莫尔尼宫（见图3-42）建于19世纪初叶，是一座外观典雅的三层建筑。原为贵族女子学院，曾是苏共列宁格勒州委和市委机关所在地。斯莫尔尼宫正面长220米，主体建筑的两翼伸出，每翼各长40米，组成宫中的主要庭院。20世纪60年代又在

图3-40　彼得大帝夏宫

图3-41　冬宫

正门增建8根壮丽的圆柱和7个拱形门廊，和其右侧巴洛克式建筑风格的斯莫尔尼修道院浑为一体，形成巧妙的组合，合称“斯莫尔尼建筑群”。“斯莫尔尼”一词来自俄语“沥青”，初建时这里属沥青厂。

莫斯科大彼得罗夫大剧院（简称大剧院）：始建于1776年，是俄罗斯历史最悠久的剧院，坐落在莫斯科斯维尔德洛夫广场上。它的建筑既雄伟壮丽，又朴素典雅，内部设备完善，具有极佳的音响效果。剧场呈椭圆形，正面是大舞台，高达18米，台前是深深的乐池，中间是一排排的观众席。其他三面是贴墙的包厢，总共五层，高21米。总统包厢在二层正中央，还有两个贵宾包厢设在舞台的左右两侧。包厢里放着几把镏金包缎椅子，平时只供观赏。剧场可容纳2200名观众，整个内部装饰完全是宫廷式的，仅房顶的大吊灯就把一万三千块水晶和无数小烛台照得闪闪发光（见图3-43）。

普希金广场（Pushkin Square）：位于莫斯科市中心，旧称苦行广场，因旧时广场上建有苦行修道院而得此名。1937年，为纪念俄国伟大诗人普希金逝世100周年，当时的苏联政府把苦行广场改名为普希金广场。广场上耸立着4米多高的普希金青铜纪念像。纪念像采用了后来获“超等艺术家”称号的雕刻师奥佩库申的设计。1880年7月18日，纪念像举行揭幕仪式。纪念像基座上刻有普希金的一首诗，诗曰：“在这残酷的世纪，我歌颂过自由，并且还为那些蹇滞的人们，祈求过怜悯和同情。”广场上有个小花园，园中有花岗石台阶、红色大理石喷泉、饰灯等，景色优美（见图3-44）。

“阿芙乐尔号”巡洋舰（Aurora Crusier）：原为波罗的海舰队的巡洋舰（见图3-45），该

图3-42　斯莫尔尼宫

图3-43　大彼得罗夫大剧院

图3-44　普希金广场

图3-45　“阿芙乐尔号”巡洋舰

舰长124米，宽16.8米，1903年起服役。“阿芙乐尔”意为“黎明”或“曙光”，在罗马神话中，“阿芙乐尔”是司晨女神，她唤醒人们，送来曙光。1917年11月6日，舰上的官兵把舰开到彼得堡尼古拉耶夫桥畔（现施米特中尉桥），7日上午10时，列宁以革命军事委员会的名义，起草《告俄国公民书》，在“阿芙乐尔号”上向全国广播，当日晚21时45分，“阿芙乐尔号”巡洋舰炮轰临时政府所在地冬宫，宣告了“十月革命”的开始。1923年，该舰改为练习舰。在苏联卫国战争中，“阿芙乐尔号”巡洋舰自沉于港湾中，战争后期它被打捞出来，并于1944年修复。从1948年11月起，它作为十月革命的纪念物和中央军事博物馆分馆，永久性地停泊在涅瓦河畔，供人们参观、瞻仰。

莫斯科地铁（Moscow Metro）：世界上规模最大的地铁之一，它一直被公认为世界上最漂亮的地铁，享有“地下的艺术殿堂”之美称。1935年5月15日，苏联政府出于军事方面的考虑，正式开通莫斯科地铁。其建设工程耗时仅3年，一期工程建了两条线。第一条线路从索科尔尼基公园到市中心斯摩棱斯克广场，共13站，长11.6千米。后来又建成第3条、第4条线，到1943年 5条线全部通车，40年代末又出现了环线地铁。如今，莫斯科地铁（见图3–46）全长220多千米，其布局与地面的布局一致，呈辐射及环行线路。地铁站的建筑造型各异、华丽典雅。每个车站都由国内著名建筑师设计，铺设的大理石就有几十种，并广泛采用大理石、马赛克、花岗石、陶瓷和五彩玻璃，装饰出具有不同艺术风格的大型壁画及各种浮雕、雕刻，再配以各种别致的灯饰，像富丽堂皇的宫殿，让人完全没有置身地下的感觉，其中一些作品美妙绝伦，令人流连忘返。地铁车厢除顶灯外，还设计了便于读书看报的局部光源，在车厢门口安装了报站名用的电子显示屏。地铁站除根据民族特点建造外，还以名人、历史事迹、政治事件为主题而建造。

阿尔巴特街（Arbat Street）：莫斯科市中心的一条著名步行街（见图3–47），紧邻莫斯科河，是莫斯科的象征之一。著名诗人普希金从1830年起居住在这条大街上，普希金故居就坐落在阿尔巴特街53号。阿尔巴特街曾是艺人和画家荟萃的天堂，保存有许多古色古香的建筑。阿尔巴特街的小店铺一家挨一家，商品种类极其繁多，如暖和的护耳皮帽、精心编制的大草鞋、琳琅满目的耳环和坠子、各种古怪的护身符、别致的小包、印有明星头像的T恤衫、年代久远的宣传画、伪造的证件、古董、雕塑以及绘有俄罗斯历届领导人形象的玩偶套人等，其中街头

图3–46　莫斯科地铁

图3–47　阿尔巴特街

作画的艺人是阿尔巴特街上一道不灭的风景线。

俄罗斯国家大剧院： 俄罗斯历史最悠久的剧院——俄罗斯国家大剧院（见图3–48）是世界著名的音乐、戏剧、文化中心，也是俄罗斯及其文化艺术的象征。1825年，俄罗斯著名设计师博韦对剧院进行了改建，改建后的国家大剧院既雄伟壮丽，又朴素典雅，其内部设施完备，音响效果极佳。观赏大厅共6层，可容纳2200多名观众。

图3–48　俄罗斯国家大剧院

【课后习题】

俄罗斯民间艺术有哪些?

意大利

一、国家概况

1. 地理位置、地形

意大利地处欧洲南部，包括亚平宁半岛及西西里、萨丁等岛屿，北以阿尔卑斯山为屏障，与法国、瑞士、奥地利和斯洛文尼亚接壤，东、南、西三面临海。意大利国土面积约30.1万平方千米。海岸线长约7200多千米。

全境4/5为山地和丘陵，北部是阿尔卑斯山脉，沿着半岛走向是亚平宁山脉。意、法边境的勃朗峰海拔4810米，居欧洲第二；意大利多火山地震，有著名的维苏威火山和欧洲最大的活火山——埃特纳火山。意大利北部地区的波河平原是意大利最大的平原，是主要的农业区。

2. 气候

大部分地区属亚热带地中海气候。1月年平均气温2～10℃，7月为23～26℃，夏季炎热干燥、冬季温和多雨。年平均降水量500～1000毫米。这种气候特别适合葡萄和亚热带水果的生长。

3. 资源

意大利自然资源贫乏，仅有水力、地热、天然气等能源和大理石、黏土、汞、硫磺以及少量铅、铝、锌和铝矾土等矿产资源。石油和天然气产量只能满足国内一小部分的市场需求，75%的能源供给和主要工业原料依赖国外进口。意大利传统重要的可再生能源为地热和水力，地热发电量为世界第二，仅次于美国，水力发电排名世界第九位。意大利一直重视发展太阳能，2011年意大利是世界第一光伏装机容量国（占世界份额1/4），意大利国内可再生能源供给比例已经达到能源总需求的25%。

4. 人口

人口约6111万（2014年）。94%的居民为意大利人，少数民族有法兰西人、拉丁人、罗马人、弗留里人等。除西北部与东北部的少数民族讲法语、德语和斯洛文尼亚语外，绝大多数居民讲意大利语。意大利大部分居民信奉天主教。

5. 简史

意大利是文明古国，公元前2000年—前1000年，不断有印欧民族迁入。历经罗马共和国和罗马帝国时期后，962年，受神圣罗马帝国统治。自16世纪起，意大利先后被法国、西班牙、奥地利占领。1861年3月，建立意大利王国。1870年王国军队攻克罗马，完成统一。1922年10月31日墨索里尼上台，实行长达20余年的法西斯统治。1943年7月墨索里尼被推翻。同年9月3日，由国王任命的巴多里奥内阁同协约国签订停战协议，意大利无条件投降，10月对德宣战。1946年6月2日举行公民投票，正式宣告废除王国，成立共和国。

二、政治经济

1. 政治

国名：意大利共和国。

体制：议会制共和制。

行政区划：全国划分为20个行政区，共103个省，8088个市（镇）。

首都：罗马。

国旗：呈长方形，长与宽之比为3：2。旗面由三个平行相等的竖长方形相连构成，从左至右依次为绿、白、红三色。意大利原来国旗的颜色与法国国旗相同，1796年才把蓝色改为绿色。据记载，1796年拿破仑的意大利军团在征战中曾使用由拿破仑本人设计的绿、白、红三色旗。1946年意大利共和国建立，正式规定绿、白、红三色旗为共和国国旗（见图3-49）。

国徽：呈圆形。中心图案是一个带红边的五角星，象征意大利共和国；五角星背后是一个大齿轮，象征劳动者；齿轮周围由橄榄枝叶和橡树叶环绕，象征和平与强盛。底部的红色绶带上用意大利文写着“意大利共和国”（见图3-50）。

图3-49　意大利国旗

图3-50　意大利国徽

国歌：《马梅利之歌》。

国花：雏菊。

国石：珊瑚。

2. 经济

20世纪90年代国家为解决之前财政年度积累下来的财政收支失衡问题，施行了大规模的国有企业、银行等私有化计划，现私有经济是意大利经济的主体，占国内生产总值的80%以上。服务业约占国内生产总值的2/3。国内各大区经济发展不平衡，南北差距明显。

工业：主要以加工工业为主，所需能源和原料依赖外国进口，工业产品的1/3以上供出口。国家参与制企业比较发达，意大利的原油年加工能力为1亿吨左右，有“欧洲炼油厂”之称；钢产量居欧洲第二；塑料工业、拖拉机制造业、电力工业等也位居世界前列。伊利、埃尼和埃菲姆三大国营财团掌握着国家的经济命脉，在全国工业产值中约占1/3，经营范围涉及钢铁、造船、机械、石油、化工、军火等部门。

意大利中小企业众多，占企业总数的98%以上，传统上以出口为导向，近70%的国内生产总值由中小企业创造，因此被世人称为“中小企业王国”。意大利中小企业在制革、制鞋、纺织、首饰、酿酒、机械、大理石开采及电子工业等部门均占优势，具有专业化程度高、适应能力强、劳动力安排富于伸缩性和产品出口的比例大等优点。以家庭式微型企业为主的“地下经济”十分繁荣，产值约占国内生产总值的15%。

农牧渔业：农、林、渔业占国内生产总值约为2.4%。意大利境内多山，缺乏肥沃土壤，农业可耕地面积仅占全国总面积的10%。意大利是继法国之后世界第二大葡萄酒生产国。除水果和蔬菜之外，意大利是食品和农产品的纯进口国。

旅游业：意大利旅游资源丰富，气候湿润，风景秀丽，文物古迹众多，有良好的海滩和山区，公路四通八达，旅馆多为中小型。主要旅游城市是罗马、佛罗伦萨和威尼斯。

意大利旅游业发达，旅游收入是弥补国家收支逆差的重要来源。旅游业营业额约合714亿多美元，约占国内生产总值的6%，净收入约合252亿多美元。

交通运输业：意大利交通运输系统属于世界上最完善的交通系统之一，意大利领土面积排名世界第71位。但国内各种交通运输系统建筑长度总和位于世界前20，人均拥有交通路线长度则处于世界前10。

三、科技教育

1. 教育

教育体制主要分为幼儿教育、小学教育、初中教育、高中教育和大学教育五个阶段。

小学学制为5年，分初小2年、高小3年；初中学制3年；高中分普通高中、职业高中和中专技术学校三大类，学制分5年、4年、3年不等（多数为5年）。高中生通过全国毕业考试后，即可升入大学。

意大利全国现有大学88所，其中国立大学55所，私立大学13所，专科学校11所，共有329个系，772个专业。意大利的艺术、设计、时尚类的教育在世界范围内都处于领先地位。高等教育院校众多，包括公立大学、私立大学。

2. 科技

意大利有良好的科学传统，20世纪先后有9位科学家获得过诺贝尔物理、化学、医学奖。基础研究中的物理与天文（如超导托克马克、同步辐射加速器、宇宙射线的研究和大型天体望远镜的研制等）、临床医学、生物医学、化学等领域处于世界前列。高新技术领域如空间技术、信息通信、高性能并行计算机（运算速度已经达到每秒万亿次）、核能等有一定的竞争力。自1997年意大利大学科研部向意大利国会提交《国家科学技术体系改革大纲》并获批准以来，意大利科技管理与科研体制改革进入了新的阶段。

3. 文化

提起文明古国意大利，人们立刻会联想到历史上显赫一时的古罗马帝国、于公元79年毁于维苏威火山大爆发的庞贝古城、闻名于世的比萨斜塔、文艺复兴的发祥地佛罗伦萨、风光旖旎的水城威尼斯、被誉为世界第八大奇迹的古罗马竞技场……公元79年，庞贝古城被附近的维苏威火山喷发后淹没，后来经过意大利考古学家挖掘，人们从庞贝古城遗址可以看出古罗马时代的社会生活。目前，庞贝古城遗址是联合国教科文组织批准的世界遗产之一。

公元14—15世纪，意大利文艺空前繁荣，成为欧洲“文艺复兴”运动的发源地，但丁、达·芬奇、米开朗基罗、拉斐尔、伽利略等文化与科学巨匠对人类文化的进步作出了无可比拟的巨大贡献。如今，在意大利各地都可见到精心保存下来的古罗马时代的宏伟建筑和文艺复兴时代的绘画、雕刻、古迹和文物。

意大利举办过三届世界博览会，一届为意大利1906年米兰世界博览会，一届为意大利1992年热那亚世界博览会，另一届为意大利2015年米兰世界博览会。

四、民俗习惯

1. 意大利主要节日

意大利全年有大约1/3的日子属于节日。有的是宗教节日；有的是民间传统节日；有的是国家纪念日。由于罗马在基督教世界中的特殊地位，普通的宗教节日也就有了特别的罗马意义。下面主要介绍几个具有代表性的节日。

赛舟会

夏季举行，由意大利历史上的四个重要的海港城市——比萨、威尼斯、阿马尔菲和热那亚之间进行赛舟。该赛事在四个城市循环举办。

威尼斯国际电影节

9月初在Lido举办，电影节吸引了国际最耀眼的电影界名流前来参加为期数周的电影展评活动。

国际美食沙龙

每两年一次，10月在都灵举行，节日里的都灵成为各种优良食品、产品和精美烹饪的大舞台。慢食运动组织（意大利本土的反快餐组织）负责承办这个国际美食家聚集一堂的节日。

2. 风俗习惯

（1）社交礼仪　意大利人的特点：意大利人性格一般比较开朗、健谈、热情奔放。初次见面谈问题都比较直爽，单刀直入，不拐弯抹角。但南北方又各有不同，北方人比较注意行为举止，比较注意谈吐，注重个人享乐，时间观念较强；而南方人较保守，虽然性格开朗，人也非常热情，但更注重传统的家庭生活，时间观念不强。总的来说，意大利人与地中海沿岸一些国家的人都有这么一个特点，说话比较随便，时间观念不强。

见面礼：意大利人相互见面时，大多惯行握手礼，常见朋友之间，多招手示意。意大利的格瑟兹诺人，遇见朋友总习惯把帽拉低，以此表示对朋友的尊敬。

肢体语言：意大利人习惯用手语表达个人的意愿，常用的手势有：用大拇指和食指圈成O形，其余三指竖起，意表“好”“行”或“一切顺利”；竖起食指来回摆动，意表“不”“不是”“不行”；一边伸出手掌，再加上撇撇嘴，意表“不清楚”和“无可奉告”；用食指顶住脸颊来回转动，意表“好吃”；五指并拢，手心向下，在胃部来回转动，意表“饥饿”；五指并拢，用食指侧面碰击额头，意表骂别人“笨蛋”“傻瓜”。

意大利人讲究穿着打扮，在服饰上喜欢标新立异，出席正式场合都注意衣着整齐得体。他们喜爱听音乐和看歌剧，他们的音乐天赋和欣赏能力大都较高。到歌剧院看歌剧比较讲究穿着和举止，尤其是男士，要穿晚礼服或至少穿西装打领带，对演员的精湛演出应报以热烈的掌声。

（2）禁忌　意大利忌讳“13”和“星期五”，认为“13”这一数字象征着“厄兆”，“星期五”也是不吉利的象征。

意大利忌讳菊花。因为菊花是丧葬场合使用的花，是放在墓前为悼念故人用的花，是扫墓时用的花。

如送其他鲜花时要注意送单数。红玫瑰表示对女性的一片温情，一般不宜送。

意大利还忌讳别人用目光盯视他们。认为目光盯视是对人的不尊敬，可能还有不良的企图。

在参加宴请活动或接受邀请到意大利朋友家做客时，尽量在喝饮料、酒水、菜汤和吃面条时不要发出声音，否则，会被认为是没有教养的表现。

（3）餐饮礼仪　意大利人喜欢请客吃饭，这是朋友间聚会的一种方式。上餐馆吃饭，有时会共同摊钱，除非对方声明他请客；如应邀到朋友家吃饭，一般是主人做东，客人应该带点酒、甜食或者带些纪念品或鲜花送给主人。主人接受礼物则应当面将礼品包装打开，并加以赞美。如果前一天因某种原因未给主人带礼物，第二天一定要专门打电话给主人致谢。

意大利人排座位通常是男女相隔，一般还要把丈夫与妻子分开。在主人家吃饭，传统的方式是，席间由女主人给每位客人上菜，客人如喜欢哪个菜，可以再向女主人要，主人会非常高兴。现在这个习俗也在变化，客人可以自己取菜，但不要站起来，够不着时可请主人或其他客人把盘子递过来。

意大利人宴请客人时，通常饭前喝开胃酒，吃饭时改用白葡萄酒或红葡萄酒，饭后要喝消化酒。

五、旅游资源

1. 最佳旅游时间

5～10月最佳，意大利一年四季都适合旅游，旺季集中在每年5～10月，4～6月是天气最好的季节。

2. 美食小吃

意大利民族是一个爱好美食的民族，其美食典雅高贵，且浓重朴实，讲究原汁原味。意大利菜系非常丰富，菜品成千上万，除了大家耳熟能详的比萨饼和意大利粉，它的海鲜和甜品也闻名遐迩。源远流长的意大利餐，对欧美国家的餐饮产生了深厚影响，并发展出包括法餐、美国餐在内的多种派系，故有“西餐之母”之美称。

精美可口的面食、奶酪、火腿和葡萄酒成为世界各国美食家向往的天堂。意大利人饮食特点：味浓香烂，以原汁原味闻名，烹调上以炒、煎 、炸 、红焖等方法著称，并喜用面条、米饭作菜，而不作为主食食用。

小牛肉片、鲜肉盘、意式馄饨汤、沙拉、正宗意大利面、意大利炒饭、面疙瘩、米兰小牛胫肉、火腿起司牛排、红炖白豆牛肚、蔬菜烤鹌鹑及香料烤羊排、茄汁鲈鱼、提拉米苏等是意大利美食中的经典。

3. 旅游城市及景点

（1）罗马　罗马（意大利语：Roma）为意大利首都，也是国家政治、经济、文化和交通中心，是世界著名的历史文化名城，古罗马帝国的发祥地，因建城历史悠久而被昵称为“永恒之城”。

罗马是一座历尽沧桑的古城，拥有古竞技场、万神殿、许愿泉、圣彼得大教堂等景点，像是一座巨大的博物馆，时时颠覆着我们对历史与现实的种种认知。

天使的圣玛利亚教堂：天使的圣玛利亚教堂是1563年米开朗基罗利用迪奥克来齐亚诺浴场温水大厅废墟改建而成的，1863—1867年由凡维特尔改建为现存的模样。入口仿万神殿，天井高91米，是当时建筑上的极限。

西班牙广场：位于意大利罗马三一教堂所在的山丘下，建筑师为德·桑蒂斯和斯佩基，其以登上教堂的西班牙阶梯而闻名。

许愿池：许愿池（见图3-51），又叫做幸福喷泉，传说会带给人们幸福，池中有一个巨大的海神，驾驭着马车，四周环绕着西方神话中的诸神，每一个雕像神态都不一样，栩栩如生，诸神雕像的基座是一片看似零乱的海礁。喷泉的主体在海神的前面，泉水由各雕像、海礁石之间涌出，流向四面八方，最后又汇集于一处。

图3-51　许愿池

万神殿：至今保存完整的唯一一座罗马帝国时期建筑，始建于公元前27—25年，由罗马帝国首任皇帝屋大维的女婿阿戈利巴建造，用以供奉奥林匹亚山上诸神，可谓奥古斯都时期的经典建筑。被米开朗基罗赞叹为“天使的设计”。

纳沃纳广场：罗马最美丽的广场。无论是白天还是晚上，它都是一块吸引游客的天然磁铁，同时也是人们花上个把小时让自己置身于众多咖啡馆之一，同时观赏过往人群的理想场所。广场的轮廓是一个宽阔的椭圆形，正好与阿戈纳利斯竞技场的形状相配。

（2）维罗纳　维罗纳位于意大利北部，是有着25万人口的意大利中等城市，它北靠阿尔卑斯山，西临经济重镇米兰，东接水城威尼斯，南通首都罗马，从地理位置上看，它算得上是最好的军事要塞，跟意大利众多的古城一样，维罗纳也有着悠久的历史，城内至今依然保存着从古代、中世纪一直到文艺复兴时期的大量纪念碑和一座完好的斗兽场。在过去漫长的岁月中，这座写满仇恨和战争历史的小城一直被人们看作军事重镇、历史古城（见图3-52）。

维罗纳是罗马帝国时期的重要城邦，城内保留有典雅而美丽的罗马式及哥特式古建筑。露天圆形竞技场是这座城市最著名的地标，长139米，宽110米，内部共有44层阶梯，可容纳两万余人。圆形竞技场至今保存完好，是国际知名艺术家、音乐指挥和导演向世界展示自己才华的一个重要场所。每年6～8月，维罗纳歌剧节都会在圆形竞技场内上演，至今已有近百年历史。2000年，维罗纳城被联合国教科文组织列入《世界遗产名录》。

维罗纳每年吸引大量游客慕名而来，其中最富盛名的景点当属“朱丽叶故居”。

“朱丽叶故居”建成于13世纪，属于卡佩洛家族，它被认为是《罗密欧与朱丽叶》中朱丽叶所属的凯普莱特家族府邸的原型，大量情侣来到这里，念着剧中的经典台词，“重演”浪漫情节。

（3）米兰大教堂　雄踞在意大利米兰市中心的米兰大教堂（见图3-53）也称圣母降生教堂、多莫大教堂，于公元1386年开工建造，1500年完成拱顶，1774年中央塔上的镀金圣母玛丽亚雕像（据说手已经被盗）就位。1897年最后完工，历时5个世纪。米兰大教堂不仅是米兰的象征，也是米兰的中心。拿破仑曾于1805年在米兰大教堂举行加冕仪式。

大厅内供奉着15世纪时米兰大主教的遗体，头部是白银筑就，躯体是主教真身。教堂屋顶有一小孔，正午时分，阳光正射在地板南北向的金属条上，古人以此计时，称为“太阳钟”。教堂前的广场建于1862年。中央是意大利王国第一个国王维多利奥·埃玛努埃尔二世的骑马铜像，广场右侧黄色建筑是新古典主义建筑风格的王宫，1778年建成，已辟为当代艺术博物馆。

在米兰大教堂广场左侧有维多利奥·埃玛努埃尔二世长廊，建于1865—1877年，长廊呈十字形，长196米，宽47米，高47米廊顶呈拱圆形，顶上装有彩色玻璃棚。地面是用大理石铺成的马赛克图案。巨大的拱形建筑富丽堂皇，长廊内有装潢考究的金银首饰、时装、礼品店、餐馆，咖啡厅和书店。这里是米兰市民的休闲中心，到处是休息的市民及观光客，常年很热闹。

图3-52　维罗纳古建筑

图3-53　米兰大教堂

维多利奥·埃玛努埃尔二世长廊的斯卡拉广场上建有莱昂纳多·达·芬奇的雕像。

（4）威尼斯　既有世上独一无二的温柔，又不乏历史上地中海最强的高雅风景，这里是东西方的桥梁。这座建于公元5世纪的世界著名城市位于意大利东北部，离大陆约4千米，坐落在威尼斯湖约118个大大小小的岛屿上。150多条运河和400座桥梁纵横交错，把这118个岛屿联成一个城市整体。威尼斯（见图3-54）无可比拟的独特外貌和丰富的艺术宝藏，使它成为世界上最具有吸引力的旅游城市。威尼斯的美离不开碧绿碧绿的水和摇摇晃晃的小船，更离不开富丽堂皇的古典建筑物。站在圣马可广场向四周眺望，纵横的街道在这里化身成蜿蜒的运河；在普通城市街上通行无阻的车辆，在这里变成了小船。这里的每一条小水道、小街、小教堂和小广场都是风景，也记录着水城灿烂的文化和历史。

图3-54　威尼斯

科洛塞竞技场：又译罗马斗兽场（见图3-55）。是罗马时代最伟大的建筑之一，也是保存最完好的一座圆形竞技场。位于威尼斯广场的东南面，罗马城中奥勒利安城墙内。古城结构保存良好，为世界典范。

斗兽场是世界八大名胜之一，也是罗马帝国的象征。这座巨大的露天剧场叫做弗拉维奥剧场，因为它是由弗拉维奥家族的几位皇帝建造的。通常，人们称之为科洛塞。斗兽场的外观像一座庞大的碉堡，占地20000平方米，围墙周长527米，直径188米，墙高57米，相当于一座19层现代楼房的高度，场内可容纳10.7万观众。像所有罗马的建筑一样，其基本结构是拱券结构，一系列的拱、券和恰当安排的椭圆形建筑构件使整座建筑极为坚固。这是当年用作斗兽、竞技、赛马、戏剧和歌舞表演的场地。这座雄伟的建筑堪称楷模，它是建造在一片凹地上的宏伟建筑。尼禄时代，这一凹地是尼禄金殿花园里的一个人工湖。

圣马可广场：圣马可广场（Plazza San Marco）又称威尼斯中心广场（见图3-56），一直是威尼斯的政治、宗教和传统节日的公共活动中心。圣马可广场是由公爵府、圣马可大教堂、圣马可钟楼、新旧行政官邸大楼、连接两大楼的拿破仑翼大楼、圣马可大教堂的四角形钟楼和圣马

图3-55　罗马斗兽场

图3-56　圣马可广场

可图书馆等建筑和威尼斯大运河所围成的长方形广场，长约170米，东边宽约80米，西侧宽约55米。广场四周的建筑都是文艺复兴时期的精美建筑。

圣马可广场东侧是圣马可大教堂和四角形钟楼，西侧是总督府和圣马可图书馆，广场有数以万计的鸽子及演奏乐队，时不时还有戴着奇异面具的小丑经过。圣马可广场的南侧有一座附属的小广场，小广场南临威尼斯大运河敞口的泻湖，河边有两根威尼斯著名的白色石柱，一根柱子上雕刻的是威尼斯的守护神圣狄奥多，另一根柱子上雕刻有威尼斯另一位守护神圣马可的飞狮，这两根石柱是威尼斯官方城门，威尼斯的贵宾都从石柱中间进入城市。这里也曾经是威尼斯执行死刑的地方。

圣马可教堂融合了东、西方的建筑特色。从外观上来欣赏，它的五座圆顶仿自土耳其伊斯坦丁堡的圣索菲亚大教堂，结构上有着典型的拜占庭风格，采用了帆拱的构造；正面的华丽装饰是源自巴洛克的风格；整座教堂的平面呈现出希腊式的集中十字，是东罗马后期的典型教堂形制。

（5）都灵　都灵（见图3-57）是意大利第三大城市，大工业中心之一，皮埃蒙特区首府，意大利的汽车城，也是欧洲最大的汽车产地，还是历史悠久的古城，保存着大量的古典式建筑和巴洛克建筑，常年都有数不尽的节日和庆典，也是意甲球队都灵和尤文图斯的主场。

都灵更是古老的文化艺术城市。城区多广场，多文艺复兴时期的艺术珍藏和建筑古迹 。有圣乔瓦尼巴蒂斯塔教堂、瓦尔登西安教堂等以及豪华的宫殿 。沿波河左岸多公园。设有历史、艺术博物馆。还有创立于1405年的都灵大学、多所理工科高等院校和国家约瑟夫·弗迪音乐学院，以及现代科技研究实验中心。

图3-57　都灵

（6）佛罗伦萨　背负着文艺复兴的硕果，是著名的文化古城和艺术天堂，一个吸引大量国际游客的旅游城市。作为欧洲文艺复兴时期的文化中心，佛罗伦萨（见图3-58）给现代人留下了数不胜数的重要历史建筑和历史珍品。米开朗基罗广场、维其奥古桥和附近的比萨斜塔等均是最重要的游览景点。

佛罗伦萨在意大利语中意为“鲜花之城”，它位于阿诺河谷的一块平川上，四周丘陵环抱。文艺复兴的概念在佛罗伦萨产生，自古希腊开始的悠久的欧洲文明从这里迈入了一个新纪元。

图3-58　佛罗伦萨

（7）比萨　为了纪念比萨城的守护神圣母玛丽亚，1063年比萨人开始在城区东北

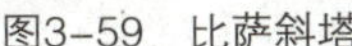

图3-59 比萨斜塔

图3-60 西西里岛

角的广场上建筑具有所谓罗马-比萨风格（Lomanesque-Pisa Style）的比萨大教堂（Duomo-the Kaccedral）。由雕塑家布斯凯托-皮萨诺（Bonanno Pisano）主持设计，另外还有一个圆形的洗礼堂和一个钟塔，构成一组建筑群，这也是意大利仿罗马建筑的典型。

教堂的外墙是用红白相间的大理石砌成，色彩庄重和谐；始建于1153年的洗礼堂是一座用大理石建造的圆形建筑，其大理石外墙墙面的装饰华美、一圈精致的尖拱券环绕着红色的中央大圆穹顶，再被周围的绿地所映衬，真是美不胜收。

比萨斜塔（见图3-59）更是广场上的宠儿，到这里的大部分游客都是冲着斜塔来的。虽然世界上还有其他斜塔，但是不得不承认，比萨斜塔的名气最大。

（8）西西里岛 “如果不去西西里，就像没有到过意大利，因为在西西里（见图3-60）你才能找到意大利的美丽之源”这是格斯在1787年4月13日到达巴勒莫时写下的句子，这是他为寻找西方文化的根源第一次来到意大利。

的确如此，这个地中海上最大的岛屿，也是意大利面积最大的省份，的确是一块巧妙的土地，这里迷人的自然风景与人文风景非常和谐地融为一体，自然有从古至今曾经居住在这里的人们为证：这里曾经居住过希腊人、古罗马人、拜占庭人、阿拉伯人、诺曼人、施瓦本人、西班牙人等，他们的文化已然印证在这里了。

从地图上看，西西里岛是意大利一只伸向地中海的皮靴上的足球。它位于地中海的中心，辽阔而富饶。

【课后习题】

1. 请根据自己的喜好，设计一条意大利深度游的线路，并说明理由。
2. 分析南北意大利人的性格差异和喜好。

西班牙

一、国家概况

1. 位置和地形

西班牙位于欧洲西南的伊比利亚半岛，东北同法国、安道尔相接，北临比斯开湾，西同葡萄牙相连、一部分濒临大西洋，东和东南临地中海，南隔直布罗陀海峡与非洲的摩洛哥相望，面积504750平方千米。地形多山，梅塞塔高原是构成高原与多山地的主干，西班牙的最高峰是穆拉森山，海拔3718米。

2. 气候

中部梅塞塔高原属大陆性气候，北部和西北部沿海属海洋性温带气候，南部和东南部属地中海型亚热带气候。西北部较湿润，内陆和东南部较干燥。中部的马德里地区属于高原气候，夏季干热，冬季干冷。东北部的巴塞罗那地区则为最典型的地中海气候，常年气候温和湿润，夏季较炎热干燥，降水以冬季为主，一年有250天以上的阳光照射。

3. 资源

西班牙拥有丰富的金属矿藏，铁矿储量居西欧前列；含铜黄铁矿储量5亿吨，名列世界前茅。汞储量为70万吨，居世界第一，还有丰富的铅、锌、铜矿。森林覆盖率达30%，总面积1100多万公顷。树种以栓皮栎为主，其树皮可制作软木，年产6万多吨，其产量和出口量均居世界第二位，仅次于葡萄牙。西班牙（包括海岛）海岸线长达8000多千米，为其提供了丰富的渔业资源。大西洋沿岸和比斯开湾盛产沙丁鱼和鳕鱼，比斯开湾沿岸盛产牡蛎，而且是海红养殖的主要地区。

4. 人口

人口4713万人（2014年）。少数民族有20个，加泰罗尼亚人、加里西亚人和卡斯蒂利亚人是其中最重要的三个。其中卡斯蒂利亚人（即西班牙人）占人口总数70%以上。96%居民信奉天主教。

5. 简史

公元前9世纪凯尔特人从中欧迁入。公元前8世纪起，伊比利亚半岛先后遭外族入侵，长期受罗马人、西哥特人和摩尔人的统治。1492年取得了西班牙人“光复运动”的胜利，建立了欧洲最早的统一中央王权国家，并扩展了欧、美、非、亚殖民地。1588年“无敌舰队”被英国击溃，开始衰落。1873年，爆发资产阶级革命，建立第一共和国。1931年4月，王朝被推翻，第二共和国建立。1936年7月，佛朗哥发动叛乱，并于1939年4月夺取政权，1943年2月与德国缔结军事同盟，参加侵苏战争。1947年7月佛朗哥宣布西班牙为君主国，自任终身国家元首。1966年7月立国王阿方索十三世之孙胡安·卡洛斯为继承人。1975年11月佛朗哥病死，胡安·卡洛斯一世登基，恢复君主制。1976年7月，国王任命原国民运动秘书长阿·苏亚雷斯为首相，开始向西方议会民主政治过渡。

二、政治经济

1. 政治

全名：西班牙王国。

行政区划：全国划分为17个自治区，50个省，8000多个市镇。

体制：西班牙是社会与民主的法制国家，实行议会君主制，国王为国家元首和武装部队的最高统帅，代表国家。

首都：马德里。

国旗：呈长方形，长与宽之比为3：2。旗面由三个平行的横长方形组成，上下均为红色，各占旗面的1/4，中间为黄色。黄色部分偏左侧绘有西班牙国徽。红、黄两色是西班牙人民喜爱的传统颜色，并分别代表组成西班牙的四个古老王国（见图3–61）。

图3–61 西班牙国旗

国徽：中心图案为盾徽。盾面上有六组图案：左上角是红地上黄色城堡，右上角为白地上头戴王冠的红狮，城堡和狮子是古老西班牙的标志，分别象征卡斯蒂利亚和莱昂；左下角为黄、红相间的竖条，象征东北部的阿拉贡；右下角为红地上金色链网，象征位于北部的纳瓦拉；底部是白地上绿叶红石榴，象征南部的格拉纳达；盾面中心的蓝色椭圆形中有三朵百合花，象征国家富强、人民幸福、民族团结。盾徽上端有一顶大王冠，这是国家权力的象征。盾徽两旁各有一根海格立斯柱子，也称大力神银柱，左、右柱顶端分别是王冠和帝国冠冕，缠绕着立柱的饰带上写着“海外还有大陆”（见图3–62）。

国歌：《皇家进行曲》。

图3–62　西班牙国徽

2. 经济

西班牙是中等发达的资本主义工业国。

工业：西班牙主要工业部门有食品、汽车、冶金、化工、能源、石油化工、电力等。纺织、服装和制鞋业是西班牙的重要传统产业。汽车工业是西班牙支柱产业之一，生产量位居世界第八。西班牙葡萄酒产量居世界第三位，橄榄油产量居世界第一位。

农业：主要农产品是葡萄、橘子、番茄、橄榄、橄榄油和葡萄酒等，占农产品出口的80%。成熟期、发货期比欧共体国家的国内产品早一个多月，具有很强的竞争力。西班牙森林几乎都是国家或地方政府所有，国家植树造林计划的目的在于增加木材产量和阻止土壤侵蚀。

服务业：是西班牙国民经济的一个重要支柱产业，包括文教、卫生、商业、旅游、科研、社会保险、运输业、金融业等，其中尤以旅游和金融业较为发达。

旅游业：是西班牙经济的重要支柱和外汇的主要来源之一。西班牙自然、人文风光优美，全国有40处景点被联合国教科文组织世界遗产委员会列入名录，是世界遗产最多的国家之一。西班牙首都马德里是欧洲历史文化名城，众多名胜古迹和博物馆遍布全城。巴塞罗那是西班牙第二大城市，也是地中海西岸重要的港口，集历史文化景观和海滩风光于一体。著名旅游胜地有马德里、巴塞罗那、塞维利亚、太阳海岸、美丽海岸等。

交通运输：以陆路交通运输为主。主要港口有27个，其中最主要的有巴塞罗那、毕尔巴鄂、塔拉戈纳、阿尔赫西拉等。全国有机场47个。主要机场有马德里巴拉哈斯机场、帕尔马·德马略卡机场和巴塞罗那机场。

三、文化教育

1. 教育

西班牙的教育一度受到天主教会的控制。现代西班牙的教育体制主要分为学前教育、普及教育、学士教育、高等教育以及职业培训。

高等学府主要有：马德里孔普鲁腾塞大学、马德里自治大学、萨拉曼卡大学和巴塞罗那大学等。

2. 文化艺术

西班牙文化的特点是多元文化融合，因为西班牙在历史上受到过多次外族入侵，曾经有过多次民族融合。文化的融合在西班牙的建筑类型上表现得尤为突出，有罗马式的竞技场、渡水槽等；也有哥特式、阿拉伯式的教堂、宫殿和城堡。

（1）斗牛表演　西班牙斗牛历史由来已久。西班牙国内有斗牛场400百多处，每年自3 ~ 10月斗牛至少5000场，吸引外国旅游者高达3000多万人。

西班牙斗牛既粗犷豪放，又精巧雅致。它的粗犷使人们联想起祖先的勇猛剽悍，它的精巧细致，又使人们体验到现代人的聪颖与智慧。它既有类似古人类群体出击围猎野兽的恢弘场面，又体现出了现代文明的智能、高雅、胆识、技巧、意志、敏锐和浪漫。精美的艺术造型，野性的力量显示，二者既充满矛盾，而又完美统一。

西班牙斗牛之所以经久不衰，并让人们如痴如醉，其主要原因在于它不仅表现出高超的艺术，而且代表了西班牙的民族精神。斗牛是一种高超的艺术展现，是人与动物之间力与勇的较量！它是勇敢的象征，更是英雄气概的表现！这种富有民族特色的“国粹”所蕴含的深厚而独特的艺术魅力，至今仍狂热地吸引着全世界成千上万的观众，是现代西班牙旅游业最重要的项目。

【知识链接】

斗牛包括四项内容：一是对公牛进行挑逗，只见场边一扇门打开，一头凶猛的大公牛冲进场内，五六个斗牛士挥舞着红绿两面斗篷对公牛进行挑衅，当公牛向斗牛士猛扑过来时，斗牛士一个漂亮的转身将会赢得全场的喝彩；二是刺肩，两名刺牛士手持长矛骑着高头大马，所骑之马都用护甲裹住，双眼蒙上以防胆怯，刺牛士找准机会，将长矛刺向牛肩直到鲜血直流，此时的公牛更加愤怒狂躁；三是插旗，梭镖手上场，将六只带钩的梭镖分三次刺入公牛带血的伤口上；四是刺剑，杀牛手上场，先是挑逗，再将长剑直接刺中公牛心脏，公牛轰然倒地，结束生命，整个斗牛过程结束。

（2）弗拉门戈舞　弗拉门戈舞是集歌、舞、吉他演奏为一体的一种特殊艺术形式，弗拉门戈舞是西班牙境内的安达卢西亚地区吉普赛人（又称弗拉门戈人）的音乐和舞蹈。弗拉门戈舞蹈热情、奔放、优美、刚健，形象地体现了西班牙人民的民族气质，它也是萨尔苏埃拉的重要艺术源泉。这种舞蹈正是表达吉卜赛姑娘爱恨情愁的最佳载体。此舞具有三大要素：伴奏、伴唱和舞蹈，表现主题多为上帝、女人、爱情等内容。跳弗拉门戈舞时的动作要领在于注重全身各部位动作间的充分协调，或用脚踏击，或捻动手指发出响声，或手持响板敲击而舞。每个舞句中起止与终结动作的感觉和神态，以及顺畅的呼吸贯穿始终。手臂的正确使用是弗拉门戈舞中难度较大的部分，需要多年的训练才能真正在脚跟雨点般迅速击地的同时保持手臂以及上身的松弛，它是技术与艺术的完美统一。

四、民俗文化

1. 西班牙主要节日

西班牙的节日丰富多彩，每年约200多个，难怪有人笑称：“一年365天中，西班牙人有360天是在放假。”除了国庆节、元旦、圣诞节、复活节、圣周等一些重要的传统节日外，每个地区都有自己的带有浓郁地方色彩的节日。节假日及周末，西班牙人喜欢家人团聚，而不愿接待客人。

奔牛节——每年的7月6日至14日

奔牛节是潘普洛纳的传统节日，其历史可以追溯到1591年。奔牛节的起源与西班牙斗牛传统有直接关联。据说当初对潘普洛纳人来说，要将6头高大的公牛从城郊的牛棚赶进城里的斗牛场是一件非常困难的事情。17世纪时，某些旁观者突发奇想，斗胆跑到公牛前，将牛激怒，诱使其冲入斗牛场。后来，这种习俗就演变成了奔牛节。

西班牙番茄节——每年8月最后一个星期三

在西班牙巴伦西亚地区的布尼奥尔小镇每年都会举行传统的民间节日番茄节——“番茄大战”。

布尼奥尔的“番茄大战”始于1945年。关于它的来历，有这样一个传说：有一天，该城一个小乐队从市中心吹着喇叭招摇过市，领头者更是将喇叭翘到了天上。这时，一伙年轻人突发奇想，抓起西红柿向那喇叭筒里扔，并且互相比试，看看谁能把西红柿扔进去。这就是“西红柿大战”的由来。此后，每年这天都会再打一场这样的“战役”。随着时间的推移，街上的行人也加入混战。后来，就连世界各地慕名而至的游客也加入了“战斗”。

2. 风俗习惯

（1）作息习惯　早上八九点吃早饭，十点左右开始上班，下午最早也要两点才能吃午饭，有时能拖到三点多，晚饭是在八九点才开始吃，晚的能到十点、十一点，然后半夜或者过了半夜才睡觉。如果是年轻人可能还能闹到凌晨三四点钟才睡觉，然后第二天依然如此。

西班牙有个“过桥”的习惯，比如说，周四是个节日，要休息一天，而周六周日本来就是休息日。那么一般西班牙人周五也就不上班了。这并不是法律规定可以不上班，而是约定俗成的。

（2）饮食习惯　西班牙是个资源丰富、经济发达的国家，其园艺业在世界上占有重要地位，同时也是葡萄、橄榄油和柑橘的大产区，其沿海盛产沙丁鱼。西班牙是美食家的天堂，每个地区都有著名的饮食文化。

西班牙人以西餐为主，也乐于品尝中国菜肴。对早晚餐比较随便，对午餐极为重视。乐于喝冷汤，而不像中国人那样爱喝热汤。

主食：一般以面为主，也吃米饭。

副食：爱吃鱼、羊肉、牛肉、猪肉（以及猪内脏）、虾、螃蟹、火鸡、蜗牛、火腿等。

蔬菜：喜欢洋葱、辣椒、番茄、鲜蘑、土豆、豌豆等。

调味：爱用醋、辣椒油、胡椒粉、辣椒等。

偏爱：炸、煎、烧、炒等烹调方法制作的菜肴。

口味：一般不喜欢太咸，爱酸辣味道。

酒水：爱喝苹果酒、白葡萄酒及啤酒，也喜欢矿泉水、咖啡及可口可乐等，还有中国龙井茶。

水果：爱吃苹果、石榴、柠檬、柑橘、草莓、葡萄、梨、桃、菠萝、西瓜等新鲜水果；爱吃杏仁、花生米等干果。

（3）相见礼仪　西班牙人通常在正式社交场合与客人相见时行握手礼，与熟人相见时，男朋友之间常紧紧地拥抱。西班牙人的姓名常有三四节，前一二节为本人姓名，倒数第二节为父姓，最后一节为母姓。通常口头称呼称父姓。

约会宜事先约定时间，通常是在10～13点及16～18点较妥当，服装方面宜正式、保守，约会时勿直接谈论主题，最好是能先谈些题外话再导入正题。面谈需事先联系约定，用电话或传真确认，一般定好的约会时间不需再次确认，但最好在去之前再确认一次。西班牙人原则上是遵守时间的，因此赴约时提前5分钟到为宜。

五、旅游资源

1. 最佳旅游时间

四季皆宜，春季可以去安达卢西亚，夏季可以去海边游玩，冬季适合去比利牛斯山滑雪。

2. 美食小吃

西班牙是美食家的天堂，每个地区都有著名的美食小吃（见图3–63）。西班牙盛产土豆、番茄、辣椒、橄榄。西班牙烹调喜欢用橄榄油和大蒜，美食汇集了西式南北菜肴的烹制方法，其菜肴品种繁多，口味独特。美食主要有：派勒利、鳕鱼、利比利亚火腿、葡萄酒、虾、牡蛎、马德里肉汤等。

它帕：指的是饭前开胃的小菜或是两顿正餐之间的点心，在西班牙的饮食文化中占有很重要的位置。它帕的种类繁多，包括肉类、海鲜和素菜，不过都是咸的，其中又分凉食和热食。

西班牙风干火腿：西班牙火腿的选料非常讲究，伊比利火腿由埃斯特雷马杜拉自治区特有的猪种制成，并且完全是高温风干后再用蜡封上，几乎所有的脂肪都在高温风干的过程中变成油流了出来，可以算是低胆固醇的食物。

鸡蛋土豆饼：鸡蛋土豆饼的制作方法并不难，主要包括鸡蛋、土豆、洋葱。但是好吃的鸡蛋土豆饼，做起来还是很讲究的。

海鲜饭：海鲜饭种类很多，大多以黄色为主，是用专门的海鲜饭原料调制而成的。这种原料最关键的材料是番红花，它是一种黄色植物粉末，带有香味，不但可以去除海鲜的腥味，还可以让米饭粒粒呈现。

它帕

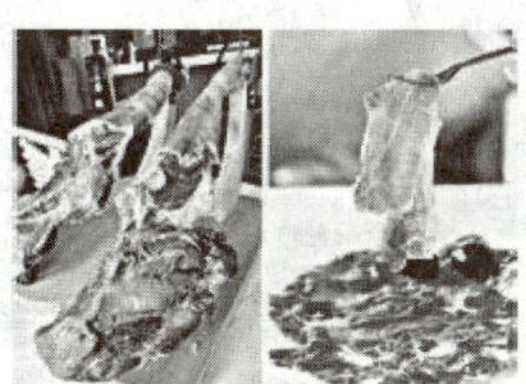
风干火腿

鸡蛋土豆饼

海鲜饭

图3–63　西班牙美食

3. 旅游城市和景点

（1）巴塞罗那　相传该城由迦太基将领哈米尔卡·巴卡兴建，在其漫长的历史上还曾作为巴塞罗那伯爵领地和阿拉贡王国的都城。巴塞罗那因其众多历史建筑和文化景点成为众多旅游者的目的地。巴塞罗那素有“伊比利亚半岛的明珠”之称。著名旅游景点如下。

圣家族大教堂：又译作“神圣家族教堂”，简称为“圣家堂”，堪称上帝的建筑，它是西班牙建筑大师安东尼奥·高迪的毕生代表作。它位于西班牙加泰罗尼亚地区的巴塞罗那市区中心，始建于1884年，目前仍在修建中。尽管是一座未完工的建筑物，但丝毫无损于它成为世界上最著名的景点之一（见图3-64）。

毕加索博物馆：毕加索博物馆（见图3-65）是一间建于15世纪的优美宅邸，它有着幽静的庭院、华丽的墙壁和窗棂。馆中藏有毕加索及其他一些画家的作品，虽然道路窄小外观也不起眼，收藏却很丰富。这里曾是毕加索的寓所，在此可以一睹毕氏少年时期的作品，由于他成名在法国，最好、最成熟的作品多流散在国外，在他成名后西班牙才全力收集其少年时期的习作、画作。

巴特约之家：巴特约之家是一座公寓楼（见图3-66），位于著名的“不和谐街区”（Mancana de la Discordia），安东尼·高迪于1905—1907年对原建筑进行了彻底的翻修，使之充满魔幻色彩。2004年被授予“欧洲文化遗产奖”，2005年入选世界文化遗产名录。巴特约之家是一座外墙以彩色马赛克装饰的建筑，是加泰罗尼亚家庭艺术运动和现代派艺术的代表作。

图3-64 圣家族大教堂

图3-65 毕加索博物馆

米拉之家：米拉之家（见图3-67）建于1906—1912年间，坐落在西班牙的巴塞罗那市区里的Eixample扩建区、格拉西亚大道上。

当时富豪米拉先生非常欣赏高迪为巴特由先生设计的巴特由之家，同时也为了和富孀 Roser Segimon 结婚，而请高迪设计米拉之家。联合国教科文组织在1984年将包括米拉之家在内的几个高迪设计的建筑列入世界遗产名录。

图3-66 巴特约之家

（2）马德里 马德里（Madrid），处于西班牙国土中部，曼萨纳雷斯河贯穿其中。位于伊比利亚半岛梅塞塔高原中部，瓜达拉马山脉东南麓的山间高原盆地中，海拔670米，为欧洲地势最高的首都。南下可与非洲大陆以水为限的直布罗陀相通，北越比利牛斯山可

图3-67 米拉之家

直抵欧洲腹地，此地理位置十分重要，在历史上因战略位置重要而素有“欧洲之门”之称。

马德里王宫： 马德里王宫（见图3-68）建在曼萨莱斯河左岸的山岗上，它是世界上保存最完整而且最精美的宫殿之一。王宫原址为哈布斯堡王朝城堡，1734年被焚毁。1738年开始建造新的王宫，26年后才完工。王宫建筑融合了西班牙传统王室建筑风格和巴洛克建筑风格，整体呈正方形，每边长180米。

普拉多美术馆： 建于18世纪，被认为是世界上最伟大的博物馆之一，也是收藏西班牙绘画及雕塑作品最全面、最权威的美术馆。由建筑家班·德·彼加诺瓦于1785—1787年间设计完成。这座新古典主义建筑，最初是作为自然科学博物馆所用。1808年，拿破仑攻入西班牙，几乎竣工的建筑物于是被作为兵营使用，破损严重。除大量绘画作品外，馆内还收集了雕塑、素描、家具、钱币、徽章，从挂毯到彩色镶嵌玻璃窗的各种装饰艺术品以及稀世珠宝。

马约尔广场： 这个广场是菲里普三世在1619年主持修建的，有着独特风格的四方形广场。横向128米，纵向94米，由4层高的建筑围成（见图3-69）。在广场中央是菲里普三世的骑马雕像。在建成之后的漫长岁月里经历了3次火灾，又重新修建，直至1953年完成并形成现在我们所看到的样子。以前站在周围住户的阳台上经常可以看到奢华的皇家仪式、斗牛以及种种纪念活动，甚至是宗教裁判所施行的火刑现场。现在，回荡在广场上的是抱着廉价吉他的年轻人们的嘹亮歌声。

图3-68　马德里王宫

拉斯班塔斯斗牛场： 位于西班牙首都马德里，马德里班云达斯斗牛场是圆形斗牛场，直径50米，是西班牙最著名的斗牛场，可容纳20000人。民间有一种说法，只有拉斯班塔斯斗牛场胜利出来的斗牛士才是真正的斗牛士。因此，这也成为斗牛士通向成功的必由之路和荣誉的象征。

图3-69　马约尔广场

伯纳乌球场： 伯纳乌球场（见图3-70）的神奇故事，使得球场主人皇家马德里队的辉煌史顺理成章。诸如斯蒂法诺、普斯卡什、罗纳尔多、劳尔和齐达内等永远的巨星，都在伯纳乌这片神圣的、带有著名的白色条纹的草场上驰骋过。球场如今位于马德里繁华的金融区中心。当时许多人都认为12万人的容量简直是疯了，

图3-70　伯纳乌球场

但很快建造者的赌注就实现了价值。这里有世界上最挑剔的球迷；有传说中的“更衣室”；有迷倒无数美少女的C罗……这里是“皇家马德里”的主场！

（3）加那利群岛　加那利群岛（英语名称：Canary Islands；西班牙名称：Islas Canarias），是西班牙的飞地和自由港（见图3-71）。位于非洲西北部的大西洋上，非洲大陆西北岸外火山群岛。东距非洲西海岸约130千米，东北距西班牙约1100千米。距摩洛哥西南部海岸约100～120千米，分东、西两个岛群。东部岛群包括兰萨罗特岛、富埃特文图拉岛及6个小岛屿；西部岛群包括特内里费岛、大加那利岛、帕尔马岛、戈梅拉岛和费罗岛（又称耶罗岛）。面积7273平方千米。

图3-71　加那利群岛

（4）塞维利亚　塞维利亚（见图3-72）是西班牙安达鲁西亚自治区和塞维利亚省的首府，都市人口约130万，是西班牙第四大都市，也是西班牙唯一有内河港口的城市。塞维利亚至今仍保留着古城风貌，这里有罗马式、哥特式、巴洛克式及文艺复兴式的建筑和花园，享有“花园城市”的称号。而且这里自然风光秀丽，旅游业较发达，每年都吸引了成千上万的游人前来参观。

塞维利亚还以其特有的民族特色闻名世界，这里有优美的吉普赛音乐、热情奔放的弗拉门戈舞和盛大的民间传统节日。塞维利亚的饮食非常多样化，来自加的斯的海鲜、哈恩省的橄榄油以及边界的赫雷斯的雪利酒都广受欢迎。

图3-72　塞维利亚

（5）巴利阿里群岛　由一系列的岛屿组成，这些岛屿之间既有许多共同点，也存在着不少明显的差异，以至于有人认为仅仅是由于这些岛屿的地理位置相近，所以才被统称为巴利阿里群岛（见图3-73）。西地中海群岛是西班牙自治区之一。巴利阿里群岛是西班牙本土山脉的延伸部分，两部分则由阿利坎特省那角附近的海底山脊相连。岛上地形变化巨大，有起伏的山陵、高原和低地。梅诺卡岛有大片平原，年降雨量低，很少超过450毫米，且集中在春秋两季。

图3-73　巴利阿里群岛

【课后习题】

1．西班牙的斗牛节为何会吸引如此多的游客？

2．试策划一个西班牙深度游的旅游路线，并说明这样设计的原因。

荷兰

一、国家概况

1. 位置、领土和地形

荷兰（又称尼德兰王国），位于欧洲西偏北部，是著名的亚欧大陆桥的欧洲始发点。位于东经3°21′～7°13′，北纬50°45′～53°52′。荷兰是世界有名的“低地之国”（低洼之国）。荷兰的最高点是位于南部林堡省东南角的瓦尔斯堡山，海拔321米。荷兰地势最低点在鹿特丹附近，为海平面以下6.7米。国土总面积41864平方千米，与德国、比利时接壤。

2. 气候

荷兰位于北纬51°～54°，受大西洋暖流影响，属温带海洋性气候，冬暖夏凉。荷兰沿海地区夏季平均气温为16℃，冬季平均气温为3℃。内陆地区夏季平均气温为17℃，冬季为2℃。6～8月份温度为21～26℃。冬季阴雨多风，1月份平均温度为1.7℃。

荷兰年降雨量约为760毫米，降雨基本均匀分布于四季。1～6月份月平均降雨量为40～60毫米，7～12月份月平均降雨量为60～80毫米。荷兰每月平均的晴天小时数以5月份最高，约为220小时，12月份最低，约为39小时。

3. 资源

荷兰自然资源比较贫乏，仅天然气和石油储量比较丰富（2012年探明的天然气总储量约19300亿立方米），还有一定数量的煤炭。荷兰天然气开发仅次于俄罗斯、美国和加拿大，居世界第四位。2011年开采天然气2419亿立方米。2012年年底，在其所属北海海域发现石油。

4. 人口和居民

荷兰是世界上人口密度最高的国家之一，它的人口密度超过407.5人/平方千米。荷兰总人口16713万人（2014年），主要分布在大、中型城市及城市周边地区。

荷兰总人口中，近81%为荷兰族，印度尼西亚、土耳其、苏里南为较大的少数族裔，华人成为第四大少数族裔。荷兰官方语言为荷兰语。荷兰宪法规定宗教信仰自由。对荷兰社会影响最大的是罗马天主教和荷兰新教。荷兰居民中有约29%信奉天主教，19%信奉基督教，约6%信奉伊斯兰教，有一定比例人口认为自己无宗教信仰。

二、政治经济

1. 政治

政体：荷兰是一个议会制君主立宪国。荷兰的国家元首为奥兰治–拿骚家族成员担任的世袭君主，也就是我们常说的“国王”。

首都：首都为阿姆斯特丹，政府所在地为海牙。

国旗：荷兰国旗呈长方形，长与宽之比为3∶2（见图3–74）。自上而下由红、白、蓝三个平行相等的横长方形相连而成。蓝色表示国家面临海洋，象征人民的幸福；白色象征自由、平等、民主，还代表人民纯朴的性格特征；红色代表革命胜利。

国徽：荷兰国徽是一顶红色貂皮的蓝色饰带，两只跨立的金狮翘着尾巴，口吐红舌护着一面蓝色盾徽。盾徽顶部是威廉一世御玺上所用的王冠；后面中央绘有一只头戴王冠的金狮，右前肢挥舞着一把出鞘的利剑，左前肢挥动一束金色箭翎，它们象征着国王权力。华盖如开启的幕布，下部嵌有一条写着威廉亲王誓言“坚持不懈”（见图3–75）。

国庆日：4月30日。

国歌：《威廉颂》，这也是世界上第一首国歌。

国花：郁金香。

国鸟：琵鹭。

图3–74　荷兰国旗

图3–75　荷兰国徽

2. 经济

荷兰服务业是国民经济的支柱产业，占国内生产总值的74%，占就业人数的70%；工业在国内生产总值中位居第二位，占国内生产总值的23.4%，占就业人数的25%；农业占国内生产总值的2.6%，占就业人数的5%。

工业：化学工业、食品工业和机械制造业是荷工业的三大支柱产业。荷兰是欧洲最大的天然气出口国，年产量为800亿立方米。其工业制成品约80%供出口。石油制品、化工产品、电子电器产品、纺织机械、食品加工机械、港口设备、运输机械、挖泥船、温室设备和技术等在世界市场上有较强的竞争力。拥有联合利华集团（Unilever）、Heineken啤酒公司、壳牌（SHELL）、阿克苏·诺贝尔、DSM、飞利浦等世界著名的跨国公司。

农业：荷兰人利用不适于耕种的土地因地制宜发展畜牧业，现已达人均一头牛、一头猪，跻身于世界畜牧业最发达国家的行列，畜牧业仅次于丹麦。他们在沙质地上种植马铃薯，并发展薯类加工，世界种薯贸易量的一半以上从这里输出。花卉是荷兰的支柱性产业。荷兰共有1.1亿平方米的温室用于种植鲜花和蔬菜，有“欧洲花园”的称号。荷兰把美丽送到世界各个角落，花卉出口占国际花卉市场的40% ~50%。

服务业：荷兰服务业在国民经济中居主导地位，交通、仓储运输、金融和电讯是服务业的主要部门。它吸纳了荷兰70%的就业人员。荷兰的运输（港口）、金融、保险等第三产业闻名于世。荷兰著名的银行有：荷兰银行（ABN-AMRO）、国际荷兰集团（ING）、荷兰合作银行（Rabobank）、FORTIS银行和两大保险公司（荷兰国民保险公司和AEGON公司）。荷兰的阿姆斯特丹股票交易所为欧洲第五大证券交易所。

三、科技教育

1. 教育

荷兰5 ~ 16岁的儿童接受义务教育，年满16岁的学生则需支付学习费用。荷兰的教育体制划分为3个层次，初等（Primary）、中等（Secondary）与高等教育。

初等教育：面向4 ~ 12岁的儿童，目标为开发学生的理解与创造能力，引导情感发展，同时也培养他们的社会与文体能力。

中等教育：从12岁开始，共分为两大类，一类是一般中等教育，另一类是职业中等教育。一般中等教育包含三种平行的学习系统，其学习期间均不相同，分别是MAVO，HAVO以及VWO。MAVO是初级（Junior）中等教育，HAVO是高级（Senior）中等教育，而VWO则是大学前（pre-university）中等教育。以上三种中等教育，只有获得VWO文凭后才具有综合大学的入学资格，取得HAVO文凭才有高等专业（higher professional）教育的入学资格。

高等教育：有两大主流，一是由综合大学所提供的大学教育，二是由高等专业教育大学所提供的高等专业教育。第三个领域则是国际教育，荷文称之为IO。国际课程是由IO学院、大学及高等专业教育大学共同提供。综合大学培养学生在学术或专业方面可独当一面地进行科技工作，高等专业教育大学则着重于应用艺术与科学的范畴，提供学生特别的专业所需的知识与技术，而IO学院则专为外国学生教育所设立。

2. 科技

荷兰科研水平在世界上排名第12位，迄今已有十几名诺贝尔奖获得者。荷兰教科部把科研体系分为三个层次，包括经费支持机构、经费划拨分配机构、经费使用执行机构。荷兰在科技领域闪光点主要表现在农业、水利、食品、化工、电子和材料研究等方面。

四、民俗文化

1. 荷兰主要节日

荷兰重要节日及假期有：圣诞节、新年、复活节、女王节、死难纪念日、解放日、耶稣升天日、圣灵降临日、桑斯安斯风车节、圣尼古拉斯前夜等。下面介绍两个比较具有代表性的节日。

荷兰女王节——4月30日

荷兰女王节当天，大大小小的街道上将充满红白蓝相间的荷兰国旗、代表皇室的橙色旗帜、游行的队伍与热闹的音乐会，欢欣鼓舞的庆祝这个重要日子。庆祝活动之外，居民、观光客也会应景的穿着一身的橙色，以符合节庆的意义，别出心裁的服装则更会受到各方的赞赏。

桑斯安斯风车节——9月25日

桑斯安斯是位于阿姆斯特丹北方的著名风车村，平时不开放的风车当天会开放给游人参观。

2. 荷兰的风俗习惯

（1）社交礼仪

性格特点：荷兰人讲究秩序、爱清洁、性情豪放、理性、宽容。做事情，有板有眼。荷兰人看重自己的家庭生活，喜欢种植花草，点缀环境。

荷兰人的时间观念强、守时，讲究信用。

礼仪习惯：荷兰人在社交场合与客人相见时，一般行握手礼。拜访结束时，应与在场的所有人一一握手告别。只是，男士不能向女士要求握手，女士主动先把手伸出来握手的除外。

在荷兰做介绍时，首先把男士介绍给女士。同性之间，首先把身份低的人介绍给身份高的人，被介绍的男士应站起来。

风俗喜好：荷兰人喜欢客人说恭维话，当客人赞扬他们家中的各种摆设时，他们心情会格外高兴。荷兰人家中大都挂有女王画像。在荷兰人家中，旅游、度假、足球、骑车、滑雪等，都是很好的话题，要避免谈论金钱或价格。

荷兰是世界上身高最高的民族，他们对家中的家具、艺术品、地毯和其他摆设都很讲究。在荷兰，最好称呼对方为“先生”“夫人”或“小姐”。

荷兰人把木鞋多作为订婚的信物，新房墙上挂有木鞋，象征一对新人幸福、吉祥。

荷兰的风车有报告婚丧喜庆等信息的功能。每年5月的“风车日”，全国的风车会开动起来，供游客欣赏。

荷兰是鲜花王国。每年以花为主题的节日有花展、郁金香节和花节。每年世界各国有600万人前往荷兰，观看花展和花车游行。

（2）饮食文化

主食：面包是荷兰人不可缺少的主食，并且是早餐和中餐的基本组成部分，经常搭配上各种切好片的冷餐肉和奶酪，当然也可以抹上花生酱或巧克力酱。最受孩子们欢迎的当然少不了在涂满黄油的面包上撒上巧克力碎片和甜碎粒。一种含有肉桂、丁香和碎姜片的“早餐糕”也相当常见。近年来，各种早餐麦片搭配上酸奶和水果更逐渐成为不少荷兰人家中必备的早餐食品。

三餐：早餐多为面包涂奶油或奶酪，搭配牛奶或咖啡。午餐也很简单，大多吃一个三明治，搭配咖啡或牛奶。甜食有牛奶蛋糊、水果加奶油、薄饼或苹果馅饼等。晚餐是荷兰人的正餐，通常晚餐有汤、蔬菜、牛排之类。炒蔬菜时不加油盐调料，而是用奶油、肉汁混合浇于菜上。荷兰人喜用奶油煎牛排，煎时将牛排放在平底锅里略微煎一下就拿起来，放在盘子里再放精盐、胡椒粉、番茄酱等调味品。

值得一提的是，荷兰人的餐桌可以说是荷兰多元文化的最佳体现之一，即使是特别传统的家庭，也不例外。除了较为单一的荷兰式正餐外，来自世界各地的菜肴正逐渐演变成荷兰人餐桌上的主导。除了意大利、法国和西班牙等欧洲美食，印尼菜和中国料理早已成了荷兰人的最爱。

（3）传统服饰　荷兰并没有全国性统一的传统服饰，但各个地区都有自己的传统服饰。除了兰岛、菲洛威的东北角以及沃仑丹和马肯之外，大部分人已经很少穿传统服饰。但在特别的节庆时，像是女皇诞辰、复活节和五旬节，人们仍然喜欢穿着传统服饰庆祝。

在所有的传统服饰中，马肯和Staphorst的服饰最多姿多彩，呈现出错综复杂刺绣图案和鲜艳的纹理。只有Staphorst这个地方的裙子是短至膝盖的，其他地方的裙子都以长的居多。Zeeuws地区的服装特色主要是蕾丝边大白帽，以及金黄色的胸针。还有，斯巴克柏根和Bunschoten的传统华丽服饰，每年7月和8月的后两个星期三到斯巴克柏根的民俗市场，不论大人小孩这几天都穿着传统服饰。在这个时候，不穿传统服饰是相当引人注目的。

五、旅游资源

被美誉为“欧洲的后花园”“郁金香的世界”“风车的王国”“伦勃朗与梵高的艺术圣地”，这里还有浓郁美味的奶酪制品和带着彩绘的木鞋。

1. 最佳旅游时间

四季皆宜。

2. 美食小吃

从四季绿草如茵的牧场取得品质优良的肉类和鲜奶，从北海捕捞到新鲜活跳的海产，荷兰一年到头物产丰富，不虞匮乏，而且烹调的手法变化多样，口味独特，令人赞不绝口（见图3-76）。

Speculaas：是略带辣味的一种甜饼，并带着姜饼的味道。它们是下午茶的良伴，是全国上下最受欢迎的甜饼。

鲜肥海鲜

甜饼

荷式煎饼

奶酪

糖浆华夫饼

特色盐渍生鲱鱼

喜力啤酒

荷兰琴酒

图3-76　荷兰美食

鲜肥海鲜：荷兰是周边国家都羡慕的海鲜天堂，这里盛产诸如新鲜哈琳鱼（鲱鱼）之类具有荷兰特色的海鲜美味。

特色盐渍生鲱鱼：新鲜的生鲱鱼经过腌制后，加上洋葱丁和柠檬汁，一口一条，味道鲜美。每年五六月之交是鲱鱼的季节，新鲱鱼往往先发到各大酒店，以昂贵的价格卖给顾客们。等鲱鱼多了，价钱就降了下来，普通人也可大快朵颐。

荷兰奶酪：世界最高品质的奶酪。

荷兰煎饼：荷兰最普遍也最受欢迎的风味餐点。荷兰人把煎饼的种类发挥得数不胜数，最出名的就有：蔬菜煎饼、奶酪煎饼、火腿煎饼、咸肉煎饼、鲜虾煎饼、苹果煎饼、桃子煎饼等。

糖浆华夫饼：在荷兰，最有名的特产就是糖浆华夫饼，很多游客特别喜欢买回去吃或送人，经济又实惠。软饼中夹着蜂蜜糖馅，直接吃会很甜腻。正确的吃法是泡在不甜的热红茶里，静待一会儿等蜂蜜糖软化再吃。红茶的涩味正好调和软饼的高甜度，吃完后会爱上它的味道。

荷兰琴酒：可以说是荷兰的国酒。琴酒是由大麦、燕麦与小麦发酵蒸馏，并且加上杜松子的果实调味成的一种烈酒，也叫杜松子酒，酒精浓度至少在35%以上。

喜力啤酒：是荷兰最知名的啤酒品牌，是世界第四大啤酒酿造商。在阿姆斯特丹的喜力体验这座原先的喜力啤酒工厂可以通过现代视听手段深入了解喜力，并品尝纯正喜力啤酒。

3. 荷兰旅游四宝

（1）风车　荷兰又称为“风车之国”。风车原为荷兰人首创，顺应着水力利用和磨坊工业的需要。如今虽然仍为荷兰的“国家商标”，实际运用却不多见了。

荷兰位于西风带上，一年四季盛吹西风。同时它濒临大西洋，又是典型的海洋性气候国家，海陆风长年不息。这就给缺乏水力、动力资源的荷兰，提供了利用风力的优厚补偿。最早期，风车仅用于磨粉之类。到了16、17世纪，风车对荷兰的经济有着特别重大的意义，被誉为“风车之国”。荷兰向来以风车闻名，而保存风车较多的地方，则是“小孩堤防”。

（2）郁金香　郁金香闻名于世，其中非常大的因素就是因为荷兰，郁金香是荷兰的国花

（见图3–77）。

（3）奶酪　荷兰人有各种各样的奶酪，奶酪也像红酒一样分等级。

（4）木鞋　风车、木鞋、奶酪、郁金香号称荷兰四宝，而木鞋又位于四宝之首，其地位可见一斑。木鞋成为荷兰的特产，和光照期短、地势低洼有关。全年晴好天气不足70天，使得荷兰人不得不穿上敦实的木鞋对付潮湿的地面，下地干活、庭院劳作乃至室内打扫都穿不同样式的白杨木鞋。后来，精明的荷兰人把木鞋制作发展成一门半机械操作的工艺，木鞋也就成为特色产品和旅游纪念物。

4. 旅游城市及景点

（1）阿姆斯特丹　阿姆斯特丹（见图3–78）是荷兰的首都，也是荷兰最大的城市，黄金时代的原貌多有保留，几乎是一座活的博物馆。美丽的运河交织出“水都”风光，林立的博物馆囊括荷兰所有知名画家的作品。阿姆斯特丹的工商业发达，也是西欧著名的海港，城区大部分低于海平面1～5米，称的上是一座“水下城市”，全靠坚固的堤坝和抽水机，才使得城市免遭海水淹没。过去的建筑物几乎都以木桩打基，全城有几百万根涂着黑色柏油的木桩打入地下14～16米的深处，如王宫就建在13659根木桩上。市内上百条大小水道纵横交错，有1000多座桥梁在河上，多数是人行的石拱桥。

阿姆斯特丹运河带：已有400年历史，已发展成为连接100多座岛屿，由160多条运河、1281座桥梁构成的75千米长的运河网，是当之无愧的“水城”。阿姆斯特丹城以中心火车站为圆心，经由弧形的辛厄尔、绅士运河、皇帝运河、王子运河和最外面的辛厄尔运河层层铺开，其主要景点都集中在大约1.5千米半径的运河带中。领略阿姆斯特丹水上魅力的最好的方式莫过于运河观光游船。透过玻璃船顶和玻璃窗可以欣赏到两岸鳞次栉比的17世纪山形墙建筑。它们色彩斑斓、形状各异，华丽而富有历史感。

库肯霍夫公园：世界最大的郁金香公园，园内郁金香的品种、数量、质量以及布置手法堪称世界之最。公园的周围是成片的花田，园内由郁金香、水仙花、风信子，以及各类的球茎花构成一幅色彩绚丽的画卷（见图3–79）。园中各类花卉达600万株以上，还有很多难得一见的珍稀品种。每年春天，这里都将举行为期八周左右的花展，同时还安排许多相关的活动，包括园艺与插花的工作坊、各种主题的展览等。

图3–77　郁金香

图3–78　阿姆斯特丹

桑斯安斯风车村：位于阿姆斯特丹城以北10千米的桑斯安斯风车村是一座秀美的古老村庄，桑斯地区是世界上第一个工业区（见图3-80）。沙俄彼得大帝曾在这里学习过造船，连拿破仑也赞美过这里的美景。尽管许多景致已随时间流逝，但这里完好地保存了17、18世纪桑斯地区人们居住和生活的传统风貌。秀美的古老村庄、五座分别用于锯木、榨油料、磨染料、磨芥末粉和提水的风车和木鞋、奶酪、白蜡等各式手工制品作坊构成了一幅宁静而美丽的乡村风景。

考斯特钻石厂：荷兰的钻石世界驰名，考斯特钻石厂则是世界上最著名的钻石厂，建于1840年，是阿姆斯特丹最古老也是最有名的钻石工厂。维多利亚女王皇冠上的钻石便是在这里切割打磨出来的。有4座大楼位于国立博物馆及梵高博物馆之间，不仅可以免费参观，还提供中文讲解。

图3-79　库肯霍夫公园

（2）海牙　海牙是荷兰的海边皇城，宫殿让这座城市庄严而肃穆，而席凡宁根海滩则轻松自由，这一切使得这座城市既富帝王魅力又具现代活力。

图3-80　桑斯安斯风车村

马德罗丹微缩城：它是了解荷兰独特景致的绝佳去处。运河房屋、郁金香花田、奶酪市场、风车群、和平宫、三角洲工程，所有这些尽在马德罗丹（见图3-81）。

马德罗丹最近实现了一次巨大蜕变，在全新的马德罗丹内，微缩景观及其故事活灵活现。这里有众多的景观等游客来参观、探索和体验。马德罗丹通过多媒体告诉游客这些微缩建筑背后的故事，以及荷兰的历史。此外，全新重修后的马德罗丹更增强了其互动性：游客可以亲自体验东须尔德湾防风暴海啸堤防，在鹿特丹港的货船上装载集装箱，操纵史基浦机场的飞机起飞，以及在鲜花拍卖市场上竞价。

马德罗丹现划分为三个主题区：城市中心（City Centre）、水世界（Water World）和创新岛（Innovation Island）。

图3-81　马德罗丹微缩城

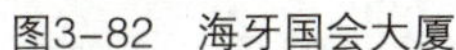

图3-82　海牙国会大厦　　图3-83　和平宫

海牙国会大厦（Binnenhof）：市区里最引人流连的地点。“Binnenhof”在荷语中是内院之意，访客得穿过这座荷兰古堡外院的大门，才能进入国会大厦的内院中，这座内院本来是伯爵古堡的庭院，置身其中，完全感受不到一丝丝国会建筑的肃穆，倒让人感觉像是参观历史悠久古堡那般庄严（见图3-82）。这一点，正是海牙结合古典与现代的代表手法之一。走到外院，映入眼帘的是一波波清澈的湖水，不时还有阵阵鸟群飞过，这样的情境又为古典与现代间增添了些许浪漫情调，不仅引得游客驻足取景，当地人更爱沿着湖畔漫步，享受这份历史自然结合的雅致情调。

和平宫：“和平”二字是因为它寄托了世界各国人民对维持世界和平的希望。这一希望同样贯穿于整个“如世界和平本身的理念一样强大和壮丽”的建筑之中。和平宫（见图3-83）是一座荷兰红砖建筑，屋顶是灰色石板，属于新文艺复兴风格。由于整个建筑极为宏大，钟楼高达80米。宫中有很多各国送来的礼物，以示对法庭的支持。现在，和平宫是联合国国际法庭、常设国际仲裁庭、国际法图书馆和国际法学院的所在地。前南斯拉夫总统米洛舍维奇曾在此受审；争执长达一百多年的、曾引发武装冲突的卡塔尔、巴林领土纠纷案，最终就是在国际法庭得到了解决。新中国成立以来，先后有3位中国人担任过国际法院的大法官。

（3）鹿特丹　欧洲第一大港，它不仅拥有世界文化遗产“小孩堤防风车群”，还是现代建筑的试验场。

小孩堤防风车群：小孩堤防位于鹿特丹东南10千米处，至今仍保存着19架建于1740年的风车，是最集中的风车群。虽说荷兰以前风车曾超过1万座，但如今仍然屹立的不过1000座左右，多数已成为民居或博物馆，在一处能见到那么多风车的，非小孩堤防莫属（见图3-84）。平时风车是不转的，但在7月、8月两个月，每逢星期六的下午，19架风车会一起转动，场面甚是壮观。它们是荷兰历史和文化的见证。1997年，小孩堤防风车群被列入联合国教科文组织世界遗产名录。

图3-84　小孩堤防风车群

立体方块屋：荷兰人皮伊特・布洛姆则把建筑也变成了

"魔方"。即使在布拉克（Blaak）地铁周围的现代建筑群中，立体方块屋也是独树一帜的（见图3-85）。布洛姆将自己的设计看作一棵树，将整个建筑群看作一片森林。布洛姆希望在大城市内建造一个村庄，一个功能多样的安全港。远观立体方块屋，只见一个个巨大的立方体连接在一起，每个立方体呈45°角倾斜，仅看一个角像单臂倒立似的站立在一个六角形的柱子上。走近观察，发现每个立方体都是一幢单独的房屋，有三个面朝向地面，另外三个面朝向天空。每个立方体全部首尾相接，圆柱底部为开放的公共空间，比如商业网点和小型工作室。目前，已建成使用的这片"森林"共有51座立体方块屋，38座为私人住宅，其他的则成为办公场所、服装店、小吃店和咖啡馆乃至学校的一部分。在唯一对游客开放的"示范屋"里，大家可以一探究竟。

图3-85　立体方块屋

【课后习题】

1. 被称为"低洼之国"的荷兰，为什么养育出"地球上最高的民族"的荷兰人？
2. 以荷兰的旅游四宝为基础，设计一条荷兰深度游的旅游线路。

项目四

美洲客源国家

知识目标

1. 掌握美洲主要客源国的基本概况
2. 能正确分析各客源国人群的主要旅游需求
3. 要求掌握美洲主要客源国的旅游资源

能力目标

1. 会分析海外客源来华旅游动机
2. 能针对潜在客源市场设计出开拓计划书
3. 能够根据客源国礼仪向客人提供合理的优质服务

重点内容

重点分析美洲主要客源国的民俗风情和旅游资源基本特征

难点内容

美洲各主要客源国旅游行为的形成原因、来华旅游的制约因素和发展前景，以及中外关系等

授课过程和教学手段

1. **过程：**课前阅读（学生）→项目讲解（老师）→任务分化（老师）→提出问题（老师）→现场做答（学生）→分组互评（学生）→陈述总结（老师）
2. **手段：**项目分解—任务驱动法、课堂讨论法、资料分析法

美国

一、国家概况

1. 位置、领土、地形

美国，全称美利坚合众国，是一个由50个州和1个联邦直辖特区组成的宪政联邦共和制国家。

美国国土面积约962.9万平方千米，其本土位于北美洲中部，东临大西洋，西临太平洋，北临加拿大，南部和墨西哥接壤。除阿拉斯加州和夏威夷州之外的48个州都位于美国本土。此外，美国在加勒比海和太平洋还拥有多处领土和岛屿。

2. 气候

美国大部分地区属于温带和亚热带气候，但受地形和不同气流的影响，气候情况也有所不同。美国的东北部沿海地区和北部的五大湖区属温带湿润大陆性气候，冬季较冷，夏季温和多雨；东南部为亚热带湿润性气候，冬季温暖，夏季暖热，降水丰富；中部属大陆性半湿润、半干旱与干旱气候；西部大部分地区属半干旱和干旱气候；太平洋沿岸北段为温带海洋性气候，南段属地中海性气候；阿拉斯加属亚寒带大陆性气候，终年气温低，降水少；夏威夷则属热带海洋性气候，全年温暖湿润。

3. 资源

自然资源丰富。煤、石油、天然气、铁矿石、钾盐、磷酸盐、硫磺等矿物储量均居世界前列，其他矿物有铝、铜、铅、锌、钨、钼、铀、铋等。煤总储量36000亿吨，原油储量270亿桶，天然气储量56000亿立方米。阿巴拉契亚山脉蕴藏有丰富的煤、铁和有色金属，石油和天然气主要分布在中部大平原。森林面积205万平方千米，草地与山地牧场占全国总面积的28%，水力蕴藏量约13000万千瓦。运转中的核反应堆有110多座。

4. 民族、人口

美国人口3.22亿（2014年），是一个多民族的移民国家。移民来自世界各地的不同民族和种族，但居民大部分是欧洲移民的后代，还有黑人（约占全国人口12%）、印第安人、墨西哥族人、波多黎各人、中国血统美国籍华人和华侨等。美国的宗教信仰者占总人口的85%，主要信奉基督新教、天主教等。通用语为英语。

【知识链接】

美国的绰号叫“山姆大叔”。相传，1812年英美战争期间，美国纽约特罗伊城商人山姆·威尔逊（1766.9.13—1854.7.31）在供应军队牛肉的桶上写有“u.s.”，表示这是美国的财产。这恰与他的昵称“山姆大叔”（“Uncle Sam”）的缩写（“u.s.”）相同，于是人们便戏称这些带有“u.s.”标记的物资都是“山姆大叔”的。后来，“山姆大叔”就逐渐成了美国的绰号。19世纪30年代，美国的漫画家又将“山姆大叔”画成一个头戴星条高帽、蓄着山羊胡须的白发瘦高老人。1961年美国国会通过决议，正式承认“山姆大叔”为美国的象征。

5. 简史

美国原为印第安人聚居地。15世纪末，西班牙、荷兰、法国、英国等开始向北美移民。英国后来居上，到1773年，英国已建立了13个殖民地。1775年爆发了北美人民反对英国殖民者的独立战争。1776年7月4日在费城通过了《独立宣言》，正式宣布建立美利坚合众国。1783年独立战争结束，1787年制定联邦宪法，1788年乔治·华盛顿当选为第一任总统。1812年后完全摆脱英国统治。1860年反对黑奴制度的共和党人亚伯拉罕·林肯当选总统。1862年9月宣布《解放黑奴宣言》后，南部奴隶主发动叛乱，爆发了南北战争。1865年，战争以北方获胜而结束，从而为资本主义在美国的迅速发展扫清了道路。

19世纪初，随着资本主义的发展，美国开始对外扩张。在1776年后的100年内，美国领土几乎扩张了10倍。第二次世界大战后，美国国力大增。

二、政治经济

1. 政治

行政区：美国由50个州和1个直辖特区——首都所在地华盛顿哥伦比亚特区组成，本土有48个州，另外两个是“海外州”：北美大陆西端的阿拉斯加和太平洋中的夏威夷。

体制：总统制共和制。

首都：华盛顿。

国旗：星条旗，呈横长方形，长与宽之比为19∶10。主体由13道红、白相间的宽条组成，7道红条，6道白条；旗面左上角为蓝色长方形，其中分9排横列着50颗白色五角星。红色象征强大和勇气，白色代表纯洁和清白，蓝色象征警惕、坚韧不拔和正义。13道宽条代表最早发动独立战争并取得胜利的13个州，50颗五角星代表美利坚合众国的州数（见图4-1）。

图4-1 美国国旗

国徽：主体为一只胸前带有盾形图案的白头海雕（秃鹰）。白头海雕是美国的国鸟，它是力量、勇气、自由和不朽的象征。盾面上半部为蓝色横长方形，下半部为红、白相间的竖条，其寓意同国旗。鹰之上的顶冠象征在世界的主权国家中又诞生了一个新的独立国家——美利坚合众国；顶冠内有13颗白色五角星，代表美国最初的13个州。鹰的两爪分别抓着橄榄枝和箭，象征和平和武力。鹰嘴叼着的黄色绶带上用拉丁文写着“合众为一”，意为美利坚合众国由很多州组成，是一个完整的国家（见图4-2）。

图4-2 美国国徽

国歌：《星条旗》。

国花：玫瑰花。

国石：蓝宝石。

国鸟：白头海雕（秃鹰），它代表着勇猛、力量（见图4-3）。

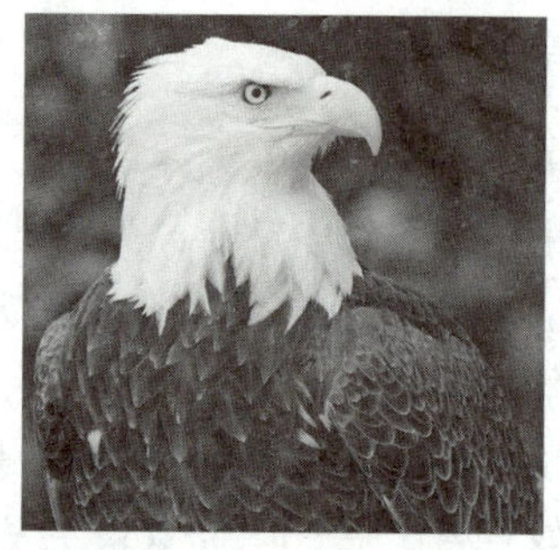

图4-3 秃鹰

2. 经济

美国具有高度发达的现代市场经济，其国内生产总值和对外贸易额居世界首位，有较完善的宏观经济调控体制。工农业生产门类齐全，集约化程度高，经济发展水平居世界领先地位，国民经济总值占世界首位。美国是世界上最大的商品和服务贸易国。

近几十年来，美国产业转型加快，在其工业中占有主导地位的制造业所占比重呈下降趋势，劳动密集型产业不断被淘汰或转移到国外。与此同时，美国金融业发达，在世界经济中具有重要影响，信息、生物等高科技产业发展迅速，利用高科技改造传统产业也取得新进展。美国农业高度发达，机械化程度高。粮食产量约占世界总产量的1/5。

工业：美国工业的分布大体上分为三大地区。东北部地区是美国资本主义发展最早的地区，全国的钢铁、机械、汽车、化工等传统工业大部分集中分布在这里；南部地区过去以农业为主。由于这里地价便宜，劳动力充足，环境污染较东北部小，美国工业逐渐由东北部向南部发展，形成美国新兴的石油、飞机、宇航、电子等工业基地；太平洋沿岸的狭窄平原和谷地，是西部工业的集中地带，宇航、电子、信息技术等新兴工业发展较快。

农业：美国是世界上重要的农业国家之一。美国的农场每年生产价值约900亿美元的农产品。美国生产了占世界50%的玉米，20%的燕麦，以及15%的鸡肉、猪肉、棉花、菸草和小麦。机器与科学耕种方法的大量使用，节省了大批人力。无论就种植面积或经济收益来说，玉米都是美国最重要的作物。其他的重要作物，依次分别是小麦、大豆、菸草、棉花、甜菜、花生、甘蔗、橘子、大麦、苹果、葡萄等。

旅游业：旅游产业是美国经济的重要组成部分。2011年，美国旅游业产值达1.2万亿美元，支持了760万个就业岗位，其中国际游客在旅游及其相关产业上的消费达到了创纪录的1530亿美元。美国商务部预测，未来5年美国旅游业将年平均增长4%～5%。2012年1月，美国总统奥巴马签署了促进旅游业发展的行政命令，并责令商务部长和内政部长牵头成立工作组，就促进旅游业制定战略规划。美国国务院宣布将简化部分赴美签证申请人办理签证的手续，并为符合条件的首次申请人提供免面签的待遇。美国计划到2021年吸引国际游客1亿人次以上。

三、科技教育

1. 教育

美国的教育制度，整体上可分为四个阶段：学前教育、初等教育、中等教育、高等教育。

学生有法定义务在公立学校接受从幼儿园到12年级的教育：即小学5年、初中3年，高中4年，这些学校大部分是公立的，实行免费义务教育制。中小学校一般免费或半费供应午餐，学生由校车定点接送。

在美国，学生18岁高中毕业后不需要通过大学入学考试就能升入高等院校学习，成绩优秀的学生可以优先进入好的大学学习。

美国的大学很多，从移民美国的清教徒创建全美的第一所大学——哈佛大学后，美国的高等教育继承了欧洲古老大学如英国的剑桥大学和牛津大学的传统。截至2014年已有2615所颁发学士、硕士和博士学位的四年制大学。而两年制的社区学院则多达3400所。

美国的平均教育水准极高，联合国的经济指数调查中将美国的教育水准列为世界第一，美国的许多高等院校都具有非常强的竞争力。在世界排名前500名大学中，美国占168所，前20名中，美国占17所。

2. 科技

美国在科学和技术研究以及技术产品创新方面都是最具影响力的国家之一。人类工业史上许多最重要的发明，包括轧棉机、通用零件、生产线等都源自于美国，其他重要的发明还包括飞机、电灯泡、电话。美国还在20世纪策划了著名的曼哈顿原子弹计划、阿波罗登月计划和人类基因组计划。在“二战”时期，美国最早研制出原子弹，将人类科技带入原子时代的新纪元。

冷战开始后，美国最先在太空科学技术领域取得成功，在太空竞赛中领跑，从而导致了火箭技术、武器研究、材料科学和计算机等领域的重大进步。美国为计算机与因特网的发展贡献了巨大力量，包括“二战”中发明的计算机、初期的军事化应用，到今日个人电脑发展与革新，美国国防部创办的ARPA网是网络技术的先驱。在科学研究方面，美国学者赢得了大量的诺贝尔奖，特别是在生物和医学领域。国家健康研究中心是美国生物医学的聚焦点，并已完成人类基因组计划，使人类对肿瘤、阿兹海默病等疾病的治愈研究进入重要阶段。美国国家航空航天局是航空和航天研究的政府机构，波音公司和洛克希德·马丁公司之类的私营企业也在推动美国科技进步的过程中起到了重要作用。

3. 体育

体育是美国民族文化的一个重要组成部分。美国较为流行的体育项目是美式橄榄球、棒球、篮球和冰球。足球在美国是一个比较冷门的体育项目。但随着越来越多的少年从事这项世界上最受欢迎的运动，足球也被认为是在美国最有发展潜力的运动。在体育比赛中所体现出来的美德如团体精神、公正、纪律和耐久性受到美国社会的高度赞扬。

四、民俗习惯

1. 美国主要节日

美国主要传统节日种类丰富，大多数与其他欧美国家的节庆日一致，如愚人节、复活节、万圣节、感恩节、情人节、圣诞节。除此以外，林肯纪念日、独立日、劳动节、哥伦布日等也属于美国的主要节日。下面主要介绍几个具有代表性的节日。

林肯纪念日——2月12日

林肯纪念日这天，美国民众为纪念亚伯拉罕·林肯——美国南北战争的领导者，为废除奴隶制立下了不朽功勋而庆祝。

独立日——7月4日

独立日是美国国庆节，以纪念1776年7月4日大陆会议通过《独立宣言》。

劳动节——9月第一个星期一

劳动节是美国全国性节日，为9月的第一个星期一，放假一天，以示对劳工的尊重。

2. 美国社会风俗

（1）美国的礼仪　美国通行西方礼节。

（2）禁忌　四不问：年龄、体重、收入、心事。

美国人忌讳冲人伸舌头。如果是小孩子，伸伸舌头被当做是很可爱的表现，但是如果是成人，美国人认为这是侮辱人的动作。

美国人握手时，很反感对方目视其他地方，认为这是傲慢和不礼貌的表现。

跟美国人交往，特别忌讳赠送带有客人公司标志的便宜礼物，因为这有让别人义务做广告的嫌疑。

在餐桌上，美国人一般忌食肥肉和各种动物的内脏，也不喜欢吃蒸和红烧的菜肴。

在美国文化里还有一项禁忌就是口臭。

忌“13”“3”“星期五”和“老”字，因为美国是一个竞争激烈的社会，年老往往有“落伍”之意，所以怕老、讳老、不服老是其独特的人生观。因此对上年纪的人不要过问其年龄。

忌用蝙蝠作图案的商品、包装品，认为这是凶神的象征；忌给妇女送香水、化妆品或衣物；忌谈论信仰、党派；忌打听女性婚否与年龄；忌穿睡衣迎接客人；忌一般情况下送厚礼。

（3）饮食习惯　美国式饮食不讲究精细，追求快捷方便，也不奢华，比较大众化。一日三餐都比较随便。

美国人的口味比较清淡，喜欢吃生、冷食品，如凉拌菜、嫩肉排等，热汤也不烫。菜肴的味道一般是咸中带甜。

美国人喜欢吃糖醋鱼、咕噜肉、炸牛肉、炸牛排、炸猪排、烤鸡、炸仔鸡等肉食菜品，爱喝冰水、矿泉水、可口可乐、啤酒、威士忌、白兰地等饮料，喜欢在饮料中加冰块，不喜欢饮茶。饭前以番茄汁、橙汁等作为开胃饮料，吃饭时习惯饮用啤酒、葡萄酒、汽水等饮料，饭后则喝咖啡，很少喝烈性酒。

五、旅游资源

1. 最佳旅游时间

5~10月最佳。

2. 美食小吃

比较富有美国当地特色的则是快餐，如以麦当劳为代表的汉堡餐厅、以肯德基为代表的炸鸡餐厅，此外还有出售披萨、三明治和热狗的快餐店。在正规餐厅里就餐后要付15%~20%的小费，而在快餐厅里就不必付小费了。总体来说，吃快餐比较节省开支。

阿拉斯加鳕鱼柳：好味健康的阿拉斯加深海鳕鱼柳，用深海鳕鱼制作而成。切成块状的鳕鱼，用调料和其他佐料涂抹后，放入锅内炸至色泽金黄，出锅后便香味四溢（见图4–4）。

美国大龙虾：和中国人一样，美国人也喜欢吃龙虾，但各具特色。美国人多数以芝士蘸酱而食（见图4–4）。

热狗：美国快餐之一，是香肠的一种吃法。夹有热狗的整个面包三明治也可以直接称作热狗。吃热狗的时候可以配上很多种类的配料，比如番茄酱、美乃滋、芥末、渍包心菜、渍白萝卜、洋葱屑、生菜屑、番茄（切片、切屑或切块）和辣椒等（见图4–4）。

阿拉斯加鳕鱼柳

美国大龙虾

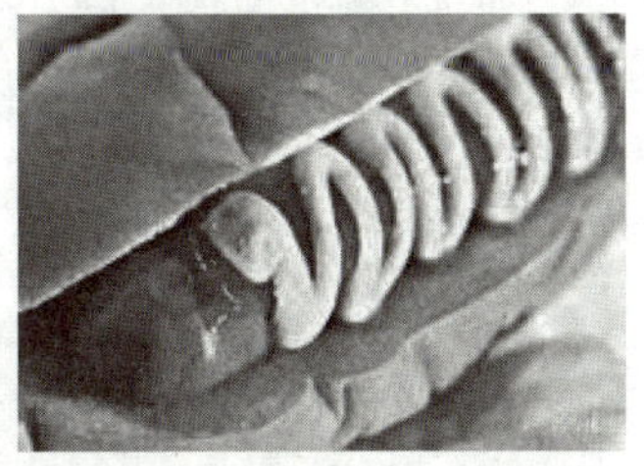
热狗

图4–4　美国美食

3. 旅游城市和景点

（1）华盛顿 华盛顿有众多人文景观，例如美国华盛顿国家广场有美国国会大厦、白宫、华盛顿纪念碑、杰斐逊纪念堂、林肯纪念堂、富兰克林·罗斯福纪念碑、国家第二次世界大战纪念碑、朝鲜战争老兵纪念碑、越南战争老兵纪念碑、哥伦比亚特区第一次世界大战纪念碑和爱因斯坦纪念碑。和特区内的博物馆一样，大多免费开放。华盛顿纪念碑可乘电梯到顶，并能观赏到特区的景色。

白宫：1901年美国总统西奥多·罗斯福正式把它命名为“白宫”，后成为美国政府的代名词。白宫是美国总统府所在地。对人们来说白宫总是充满了神秘感。根据白宫支出由全体纳税人担负的原则，白宫的一部分在规定时间内向全世界公民开放，因此成了游人观光的热点。白宫共占地7.3万多平方米，由主楼和东、西两翼三部分组成。主楼宽51.51米，进深25.75米，共有底层、一楼和二楼3层。白宫是美国总统办公和居住之地，因而成为美国政府的代称。底层有外交接待大厅、图书室、地图室、瓷器室、金银器室和白宫管理人员办公室等。外交接待大厅呈椭圆形，是总统接待外国元首和使节的地方，铺着天蓝色底、椭圆形的花纹地毯，上边绣有象征美国50个州的标志，墙上挂有描绘美国风景的巨幅环形油画。

国会大厦：位于华盛顿25米高的国会山上，是美国的心脏建筑，是一座以白色外墙和圆顶著称的知名华盛顿建筑，是美国的权力中心（见图4–5）。

国会大厦东面的大草坪是历届总统举行就职典礼的地方。站在大草坪上看去，国会大厦圆顶之下的圆柱式门廊气势宏伟，门廊内的3座铜质“哥伦布门”，质地厚重，其上雕有哥伦布发现新大陆的浮雕，大门内即为国会大厦的圆形大厅。在圆形大厅，可以看到美国政治的缩影。

林肯纪念堂：（见图4–6）是华盛顿最受欢迎的景点之一。纪念堂气氛庄严，鼓舞人心，每天都有不少游客和学生乘车来此参观。已故总统林肯可能是最受尊敬的美国总统之一，人民不会忘记他对美国作出的贡献——解放奴隶和维护美国统一。他从社会最底层看出奴隶制的丑恶，揭穿“人人生来平等”的虚伪面纱。虽然他被残酷暗杀，但他的精神将永存林肯纪念堂中。一座大理石的林肯雕像放置在纪念馆正中央，他的手安放于椅子扶手两边，神情肃穆。雕像上方是一句题词——“林肯将永垂不朽，永存人民心里”。林肯纪念馆不仅是对这位已故总统的称颂，同时也是对整个国家人民的称颂。

（2）纽约 纽约是全球十大国际大都市之首，是世界特大城市之一，于1624年建城，位于纽约州东南部，隶属纽约州管辖，下辖五个区。纽约是整个美国的金融经济中心、最大城市、

图4–5 国会大厦

图4–6 林肯纪念堂

港口和人口最多的城市，在四个传统“全球城市”中位居首位，高于伦敦。它的一举一动无时无刻不在影响着世界，作为全世界最大的都会之一，它左右着全球的媒体、政治、教育、娱乐与时尚界的风云。联合国总部和世界上很多国际机构和跨国公司的总部都设在纽约。

华尔街（见图4-7）：纽约市曼哈顿区南部从百老汇路延伸到东河的一条大街道的名字，全长仅536.4米，宽仅11米，是英文“墙街”的音译。街道狭窄而短，从百老汇到东河仅有7个街段，却以“美国的金融中心”闻名于世。美国摩根财阀、洛克菲勒石油大王和杜邦财团等开设的银行、保险、航运、铁路等公司的经理处集中于此。著名的纽约证券交易所也在这里，至今仍是几个主要交易所的总部，如纳斯达克、美国证券交易所、纽约期货交易所等。“华尔街”一词现已超越这条街道本身，成为附近区域的代称，也可指对整个美国经济具有影响力的金融市场和金融机构。

图4-7　华尔街

自由女神像：全名为“自由女神铜像国家纪念碑”，正式名称是“照耀世界的自由女神”（见图4-8），于1886年10月28日矗立在美国纽约市海港内的自由岛的哈德逊河口附近，被誉为美国的象征，创作者是弗雷德里克·奥古斯特·巴托尔迪。1984年，它被列入世界遗产名录。

图4-8　自由女神像

自由女神穿着古希腊风格的服装（一说罗马古代长袍），头戴光芒四射的冠冕，七道尖芒象征世界七大洲。自由女神像腰宽10.6米，嘴宽91厘米，右手高举象征自由的火炬，长达12.8米，火炬的边沿上可以站12个人。左手捧着一本封面刻有“1776年7月4日”字样的法律典籍，象征着这一天签署的《独立宣言》；脚下是打碎的手铐、脚镣和锁链，象征着挣脱暴政的约束获得自由。而其体态又似一位古希腊美女，使人感到亲切自然。当夜幕降临，神像基座的灯光向上照射，将女神照得宛如一座淡青色的玉雕。

（3）洛杉矶　洛杉矶（见图4-9）位于美

图4-9　洛杉矶

国西岸加州南部的城市，是美国的第二大城市，仅次于纽约。洛杉矶一望无垠的沙滩和明媚的阳光、闻名遐迩的“电影王国”好莱坞、引人入胜的迪士尼乐园、峰秀地灵的贝佛利山庄使洛杉矶成为一座举世闻名的“电影城”和“旅游城”。洛杉矶市区广阔，布局分散，整座城市是以千千万万栋一家一户的小住宅为基础。绿荫丛中，鳞次栉比的庭院式建筑，色彩淡雅，造型精巧，风格各异，遍布于平地山丘上。市中心有十几幢数十层的高楼。高速公路与城市街道纵横交错、密如蛛网，四通八达。

（4）好莱坞　本意上是一个地名的概念，港译“荷里活”，是全球最著名的影视娱乐和旅游热门地点，位于美国加利福尼亚州洛杉矶市市区西北郊。现“好莱坞”一词往往直接用来指美国加州南部的电影工业。

好莱坞（见图4-10）不仅是全球时尚的发源地，也是全球音乐电影产业的中心地带，拥有着世界顶级的娱乐产业和奢侈品牌，引领并代表着全球时尚的最高水平，比如梦工厂、迪士尼、20世纪福克斯、哥伦比亚影业公司、索尼公司、环球影片公司、WB（华纳兄弟）等电影巨头，还有像RCA JⅣE Interscope Records这样的顶级唱片公司都汇集在好莱坞的范畴之内，这里的时尚与科技互相牵制发展。这里拥有着深厚的时尚底蕴和雄壮的科技，一直被全球各地争相模仿。

（5）旧金山　又称“圣弗朗西斯科”，位于美国加利福尼亚州西海岸圣弗朗西斯科半岛，面积21.73平方千米，三面环水，环境优美，是一座山城。

旧金山是一个地道崇尚“多元化”的城市。在这里，同性恋者泰然自若地在屋顶插上彩虹旗，与异性恋者比邻而居；在这里，白人、黑人、黄种人和谐共处，唐人街连着北滩的拉丁区，日本城直通联合广场；在这里，你可以看到专以造型取胜的街头艺人，有的把全身漆成五彩色，有的扮成巫婆、小丑甚至黑色幽灵；在这里，你可以看到头顶红绿头发的年轻人招摇过市，公然在街头拥吻的同性恋情侣。在这片土地上，任何的标新立异都不会招来旁人的侧目，每个人都是特立独行的楷模。正是这种兼容并包的城市精神，孕育了33位诺贝尔奖获得者，创造了硅谷千千万万个奇迹般的成功故事。也是这座城市，给了我们“垮掉的一代”“嬉皮士”革命、同性恋的示威，还有雅皮士。

旧金山最有名的风景是缆车、金门大桥（见图4-11）、海湾大桥、泛美金字塔，又译“传

图4-10　好莱坞环球影城

图4-11　金门大桥

斯美国金字塔”或“全美金字塔”（“Transamerica Pyramid”）和唐人街。旧金山全年都适合旅游，冬季一般比较潮湿，夏季多雾并且一天中可能出现多次天气变化，市区比加利福尼亚的其他地区要凉快得多。

（6）芝加哥 芝加哥常见的别名为“第二城”“风城”“芝城”等，芝加哥也是全球最重要的一个金融中心，是美国第二大商业中心区，也是美国最大的期货市场，曾被评为美国发展最均衡的经济体。此外，芝加哥市区新增的企业数一直位居美国第一位。

芝加哥的建筑一般都各具特色，有着浓厚的欧美建筑风格，如：西尔斯大厦、芝加哥大学、箭牌大厦、水塔广场大厦、瓦邦斯社区学院等。另外芝加哥的公园也别具一格，给去芝加哥的朋友们推荐的景点有：芝加哥海军码头、芝加哥唐人街、格兰特公园、林肯公园动物园、旧水塔、云门（见图4-12）、士兵体育场、六面旗美国主题公园、罗比之屋、普利策克露天音乐厅、东方学院博物馆等。

芝加哥每年都会在街头举行长达8天的美食节“Taste Of Chikago”。在美食节上，你可以吃到芝加哥80多家餐馆的美食。除了美食，你还可以享受到美妙的音乐。

（7）拉斯维加斯 拉斯维加斯（见图4-13）是美国内华达州的最大城市，以赌博业为中心的庞大的旅游、购物、度假产业而著名，世界上十家最大的度假旅馆就有九家在这里，是世界知名的度假胜地之一，拥有“世界娱乐之都”和“结婚之都”的美称。从一个巨型游乐场到一个真正有血有肉、活色生香的城市，拉斯维加斯在10年间脱胎换骨，从一百年前的小村庄变成一个巨型旅游城市。每年来拉斯维加斯旅游的3890万旅客中，来购物和享受美食的占了大多数，专程来赌博的只占少数。内华达州这个曾经被人讽刺为“罪恶之城”的赌城，已经逐步成熟，并发展成为一个真正的城市。

拉斯维加斯的旅游景点有米高梅历险游乐园、红石峡谷、米高梅广场、莱尔儿童博物馆。

（8）迪士尼乐园 美国有两个迪士尼，分别位于洛杉矶和奥兰多。迪士尼乐园是美国动画片大师迪士尼在创作米老鼠和唐老鸭两个卡通形象以后，于1955年开办的。它能使孩子流连忘返，也能让人返老还童，是老少皆宜的地方。

加州迪士尼乐园位于美国加利福尼亚州阿纳海姆市迪士尼乐园度假区，于1955年7月17日开业，是世界上第一个迪士尼主题乐园，被人们誉为“地球上最快乐的地方”（见图4-14）。

图4-12 云门

图4-13 拉斯维加斯

奥兰多迪士尼乐园位于美国佛罗里达州，总投资40000万美元。如今，奥兰多迪士尼乐园总面积达124平方千米，拥有4座超大型主题乐园，分为：迪士尼-未来世界、迪士尼-动物王国、迪士尼-米高梅影城、迪斯尼-魔术世界；还包括3座水上乐园、32家度假饭店（其中有22家由迪士尼世界经营）以及784个露营地。

图4-14　迪士尼乐园

（9）科罗拉多大峡谷　科罗拉多大峡谷（见图4-15）是一处举世闻名的自然奇观，位于美国西部亚利桑那州西北部的凯巴布高原上，大峡谷全长446千米，平均宽度16千米，最大深度1740米，平均谷深1600米，总面积2724平方千米，由科罗拉多河冲刷而成，号称“世界第一大峡谷”。由于科罗拉多河穿流其中，故名科罗拉多大峡谷，它是联合国教科文组织选为受保护的天然遗产之一。

图4-15　科罗拉多大峡谷

科罗拉多大峡谷由几十个国家公园相连，其中尤以塞昂国家公园、布赖斯国家公园、拱门国家公园和纪念谷等最为著名。

（10）黄石国家公园　世界第一座国家公园，成立于1872年。黄石公园（见图4-16）位于美国中西部怀俄明州的西北角，并向西北方向延伸到爱达荷州和蒙大拿州，面积达8956平方千米。这片地区原本是印第安人的圣地，但因美国探险家路易斯与克拉克的发掘，而成为世界上最早的国家公园。它在1978年被列为世界自然遗产。黄石国家公园是美国设立最早、规模较大的国家公园，是美国最热门的国家公园之一，同时也是世界上最壮观的国家公园之一。黄石河、黄石湖纵贯其中，有峡谷、瀑布、温泉以及间歇喷泉等，景色秀丽，引人入胜。

图4-16　黄石公园

公园内森林茂密，动物种类繁多，是世界上最成功的野生动物保护区，有时在公园的深处或道路上会发现灰熊或黑熊的踪迹。园内设有历史古迹博物馆，还有数以千计的温泉，这些温泉碧波荡漾，水雾缭绕，上百个间歇泉喷射着沸腾的水柱。黄石公园大棱镜泉，被誉为“地球上最美丽的表面”。

（11）尼亚加拉瀑布　位于加拿大安大略省和美国纽约州的交界处，是北美东北部尼亚加拉河上的大瀑布，也是美洲大陆最著名的奇景之一。平均流量5720立方米/秒，与伊瓜苏瀑布、

图4-17　尼亚加拉瀑布

图4-18　夏威夷群岛

维多利亚瀑布并称为世界三大跨国瀑布。尼亚加拉瀑布一直吸引人们到此度蜜月、走钢索或者坐木桶漂流。

尼亚加拉瀑布（Niagara Falls）（见图4-17）是美国最知名的风景之一。尼亚加拉瀑布实际由三部分组成：美国瀑布（American Falls）、新娘面纱瀑布（Veil of the Bride Falls）及马蹄瀑布（Horseshoe Falls）。事实上，在美国境内看到的只是尼亚加拉瀑布的侧面，而在加拿大境内可以一览全貌。

（12）夏威夷群岛　夏威夷群岛位于太平洋中部，是波利尼西亚群岛中面积最大的一个二级群岛，共有大小岛屿130多个，总面积16650平方千米，其中只有8个比较大的岛能住人，夏威夷也被称为“三明治群岛”。

夏威夷群岛（见图4-18）的8个主要岛屿中，虽然瓦胡岛面积不是最大的，但它各方面条件好，开发得也好，所以成为这个群岛中的佼佼者。夏威夷的首府火奴鲁鲁坐落在这个岛上，它是几十万人口的大城市，有港口码头和国际机场。人们说要到夏威夷，首先到达瓦胡岛的火奴鲁鲁，这里居住着夏威夷群岛80%的人口。这里还有世界著名的威基基海滨沙滩和美国海军基地珍珠港。

【知识链接】

—夏威夷的历史—

“夏威夷”一词源于波利尼西亚语。公元4世纪左右，一批波利尼西亚人乘独木舟破浪而至，在此定居，为这片岛屿起名“夏威夷”，意为“原始之家”。最早发现该群岛的欧洲人是西班牙的胡安·盖塔诺，而真正使夏威夷为世人所知的是英国航海家库克船长，他于1778年登上夏威夷群岛。1795年，卡米哈米哈酋长征服了其他部落，建立了夏威夷王国。1898年，夏威夷被美国吞并，1959年成为美国第50个州。

【课后习题】

1. 为什么美国最早形成了快餐文化？
2. 试阐述美国人与传统英国人的性格差异。

加拿大

一、国家概况

1. 位置、领土、地形

加拿大（Canada），境内多枫树，因此有“枫叶之国”的美誉。

加拿大面积为998万多平方千米，居世界第二位。位于北美洲北部（除阿拉斯加半岛和格陵兰岛外，整个北半部均为加拿大领土）。东临大西洋，西濒太平洋，南接美国本土，北靠北冰洋。西北与美国的阿拉斯加州接壤，东北隔巴芬湾与格陵兰岛相望。海岸线约长24万多千米。

东部为丘陵地带，南部与美国接壤的大湖和圣劳伦斯地区，地势平坦，多盆地。西部为科迪勒拉山区，是加拿大最高的地区。北部为北极群岛，多丘陵低山。中部为平原区。加拿大最高山洛根峰，位于西部的洛基山脉。加拿大是世界上湖泊最多的国家之一。

2. 气候

因受西风影响，加拿大大部分地区属大陆性温带针叶林气候。东部气温稍低，南部气候适中，西部气候温和湿润，北部为寒带苔原气候。北极群岛，终年严寒。中西部最高气温达40℃以上，北部最低气温低至-60℃。

3. 资源

加拿大地域辽阔，森林、矿藏、能源等资源丰富。矿产有60余种，其中钾的储量居世界第一，铀、钨、钼的储量居世界第二，镉、铝的储量居世界第三，原油储量居世界第二，森林面积居世界第三，可持续性淡水资源占世界的7%。

4. 民族人口

加拿大人口约3553万（2014年）。城市人口占总人口的69.1%。而在多伦多、蒙特利尔和温哥华这三个加拿大最大的城市居住的人口占总人口的35%。加拿大人口主要为英、法等欧洲后裔，土著居民（印第安人、米提人和因纽特人）约占3%，其余为亚洲、拉美、非洲裔等。来自印度、巴基斯坦和斯里兰卡的南亚移民人口达到130万，超过华裔成为加拿大最大的少数族裔。华裔人口中25%的人是在加拿大本土出生的，其余大部分来自中国大陆、香港和台湾。加拿大现有华人约145万人。

英语和法语同为官方语言，其中英语是较广泛使用的语言，使用法语的人79.3%集中在魁北克，少数分布在安大略、纽奔驰域。加拿大无国教，人民主要信仰基督教，居民中信奉天主教的占45%，信基督教新教的占36%。

5. 简史

加拿大原为印第安人和因纽特人居住地。从16世纪起加拿大沦为法、英殖民地。1848年英属北美殖民地成立了自治政府。1867年7月1日，英国议会通过“不列颠北美法案”，将加拿大省、新不伦瑞克省和诺瓦斯科舍省合并为一个联邦，成为英国最早的一个自治领，称加拿大自治区。此后的1870—1949年，其他省也陆续加入联邦。1926年英国承认加拿大的“平等地位”，加拿大始获外交独立权。1931年，加拿大成为英联邦成员国，其议会也获得了同英议会平等的立法权。1967年魁北克人提出了要求魁北克独立的问题，1976年该党在省选举中获胜。1980年魁北克就独立一事举行了公民投票，结果反对者居多，但该问题并未最后解决。1982年3月英国上院和下院通过《加拿大宪法法案》，4月法案经女王批准生效，加拿大从此获得了立法和修宪的全部权力。

二、政治经济

1. 政治

行政区：加拿大分成10个省和3个地区。省和地区之间的主要区别在于省是根据宪法条约所设立的，而地区是根据联邦法律所设立的，地区由联邦政府直接管辖，省则由各省所立的政府管辖。

政府：政府为内阁制，是执行机构。由众议院中占多数席位的政党组阁，其领袖任总理，领导内阁。

首都：渥太华，是加拿大首都和政治文化中心。

国旗：呈横长方形，长与宽之比为2：1。旗面中间为白色正方形，内有一片11个角的红色枫树叶；两侧为两个相等的红色竖长方形。白色正方形代表加拿大辽阔的国土，加拿大大部分面积的国土全年积雪期在100天以上，故用白色表示；两个红色竖长方形分别代表太平洋和大

图4-19 加拿大国旗

图4-20 加拿大国徽

西洋，因加拿大西濒太平洋、东临大西洋；红枫叶代表全体加拿大人民，加拿大素有“枫叶之国”的美誉，枫树是该国的国树，枫叶是加拿大民族的象征（见图4-19）。

国徽：图案中间为盾形，盾面下部为一枝三片枫叶；上部的四组图案分别为：三头金色的狮子，一头直立的红狮，一把竖琴和三朵百合花，分别象征加拿大在历史上与英格兰、苏格兰、爱尔兰和法国之间的联系。盾徽之上有一头狮子举着一片红枫叶，既是加拿大民族的象征，也表示对第一次世界大战期间加拿大的牺牲者的悼念。狮子之上为一顶金色的王冠，象征英女王是加拿大的国家元首。盾形左侧的狮子举着一面联合王国的国旗，右侧的独角兽举着一面原法国的百合花旗。底端的绶带上用拉丁文写着“从海洋到海洋”，表示加拿大的地理位置——西濒太平洋，东临大西洋（见图4-20）。

国歌：《啊！加拿大》。

国花：枫叶。

国树：枫树。

2. 经济

加拿大是世界上最富有的国家之一，也是西方七大工业国家和世界十大贸易国之一，经济高度发达。制造业、高科技产业、服务业发达，资源工业、初级制造业和农业是国民经济的主要支柱，加以贸易立国，对外贸依赖较大，经济上受美国影响较深。

农牧业：加拿大是世界上农业机械化最高的国家之一。主要种植小麦、大麦、亚麻、燕麦、油菜籽、玉米等作物。可耕地面积约占国土面积16%，其中已耕地面积约6800万公顷，占国土面积的8%。农业人口占全国就业人口的2.16%。渔业发达，75%的渔产品出口，是世界上最大的渔产品出口国。

工业：制造业和高科技产业发达，制造业、建筑、采矿构成国民产业经济的三大支柱。加拿大在有色冶金、通讯电子、运输设备、电力水利、纸浆造纸、新能源新材料等产业方面拥有世界领先水平。此外，石油化学、时装轻纺、森林建材、食品饮料、汽车制造、黑色冶金等也是加拿大的重要工业部门。

旅游业：加拿大的旅游基础设施具有较高的水平。首先，加拿大交通发达。公路总长达

72.4万千米；铁路作为主要交通工具，长9.34万千米，主要由两家大公司经营；商业性的航空公司有900家，飞机4500架，直升机900架，并有60个大机场；船舶3500多艘，总注册吨位536万吨。其次，旅行机构和旅馆饭店众多。共有旅行社4500家，其中属于加拿大旅游协会同盟会员的有3000家。它们承接加拿大所有旅游生意的75%。加拿大还有10家主要旅游团经营商，它们承接该国所有包价团的75%。全国有30万间旅馆客房，7.2万家餐馆。全国共有60万人直接从事旅游服务业。

三、科技教育

1. 教育

加拿大政府规定，凡是年龄在6～16岁的未成年人必须接受教育，完成这期间的教育后相当于中学毕业，且是义务教育，也就是说，这期间拥有居民或公民身份的学生不必支付学费，且所收杂费也非常便宜。

初等教育：儿童满6岁可以报名就读小学。每年九月开始至次年六月为一学年。小学分别为一至七年级。在小学，学校不仅在教室教学，同时还非常注重社会教育以及启发式教育，如组织学生外出参观博物馆、图书馆、体育活动、报馆等。此外，小学生的作业全部在学校完成。由于加拿大是双语国家，英文及法文都是官方语言。在一般的小学，学生从四年级开始学法文。

中等教育：中学从八年级开始，到十二年级结束，有些校区采取5年中学制，而有些将中学将其分为3年初中（第八至十年级）及2年高中（第十一、第十二年级），但是其课程及修读总年数是完全相同的。第十一、第十二年级的成绩做为晋升大学的评审标准。

高等教育：加拿大的中学生升入大学不需要参加专门的考试。只要学生在高中期间，修满必须的学分，毕业合格，即可申请入大学继续深造。著名学府有多伦多大学、不列颠哥伦比亚大学、拉瓦尔大学、阿尔伯塔大学和麦吉尔大学等。

高等教育的结构中共分十个等级：博士学位、哲学硕士学位、硕士学位、执照（指律师或医生合格开业证明）、研究生毕业证书、学士学位、大学毕业证书、特别证书、结业证书和证书。普通学士学位一般修读3年，荣誉学士学位一般修读4年。

2. 科技

加拿大的高科技产业发达，在通信、信息、能源、空间等技术领域达到国际先进水平。近年来，电子工业、生物工程技术也有较大发展。

生物科技：加拿大生物技术产业发展迅速，已成为该国第二大高新技术产业，生物技术公司数目、从业人数居世界第二位，主要聚集于魁北克、安大略、卑诗省三省，其中生物医药、生物农业、生物能源、纳米技术是其优势领域。

太空科技：加拿大航空局对探索太空活动一直非常积极。1984年，麦克·加里奥成为加拿大第一位太空人。加拿大也是国际空间站的建设者，为国际空间站贡献了加拿大臂、加拿大臂2号和特克斯特号三个机器人。

四、民俗文化

1. 加拿大主要节日

加拿大一年之中有十几个节日和庆祝纪念的假期。有些公众假日是世界性的，而有一些仅限于加拿大。

冬季狂欢节——2月上旬至中旬

冬季狂欢节开始于2月上旬至中旬，庆祝活动持续10天，是魁北克省居民最盛大的节日，具有法兰西色彩。他们用白雪筑城堡，戴着红缨小绒帽，扎着红、绿、白三色腰巾，载歌载舞，选举“狂欢节王”和“狂欢节女王”，然后乘坐彩车游行，举行各种冰上体育比赛。

枫糖节——3月底至4月初

加拿大盛产枫叶，其中以东南部的魁北克省和安大略省的枫叶最多最美。人们采集糖枫叶，熬制枫糖浆。枫糖节是加拿大传统的民间节日，每年3月春意盎然时，生产枫糖的农场被粉饰一新，披上节日的盛装，大家在一起品尝大自然送给他们的甜蜜礼品。节日里当地居民还热情地为游客们表演各种民间歌舞，带领观光客去欣赏繁茂美丽的枫林红叶。

郁金香花节——5月的最后两周

郁金香花节在首都渥太华举行，节日期间举行各种彩车游行。欢庆的人们还选出一位美丽的“皇后”。人们尾随“皇后”的花车，以乐队为前导徐徐前行。

2. 加拿大社会风俗

（1）加拿大的礼仪　加拿大人社交习俗特点如下：加拿大人很友好，性格坦诚心灵巧；平易近人喜幽默，谈吐风趣爱说笑；枫叶极为受崇敬，视为友谊与国宝；白雪物别受偏爱，生活为伴离不了；白色百合为丧花，“十三”“周五”惹烦恼。在生活细节上，加拿大人既有英国人的含蓄，又有法国人的明朗，还有美国人那种无拘无束的特点。他们热情好客、待人诚恳。他们喜欢现代艺术、酷爱体育运动，尤其是冬季冰雪运动。

见面礼仪：加拿大人在社交场合与客人相见时，一般行握手礼，亲吻和拥抱礼仅适合熟人、亲友和情人之间。在双方握手以后，他们会说“见到你很高兴”“幸会”等。加拿大人的姓名同欧美人一样，名在前，姓在后。他们在作介绍时，一般遵循先少后长、先高后低、先宾后主的次序。

商务礼仪：在加拿大从事商务活动，首次见面一般要先作自我介绍，在口头介绍的同时递上名片。加拿大人喜欢别人赞美他们的衣服、手表或向其请教一些关于加拿大的风俗习惯、游览胜地方面的问题。这样，双方一开始就会找到共同语言。交谈中不宜询问对方的年龄、收入和私生活，这会引起他们的反感和不安。

（2）餐饮习惯　加拿大人在食俗上与英美人相似。由于气候寒冷的缘故，他们养成了爱吃烤制食品的习惯，这是他们的独特之处。

加拿大人用刀叉进食，极爱食用烤牛排，尤其是八成熟的嫩牛排，习惯在用餐后喝咖啡和吃水果。加拿大人在饮食上讲究菜肴的营养质量，偏爱甜味，以面食、大米为主食，副食喜吃牛肉、鸡肉、鸡蛋、沙丁鱼以及番茄、洋葱、土豆、黄瓜等。调料爱用番茄酱、黄油等。他们有喝白兰地、香槟酒的嗜好。加拿大人忌食虾酱、鱼露、腐乳以及怪味、腥味的食物和动物内脏。加拿大人喜爱中国的苏菜、沪菜、鲁菜。

五、旅游资源

1. 最佳旅游时间

加拿大旅游的最佳季节是5～10月。加拿大幅员辽阔，气温、气候各地有所差异，整体而言，在日照时间较长、气温较高、舒适的初夏到初秋，是最佳旅游时间。特别是加拿大洛矶山脉等山岳地区、冬季较长的大西洋沿岸和加拿大Atlantic Kanada等地，6～9月可以看到加拿大优美的绿意。

9月下旬至10月中旬，魁北克省和安大略省则可以观赏枫叶层林尽染的秋天。

2. 美食小吃

加拿大的地理条件给予了其丰富的海陆美食原料（见图4-21）。两大洋岸是鳕鱼、鲑鱼的宝库，而淡水湖和河浅中则盛产鳟鱼、鲈鱼等。西海岸的班府盛产熏鲑鱼和鲑鱼牛排，味道、分量都令人无法挑剔，大西洋沿岸的纽芬兰岛和爱德华王子岛所产的龙虾、大西洋鲑鱼、贻贝、海扇等海鲜，既有清淡味道，又有味道浓郁的蚬肉汤等。同时，PEI还是马铃薯的名产地，游客可在此品尝到酥脆的PEI马铃薯。

象拔蚌： 原产于美国和加拿大北太平洋沿海。其食法较多，既可熟食，也可生吃，酒楼食肆大多以烹制风味独特的“象拔蚌刺身”菜式吸引顾客，虽售价昂贵，但仍颇受消费者欢迎。

加拿大肉扒： 色泽红润，牛肉酥烂，味鲜适口。

枫树果露： 提起加拿大，自然想到枫树果露。那些黏糊的呈琥珀色的枫树果露都是第二年春天由枫树的树液煮制而成的，也可制成砂糖或糖果。

冰酒： 据说，加拿大的冰酒和枫糖一样出名，要求有适当的低温，让葡萄能在整个冬天都结霜挂在枝头而不坏掉，但也不能太冷以至于汁都干掉了，然后在冻结状态下采摘葡萄酿酒。由于汁不多，有时一棵树只能酿出一瓶酒。世界上只有加拿大和德国有冰酒。

象拔蚌刺身

冰酒

肉扒

枫树果露

图4-21 加拿大美食

3. 旅游城市和景点

（1）尼亚加拉瀑布 位于加拿大和美国交界的尼亚加拉河中段，是北美东北部尼亚加拉河上的大瀑布，也是美洲大陆最著名的奇景之一。平均流量5720立方米/秒，与伊瓜苏瀑布、维多利亚瀑布并称为世界三大跨国瀑布。尼亚加拉瀑布（见图4-22）一直吸引着人们到此度蜜月、走钢索横越瀑布或者坐木桶漂流，号称世界七大奇景之一。

图4-22　尼亚加拉瀑布

（2）魁北克要塞　北美第一批世界文化遗产城市。魁北克要塞（见图4-23）是北美大陆上最著名的要塞，历来被认为是加拿大的战略要地。耸立于圣罗伦斯河断崖上的星形要塞，全长约4.6千米，一度被称为是“北美的直布罗陀”。要塞由法军始建于1783年，后来英国军队为防御美军于1820年重建，当时魁北克要塞是加拿大的主要港口，英国军队在海角的山上建立起坚固的军营并且在上城周围建起了城墙。要塞历经30多年的时间才最终建成，扼守圣罗伦斯河道咽喉，被公认为大英帝国最坚固的要塞之一。星形要塞现仍为加拿大唯一的法语陆军22连队的指挥部。

图4-23　魁北克要塞

（3）班芙国家公园　班芙国家公园（见图4-24）与美国的黄石国家公园同为世界上最早的一批国家公园之一，是加拿大第一个和最古老的国家公园。1984年联合国教科文组织将其作为自然遗产列入了《世界文化与自然遗产名录》，是加拿大的避暑胜地。位于阿尔伯塔省西南部与不列颠哥伦比亚省交界的落基山东麓。1885年建立，面积约6666平方千米。内有一系列冰峰、冰河、冰原、冰川湖和高山草原、温泉等景观，其奇峰秀水，居北美大陆之冠。公园中部的路易斯湖，风景尤佳，湖水随光线深浅，由蓝变绿，漫湖碧透，故又称“翡翠湖”。沿落基山脉，有多处这类冰川湖泊，它们犹如一串串珍珠，把静静的群

图4-24　班芙国家公园

图4–25 温哥华

山点缀得生气勃勃。园内植被主要有山地针叶林、亚高山针叶林和花旗松、白云杉、云杉等。另外还有 500多种显花植物。主要动物有棕熊、美洲黑熊、鹿、驼鹿、野羊和珍稀的山地狮、美洲豹、大霍恩山绵羊、箭猪、猞猁等。公园建有现代化旅馆、汽车旅馆和林中野营地。

（4）温哥华 位于加拿大不列颠哥伦比亚省南端，是一座美丽的城市。它三面环山，一面傍海，虽处于和中国黑龙江省相近的高纬度，但南面受太平洋季风和暖流影响，东北部有纵贯北美大陆的落基山脉作屏障，终年气候温和、湿润，环境宜人，温哥华连续多年被评为世界最适合人类居住的城市，是加拿大著名的旅游胜地（见图4–25）。

维多利亚： 加拿大不列颠哥伦比亚省会维多利亚市位于加拿大西南的温哥华岛的南端，是温哥华岛上最大的城市和不冻港。它气候温和，属海洋性气候。城市秀美宁静，素有“花园城市”之称，人口32万人。1858年弗雷赛河淘金热后迅速发展，1862年建市，1868年省会迁此。通过胡安·德富卡海峡与太平洋相连。维多利亚有两个深水港：一个在市区，作为商港；另一个在西郊，为加拿大太平洋岸主要海军基地。

斯坦利公园： 是世界知名的城市公园之一，温哥华人的乐园。公园位于温哥华的市中心，是一个面积上千英亩，由森林覆盖着的半岛，这里离温哥华市区只有十五分钟步行路程。围绕着9千米的公园海傍小径，吸引了无数的骑车、跑步、溜冰人士及行人。公园内有海滩、湖泊、游乐园及野餐地点，人们可以远眺金融区毗连的高楼大厦和海湾、狮门桥、格罗斯山的360度美景，可以深入森林去欣赏古塘残莲，还可到海边的露天游泳池尽情嬉戏。斯坦利公园入口有温哥华水族馆，是北美洲第三大水族馆，有八千多种海洋生物，并以杀人鲸著称。

（5）多伦多 加拿大最大城市，安大略省的省会，是全国工业和商业中心。多伦多市地处安大略湖的西北岸，拥有超过250万的人口，多伦多位于大多伦多地区的中心地带，为加拿大在五大湖区的一重要港口城市。作为加拿大的经济中心，多伦多是一个世界级城市，也是世界上最大的金融中心之一。多伦多在经济上的领先地位主要体现在金融、商业服务、电信、宇航、交通运输、媒体、艺术、电影、电视制作、出版、软件、医药研究、教育、旅游、体育等产业。此外多伦多证券交易所是世界第七大交易所。

多伦多电视塔： 多伦多市中心坐落着这座城市的标志建筑——多伦多电视塔（见图4–26）。作为当今世界第二高的通讯塔，建于1976年，塔内拥有将近一千七百多级的金属阶梯，塔高约等于一百几十层楼的高度。塔内装有多部高速外罩玻璃电梯，只需58秒就可以将游客从电视塔底层送至最高层，在塔顶可以远远眺望整个多伦多城市以及安大略湖等周围的景色。同时在塔的335~365米处，悬挂着一座分为七层高的“空中楼阁”，楼阁中除安放电视发射信号台外，还设有可容纳600人的瞭望台及旋转餐厅。宽阔的空中瞭望台，一望无际的视野，使人仿佛置身云层，在欣赏风景的同时不妨来到环境优美的旋转餐厅中品味美酒，享受美食。

图4-26　多伦多电视塔

多伦多的天顶大厦（空中巨蛋）： 世界上第一个拥有可全方位伸缩顶盖的体育馆，其顶盖主要由四个盖板构成，其中三个可以自由伸张或收缩，若需打开或关闭顶盖只需20分钟，其移动的速度为每分钟21米。多伦多天顶大厦还被赋予“空中巨蛋”（见图4-27）的美誉，之所以被称为巨蛋，是因为其体积庞大，外形类似蛋壳。多伦多天顶大厦可以容纳8架波音飞机，同时也可以容纳六百多只非洲大象。站在天顶大厦的楼层，你不仅可以俯瞰整个多伦多城市，还可以欣赏繁华而美丽的多伦多夜景。

（6）渥太华　加拿大的首都和政治文化中心，安大略省第二大城市，加拿大第四大城市。渥太华坐落在安大略省东南部的渥太华河南岸，与渥太华河北岸的魁北克省加蒂诺一起构成了加拿大的首都地区。根据美世咨询的排名，渥太华是北美生活质量第一的城市，同时也是加拿大第二干净的城市和全球第三干净的城市。加拿大著名财经杂志《Money Sense》公布最新的加拿大最佳居住城市排名榜，首都渥太华在本国190个城市的排名中，连续三年排在第一位。其独特的文化个性、优美的城市风光、闲适的生活情调，不仅受到加拿大人民的钟情，而且成为世界人民旅游观光向往的城市之一。

加拿大国家美术馆： 位于渥太华市中心，加拿大国家美术博物馆是一个历史悠久的美术博物馆，从公元1880年，在渥太华市就有它的足迹。馆内藏有加拿大及欧洲最宝贵的艺术品。不仅如此，馆内还设有图书室，以便观光人士查阅一些有关艺术收藏品的资料；在馆内还有专业人员亲自指导解说。它包罗万象的设备、收藏品和惊喜，可以让游客在参观完之后，有着意犹未尽，流连忘返的深刻印象（见图4-28）。

图4-27　多伦多天顶大厦（空中巨蛋）

图4-28　加拿大国家美术馆

（7）英属哥伦比亚大学　又名“加拿大英属哥伦比亚大学”，1908年成立，前身是麦吉尔大学不列颠哥伦比亚学院或者麦吉尔大学不列颠哥伦比亚分校，是不列颠哥伦比亚省历史最悠久的大学，于1915年成为独立的英属哥伦比亚大学，与麦吉尔大学，多伦多大学和皇后大学组成加拿大的常春藤联盟。该校起初为研究性合作机构，后来逐渐发展为一所综合性大学。

（8）阿岗昆省立公园　阿岗昆省立公园（如图4-29）是加拿大最著名的赏枫地点，目前已经有80%～89%的枫叶变色，美不胜收的红色、法国勃垦第红色、橙色以及黄色的枫叶层层叠叠，非常美丽。公园内世界级接待中心的观景台也是公园内非去不可的观赏点。

图4-29　阿岗昆省立公园景观

【课后习题】

1. 试设计一个加拿大5月游的线路。
2. 加拿大有哪些城市适合冬日游玩？

巴西

一、国家概况

1. 位置、领土和地形

巴西位于南美洲东南部，北邻法属圭亚那、苏里南、委内瑞拉和哥伦比亚，西邻秘鲁、玻利维亚、南接巴拉圭、阿根廷和乌拉圭，东濒大西洋。面积851.49万平方千米，是拉丁美洲面积最大的国家，排世界第五位。海岸线长7400多千米，领海宽度12海里，领海外专属经济区188海里。

巴西的地形主要分为两大部分，一部分是海拔500米以上的巴西高原，分布在巴西的南部，另一部分是海拔200米以下的平原，主要分布在北部的亚马逊河流域和西部。全境地形分为亚马逊平原、巴拉圭盆地、巴西高原和圭亚那高原，其中亚马逊平原约占全国面积的1/3。有亚马逊、巴拉那和圣弗朗西斯科三大河系。

2. 气候

国土80%位于热带地区，最南端属亚热带气候。北部亚马逊平原属赤道气候，年平均气温27～29℃。中部高原属热带草原气候，主要分旱季和雨季。南部地区平均气温16～19℃。

3. 资源

已探明铁矿砂储量333亿吨，占世界总储量9.8%，居世界第五位；其出口量位居世界前列。29种矿物储量丰富，镍储量达世界总储量的98%，锰、铝矾土、铅、锡等多种金属储量占世界总储量的10%以上。铌矿储量已探明455.9万吨，按当前消费量够全球使用800年。此外还有较丰富的铬矿、黄金矿和石棉矿。

2007年以来，巴西在东南沿海相继发现大油气田，预计石油储量将超过500亿桶，有望进入世界十大石油国之列。森林覆盖率达57%，木材储量658亿立方米。水力资源丰富，拥有世界18%的淡水，人均淡水拥有量29000立方米，水利蕴藏量达1.43亿千瓦/年。

4. 民族、人口

人口约2.02亿（2014年）。白种人占53.74%，黑白混血种人占38.45%，黑种人占6.21%，黄种人和印第安人等占1.6%。官方语言为葡萄牙语。73.6%的居民信奉天主教。

5. 简史

早在6000年前巴西就有半游牧民族聚居，分布于亚马逊河森林地带，他们主要是从事耕作活动，并且每隔一段时间就会迁徙。1500年4月22日，葡萄牙航海家佩德罗·卡布拉尔到达巴西。随后的三百年里，葡萄牙人逐渐在此定居。1808—1821年，拿破仑入侵葡萄牙，葡萄牙女王玛丽亚一世携王室贵族和政府迁往巴西。1822年9月7日，摄政王佩德罗一世宣布独立，建立了巴西帝国。1889年11月15日，佩德罗二世被推翻，成立巴西合众国。19世纪后期到20世纪前期，巴西开始工业化。20世纪60年代巴西发生军队政变，建立了军人独裁统治，直到1985年1月末才结束。此后，巴政权 5 次平稳更迭，代议制民主政体基本稳固。

二、政治经济

1. 政治

全称：巴西联邦共和国。

行政区：全国共分26个州和1个联邦区。

议会：联邦议会是国家最高权力机构。

首都：巴西利亚，人口约260万，融汇了世界古今建筑艺术的精华，有“世界建筑博览会”之称。城市建造在人工湖旁，以三权广场为核心，形状像一架头朝东方的巨型飞机。1987年，联合国教科文组织宣布将巴西利亚城列为“人类文化财富”。

国旗：呈长方形，长与宽之比为10∶7。旗地为绿色，中间是一个黄色菱形，其四个顶点与旗边的距离均相等。菱形中间是一个蓝色天球仪，其上有一条拱形白带。绿、黄色是巴西的国色。绿色象征该国广阔的丛林，黄色代表丰富的矿藏和资源。天球仪上的拱形白带将球面分为上下两部分，下半部分象征南半球星空，其上大小不同的白色五角星代表巴西的26个州和一个联邦区。白带上用葡萄牙文写着“秩序和进步”（见图4–30）。

图4–30　巴西国旗

国徽：图案中间突出一颗大五角星，象征国家的独立和团结。大五角星内的蓝色圆面上有五个小五角星，代表南十字星座；圆环中有22个小五角星，代表巴西各州和联邦区。大五角星周围环绕着用咖啡叶和烟草叶编织的花环，背后竖立一把剑，剑柄在五角星下端。绶带上用葡萄牙文写着“巴西联邦共和国”和“1889年11月15日”（共和国成立日）（见图4-31）。

图4-31　巴西国徽

国歌：《听，伊匹兰加的呼声》。

国花：毛蟹爪莲。

2. 经济

当今，巴西、中国、俄罗斯和印度共称为“金砖四国”。由此可见，巴西的经济发展速度有目共睹。不仅仅是巴西的经济增长速度很快，而且巴西拥有巨大的经济总量和经济实力。

工业：巴西工业居拉美之首。20世纪70年代建成了比较完整的工业体系，主要工业部门有钢铁、汽车、造船、石油、水泥、化工、冶金、电力、纺织、建筑等。核电、通讯、电子、飞机制造、军工等已跨入世界先进国家的行列。在第二次世界大战后，为改变单一的经济结构，政府加快了工业化的步伐。巴西的铁矿储量大，质地优良，产量和出口量都居世界前列。在现代工业方面，钢铁、造船、汽车和飞机制造等已经跃居世界重要生产国家的行列。

农业：巴西的农牧业发达，是世界蔗糖、咖啡、柑橘、玉米、鸡肉、牛肉、烟草、大豆的主要生产国。巴西是世界第一大咖啡生产国和出口国，素有“咖啡王国”之称。巴西又是世界最大的蔗糖生产和出口国、第二大大豆生产和出口国和第三大玉米生产国。全国可耕地面积约4亿公顷，被誉为“二十一世纪的世界粮仓”。

服务业：主要部门包括不动产、租赁、旅游业、金融、保险、信息、广告、咨询和技术服务等。

旅游业：巴西的旅游业久负盛名，为世界十大旅游创汇国之一。主要旅游点有里约热内卢、圣保罗、萨尔瓦多的教堂和古老建筑、巴西利亚城、伊瓜苏瀑布和伊泰普水电站、玛瑙斯自由港、黑金城、巴拉那石林和大沼泽地等。

三、科技教育

1. 教育

教育体系分基础教育和高等教育两级，基础教育又分初级教育和中等教育。

初级教育：基础教育第一阶段是免费普及义务教育8年（7～15岁），包括旧制小学4年和初中4年，属于基础教育阶段。1～8年级均设葡萄牙语、社会常识、自然科学、文艺和体育四类核心课程。5～6年级增设工业、商业、农业和家政学科。7～8年级增设职业选修课。公立学校提供全免费学习、午餐和学生制服。

中等教育：事实上是高中教育。高中分普通高中和职业高中两类，入学年龄为15～18岁。

普通高中修业年限为3年，主要学习社会学科和自然学科的基础知识，为学生升大学作准备。职业高中修业年限为2～4年不等，培养具有中等技术水平的劳动者和技术人员。职业技术教育在巴西中等教育中占有重要地位，职业高中毕业生可以报考高等院校。

高等教育：巴西学制中高等教育包括综合大学和专科院校。

高等院校培养国家所需的高级专家、科学家和高级工程技术人员。综合大学本科修业年限为2～6年不等，视专业而定。著名高等学府有圣保罗大学、坎皮纳斯大学、巴西利亚大学、里约热内卢天主教大学等。

2. 科技

巴西科研领域有许多学科具有吸引全球人才的优势，例如航空学、生物燃料、环境学科、医疗卫生和材料学等。

生物科技：为赶搭生物经济快车，巴西大力实施基因组计划。在破译和绘制人类癌细胞基因图谱方面的世界排名中仅次于美国。在生物医药技术方面，巴西在热带病的免疫研究和药物开发方面成绩显著，其生物医药技术产品占国内市场份额达80%以上。

太空科技：巴西是拉美航空航天技术最发达的国家，目前巴西拥有世界上条件比较优越的阿尔坎塔拉发射中心，并且已经能够自己研制通信、遥感等卫星。到2021年，巴西将实现“在本国的发射中心使用自行研制的运载火箭，发射一颗由巴西开发的卫星”。

四、民俗文化

1. 巴西的主要节日

巴西的节日很多，有宗教性的，也有非宗教性的。有些节日同葡萄牙人、非洲人、土著印第安人等民族的历史渊源和宗教习俗有着千丝万缕的联系。

海神节——1月1日

海神节是一个辞旧迎新、供敬海神、祈祷保佑家人来年平安的节日，至今已有200多年的历史。

狂欢节——2～3月（机动性的法定假日）

狂欢节是巴西人民的传统节日，相当于我国的春节，属里约、萨尔瓦多和累西腓、奥林达最为盛大。

圣灵节——6月初

圣灵节起源于葡萄牙的一种民间节日。1819年首次在巴西举行，每年6月初开始，历时十天。节日期间，人们身穿盛装，头戴以牛、鬼、小丑、海盗为主的面具，互祝幸福，年轻人则谈情说爱。圣灵节最热闹的时候是最后三天，届时骑马表演和少女的巡游仪式以及歌咏表演将把节日气氛推向高潮。

2. 巴西社会风俗

（1）巴西的礼仪　巴西是由欧洲人、非洲人、印第安人、阿拉伯人以及东方人等多种民族组成的国家，但其核心是葡萄牙血统的巴西人。另外，由于从西班牙、意大利等南欧国家来的移民，在巴西占绝大多数，因此，巴西人的习俗和葡萄牙、南欧的习俗非常相似。

社交礼仪：从民族性格来讲巴西人在待人接物上所表现出来的特点主要有两方面：一方面，巴西人喜欢直来直去；另一方面，巴西人在人际交往中大都活泼好动，幽默风趣，爱开玩笑，喜欢在大众面前表露情感。

目前，巴西人在社交场合通常都以拥抱或者亲吻作为见面礼节，只有十分正式的活动中，他们才相互握手为礼。初见面时，人们以握手为礼，然而亲戚朋友彼此问候时，也习惯拥抱、亲颊。

巴西人对时间和工作的态度比较随便。和巴西人打交道时，如果对方迟到，哪怕是1～2个小时，也应谅解；而且，对方不提工作时，不要抢先谈工作。比较适合谈论的话题有足球、笑话、趣闻、孩子等。

商务礼仪：无论访问政府机关还是私人机构，均需事先预约。和巴西商人进行商务谈判时，要准时赴约。个人介绍通常以“早上好”或者“下午好”开头，然后是握手（特别是两个男性见面时）。

巴西人在初次介绍时，专业头衔有时冠在名前，对于没有专业头衔的商界人士来说，“先生”加上姓更合适。巴西的谈判进度较慢，谈判前，应充分做好各方面的技术准备。巴西的办公时间通常是早九点到晚六点。在巴西，按惯例商业会见时只喝咖啡。

（2）巴西的习俗禁忌　巴西人性格开朗豪放，待人热情而有礼貌。蝴蝶在巴西是吉祥的象征。巴西人的手语非常丰富而复杂。可以说，巴西人的个人交流主要是通过手势来完成的。但是，英美人所采用的表示“OK”的手势，在巴西看来是非常不礼貌的。

与巴西人打交道时，不宜向其赠送手帕或刀子。还应该注意的是，在巴西紫色表示悲伤，黄色表示绝望，深咖啡色被认为会招来不幸。所以，在巴西送礼物时，应该非常慎重的避免选择禁忌颜色。

（3）巴西足球文化　足球是巴西人文化生活的主流。对巴西人来说，足球是运动，但更是文化。每当联赛或重大国内国际比赛进行时，巴西人常常举家前往观战，整个城市几乎空旷无人，而赛场上人山人海。在巴西，几乎人人都是球迷，巴西人笑称“不会足球、不懂足球的人是当不上巴西总统的，也得不到高支持率”。巴西人认为，巴西足球理所当然位列世界文化遗产之林。巴西人把足球称为“大众运动”，无论是在海滩上，还是在城市的街头巷尾，都有人踢球。即使是在贫民窟，穷人家的孩子也光着脚把袜子塞满纸当球踢。

五、旅游资源

1. 最佳旅游时间

春秋两季最佳，分别为9～12月和3～6月，此时人潮较少，气候宜人，适宜旅游。

2. 美食小吃

在饮食方面，因为巴西是欧、亚、非移民荟萃之地，饮食习惯深受葡萄牙、非洲、意大利、日本和土著巴西人的共同影响，所以各地习惯不一，极具地方特色（见图4-32）。巴西南部土地肥沃，牧场很多，烤肉就成为当地最常食用的大菜；东北地区人们主食木薯粉和黑豆；

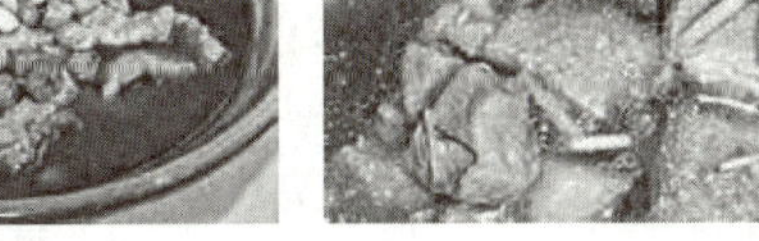

豆子炖肉　　坑炖羊肉　　巴西烤肉　　巴西咖啡

图4-32　巴西美食

其他地区的主食是面、大米和豆类等。巴西人平常主要吃欧式西餐。因为畜牧业发达，巴西人所吃食物之中肉类所占的比重较大。在巴西人的主食中，巴西特产黑豆占有一席之地。巴西人喜欢饮咖啡、红茶和葡萄酒。

豆子炖肉：这是全民大菜，是用豆子和肉烹煮而成。

巴西烤肉：巴西的烤肉主要有烤牛肉、鸡腿、香肠，甚至也有烤菠萝。它是把这些原料腌过后分别穿在一个长约一米带凹槽的扁平铁棍上，然后放在炭火上慢慢烧烤，期间要刷几次油，烤至两面金黄、肉香扑鼻的时候就可以食用了。

坑炖羊肉：也是一道脍炙人口的菜肴，其特有的烹制方式和乡村风味风靡全国。

巴西咖啡：巴西以咖啡质优、味浓而驰名全球，是世界上最大的咖啡生产国和出口国，素有“咖啡王国”之称。

3. 旅游城市和景点

（1）里约热内卢　里约热内卢（葡萄牙语意为“一月的河”），在1960年以前为巴西首都，是巴西第二大城市，也是世界著名的旅游中心，坐落在美丽的瓜纳巴拉海湾，依山傍水，风景优美，是巴西和世界著名的旅游观光胜地。

主要名胜有耶稣山、面包山、尼特罗伊大桥、马拉卡纳体育场，还有巴西最大的公园、植物园等。里约热内卢的海滩举世闻名，其数目和延伸长度为世界之最，全市共有海滩72个，其中最有名的两个海滩是科帕卡巴纳海滩和依巴内玛海滩。最佳旅游月是每年的6月和7月。

耶稣雕像：雕像中的耶稣基督身着长袍，双臂平举，深情地俯瞰山下里约热内卢市的美丽全景，预示着博爱的精神和对独立的赞许。耶稣像（见图4-33）面向着碧波荡漾的大西洋，张开着的双臂从远处望去，就像一个巨大的十字架，显得庄重、威严。耶稣基督的身影与群山融为一体，一些云团不时飘浮在山峰之间，使耶稣像若隐若现，使他显得更加神秘圣洁。巨大的耶稣塑像建在这座高山的顶端，无论白天还是夜晚，从市内的大部分地区都能看到，成为巴西名城里约热内卢最著名的标志。2007年入选世界新七大奇迹。

图4-33　耶稣雕像

科帕卡巴纳海滩：被称为世界

上最著名的海滩，海岸线长达4.5千米，海水蔚蓝，浪花雪白，沙滩洁净松软，加上终年气温适宜戏水，游人络绎不绝。五彩缤纷的太阳伞和五颜六色的游泳衣，把沙滩点缀得绚丽多姿。随处可见身材火辣的比基尼女郎也是里约海岸的一景。科帕卡巴纳海滩呈新月型，宽达百余米，长达约8千米海滩上建有数十个小酒吧，充满异域风情（见图4-34）。

面包山： 位于瓜纳巴拉湾入口处，是里约的象征之一。甜面包山高394米，登上山顶可将里约全景尽收眼底。印第安人称它叫保安打古瓜，原意为高大挺拔的独立山峰，其发音近似葡萄牙文中的糖面包，再加上山的外形又使葡萄牙人想起制成圆锥形方糖的一种土制模具，所以就叫它糖面包（见图4-35）。

（2）圣保罗　圣保罗是南美洲最大的城市，高楼大厦鳞次栉比，宽阔的马路上车水马龙，繁花似锦。如同巴黎、纽约等世界各大城一样，各式商品应有尽有，但贫富分化及治安等城市问题在此也很严重。圣保罗除为巴西最大的经济城市外，也为南北交通重镇，道路四通八达。

主要旅游景点有： 圣保罗主教堂、圣保罗独立公园、伊比拉普埃拉公园、东方街等。

图4-34　科帕卡巴纳海滩

（3）巴西利亚　巴西利亚，又译巴西里亚，是巴西的首都，位于巴西高原海拔1158米处。1956年，由巴西总统儒塞利诺·库比契克力主张，耗费巨资历时41个月建成。该城市以新市镇、城市规划方式规划兴建，也以飞机状的大胆设计及快速增长的人口而著名。巴西利亚气候宜人，四季如春，人均绿地面积100平方米，是世界上绿地最多的都市。自1960年4月21日，巴西将首都从里约热内卢迁至巴西利亚后，其发展一直受到政府严格的控制，并把繁荣带到了巴西中西部，贯通了巴西南部与北部，带动了整个国家一起发展进步。

图4-35　面包山

巴西利亚是城市设计史上的里程碑，从居民区和行政区的布置到建筑物自身的对称，它表现出城市和谐的设计思想，其中政府建筑表现出惊人的想象力，故有“世界建筑艺术博物馆”的美称。主要的标志性建筑设计有国会大厦、巴西利亚大教堂、巴西利亚电视塔及丰姿多彩的现代派建筑物三权广场。

（4）亚马孙河（见图4-36）　游览了众多的人文景观，何不去亲密地接触大自然，享受一下原始热带雨林带来的视觉冲击呢？亚马孙河浩浩荡荡，千回百转，孕育了世界上最大的热带雨林，在这个被称为“大地之肺”

图4-36　亚马孙河

图4-37　伊瓜苏大瀑布

的地方，造就了一个神秘的“生命王国”。亚马逊森林树木种类繁多，估计达上万种以上，其中4000余种是高大的乔木；此外，还有动物上万种，鱼类3000多种，而这其中的一部分，更是巴西独有。

从马瑙斯市乘船来到热带雨林边缘地带，沿河两岸是绵延数百千米，浓绿中带着神秘，且又保持着洪荒状态的大林莽。各种各样的动物，目光里或带着好奇，或带着敌意，看着闯入这片净土的游客们。

（5）伊瓜苏大瀑布　伊瓜苏大瀑布是世界上最宽的瀑布，位于阿根廷与巴西边界上伊瓜苏河与巴拉那河合流点上游23千米处，为马蹄形瀑布，高82米，宽4千米。1984年，被联合国教科文组织列为世界自然遗产。

许多个别瀑布在中途被突出的岩石击破，使水流偏转而水花飞溅升腾，产生如彩虹幔帐般的景色。从瀑布底部向空中升起近152米的雾幕与彩虹辉映，蔚为壮观。

伊瓜苏大瀑布（见图4-37）在伊瓜苏河上，沿途集纳了大小河流30条之多，到了大瀑布前方，已是一条大江河了。伊瓜苏河奔流千里来到两国边界处，从玄武岩崖壁陡落到巴拉那河峡谷时，在总宽约4000米的河面上，河水被断层处的岩石和茂密的树木分隔为275股大大小小的瀑布，跌落成平均落差为72米的瀑布群。由于河水的水量极大，在这里汇成了一道气势磅礴的世界最宽的大瀑布，其水流量达到了1700立方米/秒。这一道人间奇景，在30千米外就能听到它的飞瀑声。

（6）伊瓜苏国家公园　伊瓜苏国家公园处于玄武岩地带，跨越阿根廷和巴西国界，高80米，长度上延伸至2700米的世界上最壮观的伊瓜苏瀑布。瀑布产生的云雾滋润着葱翠植物的生长。许多小瀑布成片排开，层叠而下，激起巨大的水花。周围生长着200多种维管植物的亚热带雨林，许多稀有和濒危动植物物种在公园中得到保护，这里是南美洲有代表性的野生动物貘、

图4-38　伊瓜苏国家公园

大水獭、食蚁动物、吼猴、虎猫、美洲虎和大鳄鱼的快乐家园（见图4–38）。

（7）伊泰普水电站　伊泰普水电站（见图4–39）位于巴西与巴拉圭之间的界河——巴拉那河（世界第五大河，年径流量7250亿立方米）上，伊瓜苏市北12千米处，是目前世界第二大水电站，由巴西与巴拉圭共建，发电机组和发电量由两国均分。目前共有20台发电机组（每台70万千瓦），总装机容量1400万千瓦，年发电量900亿度，其中2008年发电948.6亿度，是当今世界装机容量第二大、发电量最大的水电站。此外，伊泰普水电站还设有游园公车。

（8）黑金城　黑金城（见图4–40）是巴西东南部以矿产丰富著称的米纳斯吉拉斯州前州政府所在地，由于金矿的开发，而于1698年建立。据说，因为黄金是从黑沙中筛选的，因此得名“黑金城”。方圆约1平方千米的山城海拔约1100米，城中建筑多为巴洛克风格。窄小的街道随城市的地形高低起伏，虽经200多年风雨至今仍保存完好，古老的建筑和高大的教堂错落有致，在周围青山绿树的衬托下，呈现出一片古朴优美的风景。1980年，黑金城被联合国教科文组织命名为世界文化遗产。

18世纪末，这里的黄金被采尽，人口锐减，凝固在了18世纪繁华的瞬间。

现在的黑金城宁静而安详，石块铺建的街道随地形的高低起伏，走在街道上，随处可见各种工艺品店、宝石店，各种肤色的人们穿梭其间，一座座古老辉煌的教堂或坐落在山头或隐蔽于山谷，壁画雕塑保存完好。如今黑金城已经成为了一个旅游胜地，以保存完好的18世纪欧式建筑迎接着来自五湖四海的人们。

图4–39　伊泰普水电站

图4–40　黑金城

【课后习题】

为什么巴西被称之为足球王国？

项目五 大洋洲客源国家

知识目标

1. 掌握大洋洲主要客源国的基本概况
2. 能正确分析各客源国人群的主要旅游需求
3. 要求掌握大洋洲主要客源国的主要旅游资源

能力目标

1. 会分析海外客源来华旅游动机
2. 能针对潜在客源市场设计出开拓计划书
3. 能够根据客源国礼仪向客人提供合理的优质服务

重点内容

重点分析大洋洲主要客源国的民俗风情和旅游资源基本特征

难点内容

大洋洲各主要客源国旅游行为的形成原因、来华旅游的制约因素和发展前景，以及中外关系等

授课过程和教学手段

1. **过程：**课前阅读（学生）→项目讲解（老师）→任务分化（老师）→提出问题（老师）→现场做答（学生）→分组互评（学生）→陈述总结（老师）
2. **手段：**项目分解—任务驱动法、课堂讨论法、资料分析法

澳大利亚

一、国家概况

1. 位置、领土和地形

澳大利亚一词，意即“南方大陆”，欧洲人在17世纪初叶发现这块大陆时，误以为这是一块直通南极的陆地。澳大利亚位于南太平洋和印度洋之间，由澳大利亚大陆和塔斯马尼亚岛等岛屿和海外领土组成。它东濒太平洋的珊瑚海和塔斯曼海，西、北、南三面临印度洋及其边缘海，海岸线长约3.67万千米。面积769.2万平方千米，占大洋洲的绝大部分，虽四面环水，沙漠和半沙漠却占全国面积的35%。全国分为东部山地、中部平原和西部高原 3 个地区。中部的埃尔湖是澳大利亚的最低点，湖面低于海平面12米。在东部沿海有全世界最大的珊瑚礁——大堡礁。

2. 气候

北部属热带，大部分属温带。年平均气温北部27℃，南部14℃，内陆地区干旱少雨，年降水量不足200毫米，东部山区年降水量为500 ~ 1200毫米。

3. 资源

澳大利亚矿产资源丰富，铝矾土、铅、镍、银、铀、锌、钽探明的经济储量居世界首位。澳大利亚是世界上最大的铝矾土、氧化铝、钻石、铅、钽生产国，黄金、铁矿石、煤、锂、锰矿石、镍、银、铀、锌等的产量也居世界前列。澳大利亚还是世界上最大的烟煤、铝矾土、氧化铝、铅、钻石、锌及精矿出口国，第二大氧化铝、铁矿石、铀矿出口国，第三大铝和黄金出口国。

4. 民族、人口

澳大利亚人口约2400万（2014年），其中英国及爱尔兰后裔占74%，亚裔占5%，土著居民占2.2%，其他民族占18.8%，英语为官方语言。大多数信奉基督教。据统计，澳大利亚的亚裔人口正在迅速增长。

5. 简史

早在4万多年前，土著居民便繁衍生息于澳大利亚这块土地上。从17世纪开始，欧洲的西班牙人、葡萄牙人、荷兰人、法国人陆续到达此地。1770年英国人正式宣布拥有澳大利亚的主权。1788年1月26日，英国航海家阿瑟·菲利普率领首批移民在悉尼定居，并且在悉尼升起了英国国旗，澳大利亚正式成为英国的殖民地。在此后的一段时间里，澳大利亚一度是英国的罪犯流放地，直到1851年发现金矿后，自由移民才开始激增。到19世纪末，英国已先后在澳大利亚建立了6个殖民区。

1901年1月1日，澳大利亚各殖民区改制为州，组成澳大利亚联邦，成为大英帝国内的联邦或自治领地。因此，澳大利亚是一个君主立宪制国家。1931年，澳大利亚获得内政与外交的独立自主权，成为大英国协内的独立国家。1999年澳大利亚举行全民公投，表决是否应改用共和体制来取代现有体制，最后被否决。

二、政治经济

1. 政治

全称：澳大利亚联邦。

政权：英国女王名义上是澳大利亚的国家元首，由女王任命的总督为法定的最高行政长官。澳大利亚总督实际上不干预政府的运作。

行政区：澳大利亚全国分为6个州和两个地区。各州有自己的议会、政府、州督和州总理。6个州是：新南威尔士、维多利亚、昆士兰、南澳大利亚、西澳大利亚、塔斯马尼亚；两个地区是：北部地方、首都直辖区。

政府：联邦政府由众议院多数党或政党联盟组成，该党领袖任总理，各部部长由总理任命。政府一般任期 3 年。

首都：堪培拉。

国旗：呈横长方形，长与宽之比为2∶1。旗地为深蓝色，左上方是红、白“米”字，“米”字下面为一颗较大的白色七角星。旗地右边为五颗白色的星，其中一颗小星为五角，其余均为七角。澳大利亚为英联邦成员国，英国女王名义上为澳大利亚的国家元首。国旗的左上角为英国国旗图案，表明澳大利亚与英国的传统关系。一颗最大的七角星象征组成澳大利亚联邦的六个州和联邦区（北部地区和首都直辖区）。五颗小星代表南十字星座（是南天小星座之一，星

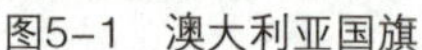

图5-1 澳大利亚国旗

图5-2 澳大利亚国徽

座虽小，但明亮的星很多）。为“南方大陆”之意，表明该国处于南半球（见图5-1）。

国徽：澳大利亚国徽左边是一只袋鼠，右边是一只鸸鹋，这两种动物均为澳大利亚所特有，是国家的标志，民族的象征，中间是一个盾，盾面上有六组图案分别象征这个国家的六个州。红色的圣乔治十字形（十字上有一只狮子、四颗星），象征新南威尔士州；王冠下的南十字形星座代表维多利亚州；蓝色的马耳他十字形代表昆士兰州；伯劳鸟代表南澳大利亚州；黑天鹅象征西澳大利亚州；红色狮子象征塔斯马尼亚州。盾形上方为一枚象征英联邦国家的七角星。周围饰以澳国花金合欢，底部的绶带上用英文写着“澳大利亚”（见图5-2）。

国歌：《澳大利亚，前进》。

国花：金合欢。

国树：桉树。

国鸟：琴鸟。

2. 经济

澳大利亚是一个后起的工业化国家，是世界重要的矿产品生产和出口国。农牧业、采矿业为传统产业，是世界最大的羊毛和牛肉出口国，最大的铝矾土、氧化铝、钻石、铅、钽生产国，最大的烟煤、铝矾土、氧化铝、铅、钻石、锌及精矿出口国。近年来，澳大利亚的制造业和高科技产业发展较快，服务业已成为国民经济主导产业。

工业：以矿业、制造业和建筑业为主。制造业产值1047亿澳元，占国内生产总值的10.1%。建筑业产值702.48亿澳元，占国内生产总值的6.8%。

农牧业：澳大利亚农牧业发达，素有“骑在羊背上的国家”之称。农牧业产品的生产和出口在国民经济中占有重要位置，是世界上最大的羊毛和牛肉出口国。农牧业用地4.4亿公顷，占全国土地面积的57%。主要农作物有小麦、大麦、油籽、棉花、蔗糖和水果。

服务业：服务业是澳大利亚经济最重要和发展最快的部门。经过30年的经济结构调整，已成为国民经济支柱产业，占国内生产总值80%以上。产值最高的行业是房地产及商务服务业、金融保险业。

旅游业：旅游业是澳大利亚发展最快的行业之一。著名的旅游城市和景点遍布澳大利亚全国。澳大利亚旅游资源丰富，著名的旅游城市和景点有悉尼、墨尔本、布里斯班、阿得雷德、珀斯、大堡礁、黄金海岸和达尔文港等。拥有霍巴特的原始森林国家公园、墨尔本艺术馆、悉尼歌剧院、大堡礁奇观、土著人发祥地卡卡杜国家公园、土著文化区威兰吉湖区及独特的东海岸温带和亚热带森林公园等景点，每年都吸引大批国内外游客。

三、科技教育

1. 教育

澳大利亚的教育实力雄厚，教育业相当发达。教育主要由州政府负责，各州设教育部，主管本州的大、中、小学和技术教育学院。联邦政府只负责给全澳大学和高等教育学院提供经费、制定和协调教育政策。

学校分公立、私立两种，实行学龄前教育、中小学12年义务教育和高等教育，重视并广泛推行职业教育。

小学教育：澳大利亚的小学教育体制因州或领地而异，通常为六年制。在某些州，学生在上小学前还要上幼儿园或学前班。小学通常设有以下课程：英语、数学、社会研究、艺术（包括音乐、美术、手工和戏剧）与保健（包括体育和品质培养）。

中学教育：澳大利亚大部分的中学是综合性的男女合校制。在新南威尔士州、维多利亚州、澳大利亚首府行政区和塔斯曼尼亚州，初级中学年限是从7年级到10年级，而在西澳大利亚州、南澳大利亚州、昆士兰州和北领地初中年限则为8年级至10年级，澳大利亚的义务教育到此为止。在10年级以后，大部分的学生会进入高级中学11年级及12年级。

大学教育：大学预科班的课程，相当于中国的专科教育课程，是专门为全海外留学生设计的课程，为他们所报读的大学本科学习作准备，本地居民是不需要进入预科班课程的。澳大利亚的大学预科班是为了帮助那些已经在自己国家完成12年级的高中教育，但是无法直接申请进入澳大利亚大学的申请者，通常为期一年。

学生在大学预科班所修的课程与将来他们要进入大学所修的课程必须相关。大学预科班的特色，就是学生不参加统考，只需成功地完成此课程，就可以直接进入自己所报读并承认这项课程的大学。

2. 科技

澳大利亚常被描绘成一个以农村或农业为主的国家，有时给人偏僻或落后的印象，事实上这都是误解，澳大利亚拥有很多足以自豪的科技成就，例如检查怀孕妇女的超声波成像技术、拯救过无数生命的西药盘尼西林、现在全世界通用的飞行记录仪黑匣子、以电为动力的心脏起搏器等，都是澳大利亚科学家的发明。澳大利亚先后有六位科学家获得过诺贝尔奖。

四、民俗文化

1. 澳大利亚主要节日

澳大利亚的主要节日十分丰富、如元旦、国庆节、情人节、复活节等法定节假日与欧美国家相同。除此以外，澳纽兵团日、女王诞生日、蒙巴节、墨尔本艺术节、墨尔本赛马节、悉尼狂欢节等更多的地方性节日更加富有民族特色，别具一格。下面介绍几个具有代表性的节日。

墨尔本艺术节——每年9月中旬

墨尔本艺术节始于1986年，是世界上顶级的艺术节之一，也是澳大利亚首屈一指的来自全球艺术和文化的庆典，集结世界、澳大利亚首演及各类艺术、文化活动。

墨尔本赛马节

墨尔本赛马节是全世界最著名的马赛之一，也是唯一能够令全澳大利亚上下一齐停止工作的事情。

悉尼狂欢节——1月

悉尼狂欢节是悉尼主要的节庆活动，有一连串的戏剧、艺术、音乐及户外运动以及免费的音乐会和盛大的烟火晚会。

2. 澳大利亚社会风俗

（1）澳大利亚的礼仪与禁忌　澳大利亚人很讲究礼貌，在公共场合从来不大声喧哗。在银行、邮局、公共汽车站等公共场所，都是耐心等待，秩序井然。握手是一种相互打招呼的方式，拥抱亲吻的情况罕见。澳大利亚社会上同英国一样有“妇女优先”的习惯；他们非常注重公共场所的仪表，男子大多数不留胡须，出席正式场合时西装革履，女性是西服上衣西服裙。澳大利亚人的时间观念很强，约会必须事先联系并准时赴约，最合适的礼物是给女主人带上一束鲜花，也可以给男主人送一瓶葡萄酒。

澳大利亚人待人接物都很随和，往往会邀请友人一同外出游玩，他们认为这是拉近双方关系的捷径之一；澳大利亚的基督教徒有“周日作礼拜”的习惯；在澳大利亚人眼里，兔子是一种不吉利的动物。碰到兔子，可能是厄运的预兆；澳大利亚人喜欢体育活动，游泳和日光浴是人们的癖好，如果有谁不会游泳，则会成为众人嘲讽的对象；与澳大利亚人谈论赛马，是非常受欢迎的话题。

（2）餐饮文化　澳大利亚人的饮食口味清淡、不吃辣。家常菜有煎蛋、炒蛋、火腿、脆皮鸡、油爆虾、糖醋鱼、熏鱼、牛肉等，当地的名菜是野牛排。澳大利亚人食量比较大，啤酒是最受欢迎的饮料，其中达尔文城的居民以喝啤酒闻名。他们的菜肴一般以烤、焖、烩的烹饪方法居多。他们在就餐时，大都喜爱将各种调味品放在餐桌上，任其自由选用调味，而且调味品较多。澳大利亚的食品素以丰盛和量大而著称，尤其对动物蛋白的需要量。他们通常爱喝牛奶、喜食牛羊肉、精猪肉、鸡、鸭、鱼、鸡蛋、乳制品及新鲜蔬菜和水果。

（3）服饰特色　在悉尼和墨尔本宜穿西装。在布里斯班，当地商人习惯穿衬衫、打领带、穿短裤。不过，初次见面时，仍不妨穿西装。

“灌木丛风格”就是澳洲特色服饰之一，它是从澳大利亚田园风格中演化出来的一种。

澳毛毛线和毛衣种类繁多，色彩各异，价钱适中。特别是羊皮做的皮袄或皮夹克，柔软舒服，轻松暖和。羊毛毯也十分受来自较冷国家游客的喜爱。用澳大利亚特有动物袋鼠、鳄鱼的皮制成的手袋、提包、皮鞋、手套、皮带等特色用品可以在任何城市的购物中心买到，它们大都用料上乘，做工精细，但款式较传统，价格不菲。

（4）土著风俗　居住在澳大利亚的土著人（也称原住民），仍然保持着自己的风俗习惯。

他们以狩猎为生，“飞去来器”（回旋镖）是他们独特的狩猎武器。他们很多仍居住在用树枝和泥土搭成的窝棚里，围一块布或用袋鼠皮蔽体，并喜欢文身或在身上涂抹各种颜色。平时仅在颊、肩和胸部涂上一些黄白颜色，节庆仪式或节日歌舞时彩绘全身。文身多为粗线条，有的像雨点，有的似波纹，对经过成年礼的土著人来说文身不仅是装饰，而且还能用以吸引异性的爱慕。在狂欢舞会上，人们头戴五彩装饰，身画彩纹、围着篝火跳集体舞。

五、旅游资源

澳大利亚四面临海，沙漠和半沙漠却占全国面积的35%。在东部沿海有全世界最大的珊瑚礁——大堡礁。澳大利亚也是世界上养羊最多的国家，号称是“骑在羊背上的国家”。走一趟澳洲，饱览醉人的大自然美景，感受澳洲人的活力和闲适，能暂时摆脱喧嚣的尘世生活。

1. 最佳旅游时间

澳大利亚的旅游季节一般是每年的11月到第二年的3月。如果去澳大利亚北部旅行最好在少雨的旱季；澳洲内陆旅游的季节在冬天最佳；南部一年四季都适于观光旅行。

2. 美食小吃

澳大利亚是个移民国，所以能吃到世界各地的菜肴，材料丰富，既便宜又好吃。在澳大利亚，你可以品尝到带有特色的各国美味食品（见图5-3）。

袋鼠肉：袋鼠肉的口味和牛肉有点相似，但没有牛肉嫩。袋鼠肉在大部分州允许销售，一些肉店有鲜肉供应，一些餐馆有袋鼠肉的餐肴，价格和牛肉接近。

皇帝蟹：澳洲出产的皇帝蟹品种很肥大，在澳洲经常直接用皇帝蟹煮汤。

把整只蟹切开几大件，直接用清汤来煮，煮熟把蟹捞出来吃，蟹肉极其鲜美，吃得差不多再喝点汤，汤水很清，和浑厚的蟹肉搭配相得益彰。

澳洲龙虾：简称澳龙，一听名字就很霸气，通体火红，乍眼一看就是小龙虾的放大版（当地海鲜多数都是常见海鲜的放大版）。肉质细嫩、滑脆、味道鲜美，看着冰块包裹着的大龙虾，还未下锅，就会忍不住流口水。

小人饼干：用巧克力、草莓奶油、姜糖在饼干上做出小人的形状，童趣满分，小孩都爱吃这款美味的饼干。

袋鼠肉

皇帝蟹

龙虾

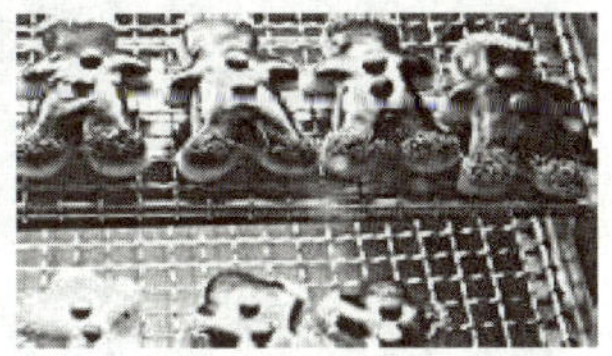
小人饼干

图5-3 澳大利亚美食

3. 旅游城市及景点

（1）悉尼　悉尼，澳大利亚新南威尔士州首府，濒临南太平洋，是澳大利亚乃至大洋洲最大的城市和港口，也是全球最繁华的国际大都市之一。悉尼是全澳的经济、金融、交通中心，也是亚太地区重要的金融中心和航运中心。悉尼是国际主要的旅游胜地，以悉尼歌剧院和港湾大桥（见图5-4）而闻名遐迩。

图5-4　悉尼大桥

悉尼大桥：在澳大利亚悉尼的杰克逊海港，有一座号称世界第一单孔拱桥的宏伟大桥，这就是著名的悉尼海港大桥。悉尼大桥是连接港口南北两岸的重要桥梁，是悉尼歌剧院明信片的完美背景、在距离水面147米的高处遥望悉尼歌剧院，是拍摄港口全景的绝佳地点。

澳大利亚人形容悉尼海港大桥的造型像一个“老式的大衣架”，并把它誉为悉尼的象征。由于悉尼海港大桥和悉尼歌剧院相邻，人们将歌剧院和大桥联成一体欣赏时，雄伟和婀娜、深色和浅色、直线和曲线构成了一副反差强烈又协调一体的美丽图画，相映成辉。

悉尼歌剧院：悉尼歌剧院位于澳大利亚悉尼，是20世纪最具特色的建筑之一，也是世界著名的表演艺术中心，已成为悉尼市的标志性建筑。该歌剧院1973年正式落成，2007年6月28日被联合国教科文组织评为世界文化遗产，该剧院设计者为丹麦设计师约恩·乌松。悉尼歌剧院坐落在悉尼港的便利朗角，其特有的帆造型，加上悉尼港湾大桥，与周围景物相映成趣。

（2）墨尔本　墨尔本（Melbourne）是澳大利亚和大洋洲仅次于悉尼的第二大城市，世界上最繁华的国际大都市之一。墨尔本城市的绿化面积高达40%。墨尔本曾连续多年被联合国人居署评为“最适合人类居住的城市”。

墨尔本是有“花园之州”美誉的维多利亚州（Victoria）的首府，也是澳大利亚的工业重镇。墨尔本以浓厚的文化气息、绿化、时装、美食、娱乐及体育活动而著称。维多利亚式的建筑物、有轨电车、歌剧院、画廊、博物馆以及绿树成荫的花园和街道构成了墨尔本市典雅的风格。

墨尔本皇家植物园：建造于1845年的墨尔本皇家植物园（见图5-5）位于墨尔本市中心以南约5千米的地方。花园以19世纪园林艺术布置而成，内有大量罕有的植物和澳大利亚本土特

图5-5　墨尔本皇家植物园

有的植物，植物园占地40公顷，至今保留着20世纪的一些建筑和风貌，汇聚了三万多种奇花异草，是全世界设计最好的植物园之一。

维多利亚艺术中心：为大型交响及古典作品演奏会的专用演出场地（见图5-6）。表演艺术博物馆内的州立剧场（State Theatre）供歌剧和芭蕾舞及大型音乐会演出之用。表演厅（Playhouse）演出话剧，另外，还有一实验演播室。艺术中心为一个综合大厦，除画廊、博物馆外还有酒吧、咖啡座、餐厅，不少墨市人喜欢周末在此感受一下文化和艺术的氛围。

墨尔本唐人街：就是Little Bourke Street，特别是指这条街从东端到中部的繁华地带。唐人街并非住宅区，而是墨尔本市中心一个华人餐馆和商店聚集的地方。墨尔本唐人街长约900米，宽约6米，跨越五条与之垂直的大街。这里中式餐馆林立，有华人开的书店、精品店、免税店、工艺品店等，放眼都是中文招牌，充满东方风味。墨尔本唐人街的历史始于1854年，是澳大利亚最早的唐人街，也是世界上最早的唐人街之一。

图5-6 维多利亚艺术中心

在唐人街上，有好几个华人会馆，包括四邑会馆、潮州会馆、福建会馆、南番顺会馆（南海、番禺、顺德），有些会馆的牌匾刻于清咸丰年间，这些距今已有百年的老会馆，颇具历史价值，古今风物并存，让墨尔本唐人街别具一格。

菲利普岛：墨尔本最吸引人的观光项目之一就是在菲利普岛上参观企鹅，它已成为国外游客访问墨尔本必去的景点之一，在那里可以看到世界上最小的企鹅（成年企鹅身高约30厘米）。

图5-7 菲利普岛

菲利普岛（见图5-7）位于墨尔本东南124千米的海上，为一处天然动物保护区，珍禽异兽和怪石相映成趣，这里也是小企鹅的栖息地，在此可以观看到在其他地方难得一见的企鹅登陆。

疏芬山金矿：疏芬山位于墨尔本内，1851—1855年时为金矿区，现已将整个市镇改为户外的活动博物馆。

在尤瑞卡中心与中央黛博拉金矿处，有澳洲人祖先拓荒边疆的遗迹，讲述了19世纪50年代至60年代淘金的历史，呈现出疏芬山1850年淘金热潮时的实际风貌（见图5-8）。

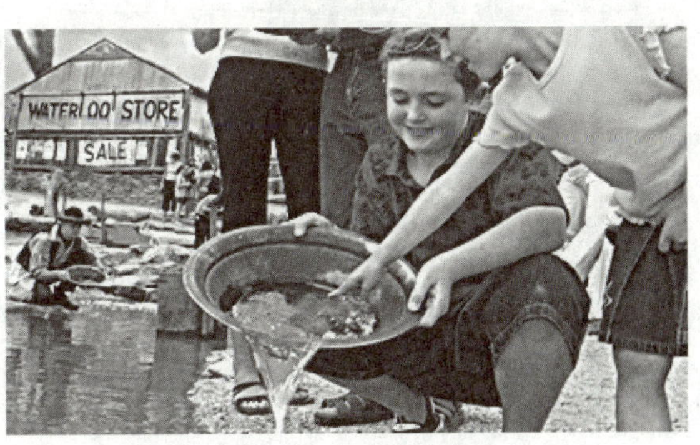

图5-8 疏芬山

（3）堪培拉 堪培拉是澳大利亚的首都（见图5-9）。总人口36.8万人（2012），在澳大利亚所有城市里排名第八位。总面积2395

平方千米，50%以上的面积为国家公园或保留地，城市的设计受到花园城市风潮影响，抛掉以公园作为点缀的旧观念，将许多重要区域直接融入天然植被，因而享有“天然首都”的美誉。堪培拉作为政府驻地以及国会大厦和许多外交官邸的所在，坐落在Burley Griffin湖两岸，是个时尚的现代化城市。地处风景宜人和树木青葱的心脏地带，周围遍布着澳大利亚最引人入胜的乡村，堪培拉的确是个与众不同的城市。规划宽敞的街道，令人难忘的现代化建筑，以及自然环境的优势都是那么明显。堪培拉同样是个与众不同的度假胜地。拥有民族纪念碑、都市缤纷的夜生活、美食、华美的艺术、无数的节日，有各种各样的运动、冒险和娱乐活动等。

国会大厦：位于澳大利亚首都堪培拉的中心，是世界上最著名的建筑之一。国会大厦以大量使用砖石和优质木材，及收藏包括世界上最大的挂毯之一在内的艺术精品为特色。国会大厦（见图5-10）占地32公顷，地上建筑有6层，底层为停车场，圆形的花岗岩外墙与国会山的形状配合得天衣无缝，整个建筑的核心是矗立在大厅顶上的不锈钢旗杆，高达81米，直插云霄，国会大厦每隔30分钟就会提供免费导游，使游客更进一步了解其奥秘。

格里芬湖：如果不去格里芬湖（见图5-11），不看喷射式喷泉，就不能说到过堪培拉。格里芬湖是以昔日首都建设总监伯利·格里芬命名的长达20多千米的人工湖，湖岸周长35千米，面积704公顷。环湖建有公路，路边遍植花木，湖中有为纪念库克船长而建造的喷泉，它从湖底喷出的水柱高达137米，站在全城任何地方，都可以看到高大的白色水柱直刺蓝天，水柱四周的水珠和雾粒在阳光的照耀下，闪烁着一道道彩虹，极为壮观。格里芬湖湖区辽阔，碧波荡

图5-9　堪培拉

图5-10　国会大厦

图5-11　格里芬湖

漾，景色十分美丽，可供人们游泳、驾驶帆船和垂钓。可以在Acton 渡轮码头附近租用划桨船、水上单车、滑浪板、独木舟或双体船。此外，还有湖上游艇巡游。长达90分钟具有导游介绍的湖上巡游，在每天上午十时半和下午十二时半时会从Acton 渡轮码头出发。星期三至日下午六时及晚上八时更有晚上游艇巡游。

黄金海岸：位于澳大利亚东部海岸中段、布里斯班以南，它由一段长约42千米、10多个连续排列的优质沙滩组成，以金色沙滩而得名。这里气候宜人，日照充足，特别是海浪险急，适合于进行冲浪和滑水活动，是冲浪者的乐园，也是昆士兰州重点旅游度假区。

黄金海岸（见图5-12）是澳大利亚的假日游乐胜地，这里有明媚的阳光、连绵的白色沙滩、湛蓝透明的海水、浪漫的棕榈林，来这里旅游度假的人们更为这里增添了不少生机和动感。黄金海岸的中心就是冲浪者的天堂，那里风光明媚，旅游设施完备，你既可以在太平洋中畅游，也可以在沙滩上打排球，或者只是躺在沙滩伞下看看景色，放松心情。

图5-12 黄金海岸

（4）珀斯 由于地处澳大利亚大陆西岸地中海气候地区，温和的气候与天鹅河沿岸的别致景色，使珀斯得以成为非常受欢迎的观光旅游目的地。珀斯拥有广阔的居住空间及高水平的生活素质，在每年的世界最佳居住城市评选中都是名列前茅，可见珀斯无论居住环境、生活素质及社会福利等都是颇佳的城市。珀斯人大部分都是友善的，这种态度也得到肯定，曾于2003年获得世界最友善城市首位，得到世界性的赞赏及认同。

图5-13 珀斯

珀斯市（见图5-13）既有现代化的高楼大厦，又有乡野风情，市内有天主教大教堂、五所大学、州议会大厦等。在市长办公室内的墙壁上，挂有一颗4英寸厚的炮弹壳，这枚炮弹是澳大利亚皇家海军“珀斯号”战舰，于1942年3月在巽他海峡战役中沉没时因没有发射出去而留存下来的。

珀斯也是黑天鹅聚集的地方，有“黑天鹅城”之称，西澳旅游局的标志上印有黑天鹅。

尖峰石阵：位于珀斯北方260千米处，为南邦国家公园的一部分。这里有一片横跨沙漠的奇异活化石原始森林，再加上数以千计、甚至高达4千米的石灰岩柱，蔚为壮观（见图5-14）。

图5-14 尖峰石阵

在太古时代，那里曾是有着森林的海边。从海边吹来的沙形成了沙地，在原始森林枯萎、大地被风化后，残存在根须间的石灰岩就像塔一样遗留了下来。游客可以乘坐珀斯出发的四轮驱动车（四驱车4WD）旅游团来此地游玩。

波浪岩：澳大利亚的一种巨大岩层，位于西部谷物生长区边缘的海登城附近。这个向外伸悬的岩体之所以被称为波浪岩，是因为它的形状像一排即将破碎的巨大且冻结了的波浪。它高出平地15米，长度约100米。

澳洲波浪岩（见图5-15）并非是一个独立的岩石，而是连接北边100米的海顿石及状似河马张口的河马岩、骆驼岩等串联而成的风化岩石。澳洲沙漠中的波浪岩如今在西澳洲已成为地标，早在25亿年前就已经形成。波浪岩就像一片席卷而来的波涛巨浪，令无数的旅客赞叹大自然的鬼斧神工，每年都会有大量慕名而来的游客前来参观波浪岩。

（5）袋鼠岛　又叫坎加鲁岛，是澳大利亚继塔斯马尼亚和梅尔维尔岛之后的第三大岛屿，面积4405平方千米。坎加鲁岛位于圣文森特海湾的入口，在南澳大利亚州的首府阿德莱德西南方向112千米处，位于巴斯海峡。岛上距离大陆的位置离南澳大利亚州富劳里友半岛的杰维斯角只有13千米。岛上四分之一的面积被定为国家公园和保护区，栖息着多种保育动物。

由于岛屿与澳大利亚大陆隔离，岛上没有狐狸和兔，同时这两种动物也被严格禁止带上岛；在岛上养猫需要强制登记并植入芯片。坎加鲁岛的当地物种包括坎加鲁岛袋鼠、罗森伯格沙地巨蜥、澳棕短鼻袋狸、尤金袋鼠、刷尾负鼠、澳大利亚针鼹和新澳毛皮海狮以及六种蝙蝠和蛙类物种。岛上还有一种独一无二的脊椎动物物种，被称为坎加鲁岛袋鼩的一种小型有袋类食肉动物。树袋熊、环尾袋貂和鸭嘴兽被引入该岛并繁衍至今。该岛还曾有鸸鹋的一个亚种——坎加鲁岛鸸鹋，但在1802年至成为欧洲殖民地的1836年间灭绝，据推测可能灭绝于森林大火或过度捕杀。

（6）大堡礁　世界最大最长的珊瑚礁群，位于南半球。它纵贯于澳洲的东北沿海，北从托雷斯海峡，南到南回归线以南，绵延伸展共有2011千米，最宽处161千米，是世界上最大、最长的珊瑚礁群，是世界七大自然景观之一，也是澳大利亚人最引以为自豪的天然景观，又称为“透明清澈的海中野生王国”（见图5-16）。有2900个大小珊瑚礁岛，自然景观非常特殊。大堡

图5-15　波浪岩

图5-16　大堡礁

礁的南端离海岸最远有241千米，北端较靠近海岸，最近处距离海岸仅16千米。在落潮时，部分的珊瑚礁露出水面形成珊瑚岛。在礁群与海岸之间是一条极方便的交通海路。风平浪静时，游船在此间通过，船下连绵不断的多彩、多形的珊瑚景色，就成为吸引世界各地游客来猎奇观赏的最佳海底奇观，1981年列入世界自然遗产名录。大堡礁中有千余个岛屿，是世界上最大的珊瑚礁群，尤其是那些由几毫米的珊瑚虫组成的珊瑚群，是海洋动物的天堂，更是世界上海洋生物最多的地区之一。

【课后习题】

1. 为什么澳大利亚的首都选定堪培拉，而非大家熟悉的悉尼和墨尔本？
2. 澳大利亚地广人稀，请分析各地区民族的文化差异。

新西兰

一、国家概况

1. 位置、领土和地形

毛利人曾经称新西兰为“奥蒂罗”，意为“白云绵绵的土地”。17世纪荷兰航海家塔斯曼称此为“新泽兰”，荷兰意为“新的海中绿地”。英国大批居民移居此后，将“新泽兰”改为“新西兰”。

位于太平洋西南部，介于南极洲和赤道之间。西隔塔斯曼海与澳大利亚相望，北邻汤加、斐济。新西兰由北岛、南岛及一些小岛组成，面积27万多平方千米，专属经济区120万平方千米，海岸线长6900千米。新西兰素以“绿色”著称。虽然境内多山，山地和丘陵占其总面积75%以上，但这里属温带海洋性气候，四季温差不大，植物生长十分茂盛，森林覆盖率达29%，天然牧场或农场占国土面积的一半。广袤的森林和牧场使新西兰成为名副其实的“绿色王国”。

南岛西部绵亘着雄伟的南阿尔卑斯山脉。库克峰海拔3764米，为全国最高峰。山区多冰川和湖泊；西部是丘陵，西南部是高原。北岛东部地势较高，多火山，中部多湖泊。湖的周围为平原，在平原上耸立着高达2797米的鲁阿佩胡火山，是北岛的最高点。

2. 气候

新西兰属温带海洋性气候，季节与北半球相反。新西兰的12～次年2月为夏天，6～8月为冬天。夏季平均气温25℃，冬季10℃，全年温差一般不超过15℃。各地年平均降雨量为

400～1200毫米。

3. 资源

矿藏主要有煤、金、铁矿、天然气，还有银、锰、钨、磷酸盐、石油等，但储量不大。石油储量3000万吨，天然气储量为1700亿立方米。森林资源丰富，森林面积810万公顷，占全国土地面积的30%，其中640万公顷为天然林，170万公顷为人造林。此外，新西兰渔产丰富。

4. 民族、人口

新西兰人口约450万（2014年），其中，欧洲移民后裔占78.8%，毛利人占14.5%，亚裔占6.7%。75%的人口居住在北岛，奥克兰地区的人口占全国总人口30.7%。首都惠灵顿地区的人口约占全国总人口的11%。奥克兰市是全国人口最多的城市，南岛克赖斯特彻奇市是全国第二大城市。官方语言为英语和毛利语，通用英语，毛利人讲毛利语。70%居民信奉基督新教和天主教。

5. 简史

毛利人是新西兰第一批居民。公元14世纪，毛利人从波利尼西亚来到新西兰定居。1642年，荷兰航海家阿贝尔·塔斯曼在此登陆，把它命名为“新泽兰”。1769年至1777年，英国人詹姆斯·库克船长先后五次到新西兰，并宣布占领新西兰，把海岛的荷兰文名字“新泽兰”改成英文“新西兰”。1840年英国迫使毛利人酋长签订《威坦哲条约》。1907年英国被迫同意新西兰独立，成为英联邦的自治领，政治、经济、外交仍受英控制。1931年，英国议会通过《威斯敏斯特法案》，根据这项法案，新西兰于1947年获得完全自主，仍为英联邦成员。

二、政治经济

1. 政治

全称：新西兰。

政权：实行君主立宪制混合英国式的议会民主制。英国女王名义上是新西兰的国家元首，女王任命的总督作为其代表行使管理权。

行政区：全国分为12个大区，设有74个地区行政机构（其中包括15个市政厅、58个区议会和查塔姆群岛议会）。

政府：总督和部长组成的行政会议是法定最高行政机构。

首都：惠灵顿，是地球上最靠南的都城。

国旗：呈横长方形，长与宽之比为2∶1。旗地为深蓝色，左上方为英国国旗红、白色的“米”字图案，右边有四颗镶白边的红色五角星，四颗星排列均不对称。新西兰是英联邦成员国，红、白“米”字图案表明同英国的传统关系；四颗星表示南十字星座，表明该国位于南半球，同时还象征独立和希望（见图5-17）。

国徽：中心图案为盾徽。盾面上有五组图案：四颗五角星代表南十字星座，象征新西兰；

图5-17　新西兰国旗

图5-18　新西兰国徽

麦捆代表农业；羊代表该国发达的畜牧业；交叉的斧头象征该国的工业和矿业；三只扬帆的船表示该国海上贸易的重要性。盾徽右侧为手持武器的毛利人，左侧是持有国旗的欧洲移民妇女；上方有一顶英国伊丽莎白女王二世加冕典礼时用的王冠，象征英国女王也是新西兰的国家元首；下方为新西兰蕨类植物，绶带上用英文写着“新西兰”（见图5-18）。

国歌：《天佑新西兰》。

国树：四翅槐。

国花：银蕨。

国鸟：鹬鸵（几维鸟）。

国石：绿石，又称绿玉。

2. 经济

新西兰是一个现代、繁荣的发达国家。新西兰是经济发达国家，畜牧业是其经济基础。新西兰农牧产品出口量占其出口总量的50%，羊肉和奶制品出口量均居世界第一位，羊毛出口量居世界第二位。

工业：以农林牧产品加工为主，主要有奶制品、毛毯、食品、皮革、烟草、造纸和木材加工等轻工业，产品主要供出口。近年来，陆续建立了一些重工业，如炼钢、炼油、炼铝和制造农用飞机等。

旅游业：新西兰环境清新、气候宜人、风景优美、旅游胜地遍布全国。新西兰的地表景观富于变化，北岛多火山和温泉，南岛多冰河和湖泊。北岛的鲁阿佩胡火山和周围14座火山的独特地貌形成了世界罕见的火山地热异常带。旅游业收入约占新西兰国内生产总值的10%。

三、科技教育

1. 教育

新西兰的教育体制被视为世界上最好的教育体制之一，他们通过学校、大学、技工学院和其他教育机构提供高质量教育，新西兰的教育体系源于英国的传统教育体制，全国实行统一的教育体系，教育经费开支占政府开支第三位。

幼儿教育：不是义务教育，而是婴幼儿上学前的照顾，早期幼儿教育服务包括幼儿园、托儿所、游乐中心、家庭日托、儿童看护中心及社区游乐园。

中小学教育：在新西兰，6～16岁的孩子都必须接受小学、中学和高中义务教育，全国有66万中小学生就读于2800多所国立中小学，政府每年对中小学教育的投入达20亿新西兰元。新西兰的大多数孩子5岁开始上学，19岁以前在公立学校（政府拨款）上学为免费教育，接受特殊教育的学生（有残疾、学习和行为障碍）年龄延长到21岁，公立学校由新西兰政府提供经费并且遍布新西兰各地。

高等教育：上完中学的学生可以继续接受高等教育和培训，可以在理工学院、教育学院、大学和私立培训机构进行，学生需要为他们的高等教育缴纳学费。大约800多家私立培训机构提供范围广泛的学习计划，其中的某些课程可获得全国学历认可。

主要大学包括：奥克兰大学、奥克兰理工大学、怀卡托大学、维多利亚大学、坎特伯雷大学、梅西大学、奥塔哥大学、林肯大学等。

2. 科技

为适应全球新经济的发展趋势，增加国家的竞争能力，世界各国都在调整科技政策，采取有效措施，加强国家整体创新能力，有效促进国家科技发展。近年来，新西兰在鼓励科技创新方面，注重优势互补和协调发展，强调建设高素质科技人才队伍，充分释放各领域在科技创新中的活力，从而推动技术成果转化和高新技术产业化。

四、民俗文化

1. 新西兰主要节日

新西兰节日中的法定假日与欧美国家相同，除国庆节、情人节、复活节、圣诞节等法定节假日外，如澳新军团日、女王诞辰日、劳动节、节礼日、波利文化节、怀唐伊节等不同类型的节日异彩纷呈。下面主要介绍其中几个独具代表性的新西兰节日。

波利文化节——2月初

波利文化节是世界上最大的太平洋岛国文化美食节，每年都有成千上万的人蜂拥而至，就为了感受浓郁的太平洋岛国文化和风情。

怀唐伊节——8月底至9月初

怀唐伊节曾一度是新西兰的法定国庆日，只不过1976年就被取消了国庆日的名称。这个节日是为了庆祝《怀唐伊条约》的签署。每年这个时候新西兰都会举办各种阅兵式，各地也有相应的文化表演，在条约的签署地——怀唐伊将有一场热闹盛大的瓦卡（毛利庆典用的独木舟）盛会。

2. 新西兰社会风俗

（1）新西兰的礼仪　新西兰人在社交场合与客人相见时，惯行握手礼；和妇女相见时，要等对方伸出手再施握手礼。他们也施鞠躬礼，不过鞠躬方式独具一格，要抬头挺胸地鞠躬。新西兰的毛利人会见客人的最高礼节是施“碰鼻礼”，碰鼻子的次数越多，时间越长，礼就越重。

（2）信仰禁忌　新西兰人大多数信奉基督教新教和天主教。他们把“13”视为凶神，无论做什么事情，都要设法回避“13”。他们在国内忌讳男女同场活动。即使看戏或看电影，通常也分为男子场和女子场。他们视当众剔牙和咀嚼口香糖为不文明的行为。他们视当众闲聊、吃东西、喝水、抓头皮、紧裤带等作风为失礼的行为。新西兰的毛利人，对有人给他们照相极为反感。新西兰人不愿谈论有关种族方面的问题。

（3）餐饮文化　新西兰的毛利人经常利用地热蒸制牛肉、羊肉、马铃薯等食品，这些食品通称为“夯吉”。他们制作“烧石烤饭”的原料有芋头、南瓜、白薯、猪肉、牛排、鸡、鱼等，在铁丝筐内分层一次烧制成，然后洒上盐、胡椒粉等食用。

新西兰人在饮食嗜好上有如下特点：

口味：一般口味不喜太咸，爱甜、酸、微辣味道。

主食：以米饭为主食。

副食：爱吃牛肉、羊肉、猪肉、鸡、鸭、蛋品、野味、鱼、虾等，喜欢番茄、芋头、南瓜、土豆、青菜、辣椒、菜花、黄瓜等蔬菜；调料爱用咖喱、番茄酱、味精、胡椒粉等。

制法：偏爱炒、煎、烤、炸等烹调方法制作的菜肴。

酒水：特别喜欢喝葡萄酒、啤酒，爱喝矿泉水、咖啡、红茶和香片花茶等饮料。

果品：爱吃香蕉、菠萝、猕猴桃、葡萄、草莓、西瓜等，喜欢吃杏仁、花生米等干果。

（4）服饰特色　新西兰是羊的王国，所以毛衣、帽子、袜子、围巾、手套等纯毛制品数量丰富而且具有新西兰特有的风格，是其他国家难以比拟的。

通常新西兰人在普通场合里，衣着并不讲究，即使是最高级的饭店及夜总会，衣着只要整齐即可，不需刻意穿着礼服。

（5）民俗风情

迎宾礼：客人到来时，赤膊光足、腰系草裙跑的毛利人跑到客人面前挥舞着手中的长矛和剑，并做各种鬼脸，是一种友好的迎宾舞。周围的妇女们边舞边喊表示欢迎，最后，部落德高望重者为客人行碰鼻礼（鼻尖对鼻尖），碰鼻时间越长表示礼遇越高，也为毛利人待客的最高礼仪。

试婚：毛利人未婚前都是赤身裸体地生活，长大成人后，要先试婚。试婚期间，男女可同居。经双方父母同意，并且只要女方到男方家住上一晚即为结婚。

继承遗产：毛利人死者的遗产由其兄弟们继承，在无兄弟的情况下，才能由其儿子们继承。

五、旅游资源

1. 最佳旅游时间

春秋两季最佳，秋季（3~5月）和春季（9~11月）气候温暖，是最佳旅行季节。旅游高峰期是12月20日至次年1月中旬，最好提前预订。

2. 美食小吃

新西兰美食以兼容并蓄、天然新鲜著称。在这里，阳光充足，降雨充沛，遍布全岛的火山灰使其土壤肥沃丰饶，令新西兰成为农业与畜牧业的天堂。地道的新西兰风格菜品有羊肉、猪肉、鹿肉、鲑鱼、小龙虾、布拉夫牡蛎、鲍鱼、贻贝、扇贝、甘薯、奇异果和树番茄等，还有最具代表性的新西兰甜点“帕洛娃”，这是用白奶油和新鲜水果或浆果铺在蛋白霜上制成的。

	香草羊肉：新西兰人喜爱吃羊肉，且羊肉风味多种多样。小羊味道较清淡，十分受当地人的喜爱。犊羊肉或羊肉常被用来做羊排，几乎没有羊膻味，肉质柔软，因而成为新西兰最普遍的菜色之一。羊肉还常以香草腌渍，再炭烤或嫩煎，佐以酱汁，搭配芋泥或薯条，风味独特
	惠灵顿咖啡：惠灵顿有着来自世界各地的美食，但是，最吸引人的却莫过于一杯小小的咖啡。这个城市的另一个名字是“咖啡之都”，走在街头，小咖啡馆随处可见。在天气晴朗的时候，坐在路边的咖啡馆享受一杯浓郁的咖啡，欣赏窗外的海岸和群山，这种感觉，是其他任何一个城市的咖啡馆所感受不到的
	乳制品：新西兰奶粉品质好已经声名远扬了。无论有没有baby，尽情享受这里的乳制品是必须的事。乳酪蛋糕、芝士面包或是牛奶，新鲜香醇，绝对天然
	新西兰三文鱼：品尝新西兰美食，绝对不能错过新西兰三文鱼。除三文鱼刺身外，新鲜熏制的三文鱼可做成沙律，配上芫荽、罗勒，以及少许辣椒和豆瓣菜，特别美味
	麦卢卡蜂蜜：新西兰最有名的麦卢卡蜂蜜（Manuka Honey）来自于新西兰纯净而无污染的原始森林中，是最原始最天然的保健蜂蜜，营养价值高且非常美味。可前往奥克兰市区的库姆（Kumeu）蜜蜂在线中心，那里有许多特色蜂蜜制品，如蜂蜜、蜂胶、蜂蜡、蜂王浆等

3. 旅游城市和景点

（1）奥克兰　奥克兰是新西兰的门户，美丽的海港、岛屿，玻利尼西亚文化和现代大都市，这些元素组成了奥克兰的生活方式，使之享誉世界。奥克兰有无穷的自然魅力，无论对于经济型背包族还是豪华游艇的拥有者，奥克兰都是理想的旅游目的地。

奥克兰是世界最佳居住城市第五名（2007年），素有“风帆之都”的美誉。置身于此，我们更能感受到奥克兰自然与现代完美相融的美丽与繁华。在怀特玛塔港中部，回首可望到奥克兰的城市天际，还可看到奥克兰的商务区和港口，以及从地平面拔起、高耸入云的南半球最高建筑——天空塔（见图5-19）。

奥雷瓦镇：位于奥克兰的奥克兰海港大桥的北面，开车仅半小时即到，小镇从3千米壮丽的海滩边缘延伸至内陆。喜欢游泳、冲浪、划皮艇、玩帆板和风筝冲浪的你，这里就是极好的选择。观赏海岸风景，没有比沿着千禧步道漫游更好的方式了。除海滩之外，可能的娱乐方式包括海港高尔夫球、美酒之旅、地方园林徒步旅行、保龄球、自行车、迷你高尔夫、看电影、骑马、微型竞赛汽车、室内滑冰和温泉浴。此外，奥瑞瓦拥有一个综合购物中心和一个选择广泛的饮食中心。

老海关大厦：坐落于新西兰的奥克兰市区综合大楼对面，正好在海关和阿尔伯特街的拐角处，80多年来，这个大厦一直是奥克兰的金融中心。

图5-19　奥克兰港口夜景

老海关大厦是按照法国文艺复兴时期的建筑风格设计的，落成于1889年，它也是目前在中心商业区遗留下来的具有维多利亚风格的最后一批纪念物之一。

奥克兰海港大桥：奥克兰海港大桥（见图5-20）是奥克兰极富代表性的一处景致。大桥连接奥克兰最繁忙的港口——怀提玛塔海港南北两岸，全长1020米。海港大桥与停泊在奥克兰游艇俱乐部的万柱桅杆，组成了一幅壮观美丽的图画。

图5-20　奥克兰海港大桥

大桥建于1959年，离海面高43米，由于那里经济和人口的快速增长，大桥的设计过载量已无法满足需求，1969年又聘请日本专家设计，把大桥两侧加宽，由原设计的四股道增加到六股道，使大桥的过载量增加了1倍。现在该大桥高峰时期一天可过往车辆115000辆以上。人们称这个新增加的两股道为“日本增加道”。另外，海港货物的吞吐量也是新西兰最多的。

伊甸山：位于新西兰的奥克兰市中心以南约5千米处，是一个死火山的火山口。山顶设有瞭望台，视野开阔，是眺望市景的好地方。此外，还可参观到12世纪时毛利人要塞的遗迹（见图5-21）。

图5-21　伊甸山

伊甸山是一座死火山，形成于2—3万年以前，高196米，是奥克兰陆地火山带中最高的火山，也是奥克兰最重要的象征之一。从这里，您可以欣赏令人惊奇的火山口遗迹，俯瞰奥克兰市区全景及两大港湾。锥形的火山口就在山顶的脚下，火山口底部总能看到食草的牛群。市区内高耸的现代建筑与绿油油的“田园风光”相互辉映，的确别有一番情趣。

（2）皇后镇　皇后镇（Queenstown，又译昆士敦或昆斯敦）（见图5-22）位于新西兰南岛奥塔哥地区的西南部。皇后镇是新西兰的“探险之都”。在这座高山度假名镇，你会发现有一大堆有趣的事情等着你去尝试：在附近世界一流的滑雪场感受雪上运动的魅力；体验蹦极与喷射快艇的惊险与刺激；参加美食与葡萄酒之旅以大饱口福。皇后镇常被人们誉为新西兰的“探险之都”，每年都有上万名的游客前来此地观光旅游。

（3）惠灵顿　惠灵顿，新西兰首都、港口和主要商业中心、全国政治中心、新西兰全国第二大城市，是大洋洲国家中人口最多的首都。

惠灵顿（见图5-23）是世界上最美的海港之一，是位处市区和东方海湾之间的一个码头，更是一个深受本地人和外地游人喜爱的娱乐场所。

沿着皇后码头向东方海湾方向行走，或在金色海滩边游泳，你可尝试海上皮艇、滑旱冰和攀岩；你也可以在码头上的咖啡店、餐馆或酒吧里享用餐饮。

图5-22　皇后镇

惠灵顿动物园： 惠灵顿唯一的一座动物园，同时这座动物园也是新西兰历史最悠久的动物园。该动物园修建于1906年，动物园有个很长的昵称，叫做“世界最棒的稀有动物园”（见图5-24）。

图5-23　惠灵顿

动物园历史上第一只动物是一只名叫迪克国王的小狮子。在狮子迪克之后，动物园又陆续地增添了其他动物，有骆驼、鸸鹋、袋鼠等，截至1912年，动物园便已经初具规模。现如今的惠灵顿动物园中生活着超过500只、100多个品种的动物，从猬和白鼬，再到美洲豹和大象，如今的动物园已经成为了一个动物们生活的大家庭。

最重要的是，游客可以在这里看到很多新西兰以及世界上有些濒临灭绝的动物。

图5-24　惠灵顿动物园

（4）基督城　基督城（见图5-25）位于新西兰南岛东岸，又名“花园之城”，是新西兰第三大城市，也是新西兰南岛最大的城市，具有浓厚的英国气息和艺术文化气息。

基督城把优雅的生活方式和有趣的文化乐趣有机地结合起来。安静的雅芳河蜿蜒流过城市，古老的住宅建筑构成了生动的艺术区，游客乘坐重新恢复的有轨电车可以很方便地来这里参观。第一批从英格兰乘船只到来的人，从1850年开始在基督城居住，城市内壮观的历史建筑和宏伟堂皇的花园传颂着先人的业绩。在这里，可以参观历史遗址、博物馆、艺术馆，享受高度发达的餐馆业的美味佳肴。乘基督城的平底船或在雅芳河上撑船旅游是令人难忘的经历。基督城有新西兰第二个国际机场和三个游客信息中心。

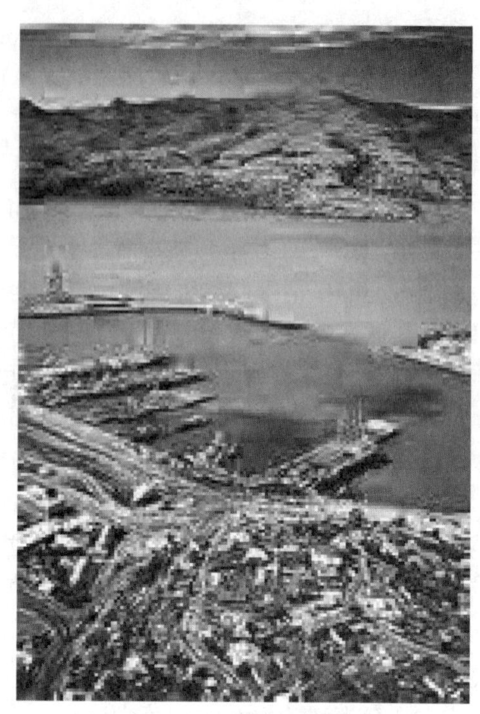

图5-25　基督城

（5）罗托鲁瓦　五彩矿物池（见图5-26）、火山泥、沸泥塘等各种火山景观是《魔戒》取景地，罗托鲁瓦是属于火山与毛利人的城市。

罗托鲁瓦市坐落在火山多发区，被喻为“火山上的城市”。1886年6月10日火山爆发导致三个毛利村落化为废墟，1917年火山再次爆发，摧毁了这里坚固的旅游设施。

位于罗托鲁瓦湖南畔，距奥克兰市221千米处多天然温泉，是毛利人聚居区和著名的旅游胜地。“罗托鲁瓦”是毛利语，意为“双湖”。罗托鲁瓦湖面积为23平方千米。全市遍布热泉，市郊森林密布。这里湖光潋滟，山色迷离，游禽戏水，海鸥翔空，空气中硫磺弥漫，热泉灰黄泥浆沸腾，加之毛利文化的多姿多彩，前来观光的游客终年络绎不绝。

（6）东加里罗国家公园　著名的旅游胜地，前来参观的游客每年成千上万。东加里罗

图5-26　五彩矿物池

国家公园（见图5-27）是新西兰最著名的火山公园，有15座近代活动过或正在活动的火山口，呈线状排列，并向东北延伸。鲁阿佩胡火山是北岛的最高点，海拔2796米，顶上终年积雪皑皑，是著名的滑雪胜地，是一座只有75万年的“年轻”的活火山，一部分毛利人就居住于此。

图5-27　东加里罗国家公园

【课后习题】

1. 为什么新西兰被称之为“绿色王国”？
2. 请同学们认真阅读下列材料，并分析问题。

随着“爸爸去哪儿·第二季”的热播，这个萌化众人心的节目组去过的所有景点都迅速成为旅游线路的热点。不管是重庆武隆、浙江建德，还是内蒙古呼伦贝尔大草原，都成为了各个年龄阶层的朋友们出游的首选地点，同龄的小粉丝们尤为热衷。节目中星爸萌娃的生活和各种有趣的活动聚焦着千万粉丝的目光，而小朋友和爸爸妈妈们更是希望能到这些地方实地欣赏节目中秀美壮丽的景色、体验当地的民俗风情，让自己的宝贝享受星娃的经历。

2014年9月26号晚上，“爸爸去哪儿·第二季”收官新西兰站倾情上演，摄影师给出的每一个镜头都在无声的宣扬着这个美丽的海岛之国，震撼着电视机前的孩子和父母。在巨大的震撼中，宝妈们默默地把新西兰作为了寒假出游计划中的备选。出游第一步（确定目的地）已完成，可是当选择出游形式时，宝妈们又有些为难了。因为计划十分美好，现实却十分残酷，一般的跟团游和自由行，就是走马观花看看景点，带着孩子根本体验不到原汁原味的亲子特色，更别说像镜头中的星爸萌娃那般玩的酣畅淋漓，最后导致的结果就是钱花得不少，却和理想中的出游千差万别。这时，宝妈宝爸们需要的便是一个能提供精品亲子路线的“旅行设计师”。

在节目播出的第二天，新西兰站完全复制版的亲子线路就已经上市了。“宝贝去哪儿网（baobeiqunar）”的亲子旅行线路预订平台，在节目播出的第一时间，就联系到新西兰的合作方，为了满足萌娃小粉丝们的心愿，同时也为了宝爸宝妈们能和孩子们参加真正的亲子旅行，倾情推出这款“爸爸去哪儿第二季新西兰站”百分百经典线路产品。他们的新西兰金牌合作方由走遍全球的前旅游杂志主编、现定居新西兰的资深旅行专家担任旅行向导，他全程参与了《爸爸去哪儿》第二季新西兰站拍摄!

此路线是目前独一无二的，将《爸爸去哪儿》新西兰站拍摄地点、精华体验任务一网打尽：宝贝们可以像星爸萌娃们在拍摄开始前一天那样，到波利尼西亚温泉中洗去旅途疲劳;可以来到位于罗托鲁瓦湖边的政府花园（本集开始五个家庭出场，“村长”为他们分配任务的地方，拍摄背景是这里的地标罗托鲁瓦博物馆）;也可以前往红木森林，在茂密的森林中徒步，带你的孩子认识并了解身边的各种本地特色树木和植被;或者体验更刺激的户外运动，跟随专业向导骑山地车穿越红木森林或者钻进OGO悠波球，从一百多米的山坡有惊无险地滚下（前者是杨阳洋和Feynman与爸爸一起参与的项目，后者则是黄磊和多多接受的挑战）；当然也会安排小朋友像Grace大姐姐、贝儿那样，到当地大型超市中采购晚餐食材;像《爸爸去哪儿》中看到的那样，欣赏传统毛利战舞Haka，带着孩子一起参与进来，和他们一起欢歌热舞。（来源：无忧旅游）

问题1：“亲子旅行线路预订平台”是旅游市场细化的产品，试分析旅游市场细化的前景。

2：由于《爸爸去哪儿》节目的红火，其各个拍摄地也随之节目的红火成为了旅游旺地，从策划的角度来讲，对同学们景区进行宣传策划有什么样的启示？

项目六

非洲客源国家

知识目标

1. 掌握非洲主要客源国的基本概况
2. 能正确分析客源国人群的旅游需求
3. 要求掌握非洲主要客源国的旅游资源

能力目标

1. 会分析海外客源来华旅游动机
2. 能针对潜在客源市场设计出开拓计划书
3. 能够根据客源国礼仪向客人提供合理的优质服务

重点内容

重点分析非洲主要客源国的民俗风情和旅游资源基本特征

难点内容

非洲主要客源国旅游行为的形成原因、来华旅游的制约因素和发展前景，以及中外关系等

授课过程和教学手段

1. **过程：**课前阅读（学生）→项目讲解（老师）→任务分化（老师）→提出问题（老师）→现场做答（学生）→分组互评（学生）→陈述总结（老师）
2. **手段：**项目分解-任务驱动法、课堂讨论法、资料分析法

埃及

一、国家概况

1. 位置、领土和地形

面积1001449万平方千米。地跨亚、非两大洲，西连利比亚，南接苏丹，东临红海并与巴勒斯坦、以色列接壤，北临地中海。埃及大部分领土位于非洲东北部，只有苏伊士运河以东的西奈半岛位于亚洲西南部。

埃及有约2900千米的海岸线，但却是典型的沙漠之国，全境95%为沙漠。世界最长的河流尼罗河从南到北贯穿埃及，被称为埃及的“生命之河”。尼罗河两岸形成的狭长河谷和入海处形成的三角洲，是埃及最富饶的地区。虽然这片地区仅占国土面积的4%，但却聚居着全国99%的人口。苏伊士运河扼欧、亚、非三洲交通要冲，沟通红海和地中海，连接大西洋和印度洋，具有重要战略意义和经济意义。

2. 气候

埃及全境干燥少雨。尼罗河三角洲和北部沿海地区属地中海型气候，1月平均气温为12℃，7月平均气温为26℃；年平均降水量50～200毫米。其余大部分地区属热带沙漠气候，炎热干燥，沙漠地区气温可达40℃，年平均降水量不足30毫米。每年4～5月常有“五旬风”，风中夹带沙石，致使农作物受害。

3. 资源

埃及自然资源丰富，主要有石油、天然气、磷酸盐、铁、锰、煤、金、锌、铬、银、钼、铜和滑石等。已探明的储量为：石油42亿桶，天然气76万亿立方英尺，磷酸盐约70亿吨，铁矿6000万吨。2003年，埃及首次在地中海深海发现了原油，在西部沙漠发现迄今最大的天然气田，并开通了通往约旦的第一条天然气管道。

埃及电力供应以火电和水电为主，火电占84%。阿斯旺水坝是世界七大水坝之一，全年发电量超过100亿度。

4. 民族、人口

埃及总人口有8455万（2014年），埃及是阿拉伯世界中人口最多的国家，其中绝大多数生活在河谷和三角洲，主要是阿拉伯人。伊斯兰教为国教，其信徒主要是逊尼派。小部分人信奉基督教，还有少数信奉犹太教。官方语言为阿拉伯语，通用英语和法语。

5. 人文历史

埃及的历史悠久，是世界文明古国之一。公元前3100年出现了统一的奴隶制国家。公元前11—前7世纪，相继被亚述、波斯、马其顿和罗马帝国征服。公元4—7世纪并入东罗马帝国。公元7世纪中期，阿拉伯人入侵，建立了阿拉伯帝国。1249年开始由马木鲁克军团指挥官统治。1517年被土耳其人征服，成为奥斯曼帝国的行省。1798年—1801年，埃及一度被拿破仑占领。1882年，被英国军队占领。1914年埃及成为英国的保护国。1922年2月28日，英国被逼承认埃及独立。1952年以纳赛尔为首的“自由军官组织”发动政变，掌握国家政权。1953年6月18日废除帝制，成立“埃及共和国”。1956年将苏伊士运河收为国有。1958年2月，埃及与叙利亚合并，成立阿拉伯联合共和国。1961年9月，叙利亚脱离阿拉伯联合共和国。1971年9月改国名为“阿拉伯埃及共和国”。

二、政治经济

1. 政治

全称：阿拉伯埃及共和国。

政治体制：总统制共和制。

行政区：全国划分为27个省：开罗省、吉萨省、盖勒尤比省、曼努菲亚省、杜姆亚特省、达卡利亚省、卡夫拉·谢赫省、贝尼·苏夫省、法尤姆省、米尼亚省、索哈杰省、基纳省、阿斯旺省、红海省、西部省、艾斯尤特省、新河谷省、亚历山大省、布哈拉省、北西奈省、南西奈省、塞得港省、伊斯梅利亚省、苏伊士省、东部省、马特鲁省和卢克索省。

首都：开罗，人口800多万（2013年），是阿拉伯和非洲国家人口最多的城市。夏季最高气温34.2℃，最低气温20.8℃；冬季最高气温19.9℃，最低气温9.7℃。

国旗：呈长方形，长与宽之比为3∶2。自上而下由红、白、黑三个平行相等的横长方形组成，白色部分中间有国徽图案。红色象征革命，白色象征纯洁和光明前途，黑色象征埃及过去

图6-1　埃及国旗

图6-2　埃及国徽

的黑暗岁月（见图6–1）。

国徽：为一只金色的鹰，称萨拉丁雄鹰。金鹰昂首挺立、舒展双翼，象征胜利、勇敢和忠诚，它是埃及人民不畏烈日风暴、在高空自由飞翔的化身。鹰胸前为盾形的红、白、黑三色国旗图案，底部基座饰带上写着“阿拉伯埃及共和国”（见图6–2）。

国歌：《阿拉伯埃及共和国国歌》。

国花：莲花。

国石：橄榄石。

2. 经济

埃及是个传统的农业国。虽然可耕地面积只占全国总面积的3%，但劳动生产率比较高，农产品产值占GDP的18%，吸纳了全国1/3的就业人口，农产品出口占全部商品出口的20%。

农业：三分之一以上的人口从事农业。绝大部分为灌溉地。耕作集约，年可二熟或三熟，是非洲单位面积产量最高的国家。主产盛产长绒棉和稻米，产量均居非洲首位，玉米、小麦居非洲前列，还盛产甘蔗、花生等。农业在埃及国民经济中占有重要的地位。农村人口占全国人口的52%，政府极为重视农业发展和扩大耕地面积。主要农作物有棉花、小麦、水稻、高粱、玉米、甘蔗、亚麻、花生、水果、蔬菜等。

工业：是非洲重要的石油和磷灰石开采国。炼油工业发达，其他重要工业部门有食品、纺织、化工、钢铁、机械等，主要出口原油、油品、棉花等，其中原油独占出口总值的一半左右。主要进口农畜产品、机器设备、车辆、化工产品等。苏伊士运河是最重要的国际通航运河。

旅游业：埃及文化灿烂、历史悠久，名胜古迹宏伟丰富，具有发展旅游业的极为优越的条件。主要旅游点有金字塔、狮身人面像、爱资哈尔清真寺、古城堡、希腊罗马博物馆、卡特巴城堡、蒙塔扎宫、卢克索神庙、卡纳克神庙、王陵之谷、阿斯旺水坝等。旅游收入是埃及外汇的主要来源之一。

三、科技教育

1. 教育

实行普及小学义务教育制度。教育经费主要来源于国家预算和地区提供的资金，国家不仅向公立学校提供经费，也向私立学校发放补助金。

现行学制是1957年制定的，实行三级制（见图6–3）。初等学校6年；中等阶段分为预备学校和中等学校两级，各3年。其中最后2年，文理分科，并制订统一的教学计划。在中等阶段，还有职业教育系统。高等教育一般为4年。各级学校的学生修业期满，都须经过统考，成绩及格方可毕业升入高一级学校。初等学校之前，设有1～2年的幼儿园教育，但基本上是私立的。

全国共有28所大学。著名的有开罗大学、亚历山大大学、艾因·夏姆斯大学、爱资哈尔大学等。

<table>
<tr><td>年龄</td><td colspan="11">3　4　5　6·7　8　9　10　11　12·13　14　15·16　17　18·19·20·21　22·23　24　25　26</td></tr>
<tr><td>教育水平</td><td></td><td></td><td></td><td></td><td>Ⅰ（初等教育）</td><td colspan="2">Ⅱ（中等教育）</td><td colspan="3">Ⅲ（大学教育）</td><td>Ⅳ</td></tr>
<tr><td>阶段</td><td></td><td></td><td></td><td></td><td>1</td><td>2</td><td>3</td><td>4</td><td>5</td><td>6</td><td></td></tr>
<tr><td></td><td></td><td></td><td></td><td></td><td>义务教育</td><td colspan="6">义务教育后教育</td></tr>
<tr><td colspan="6"></td><td>预备阶段</td><td>普通中学
技术中学
职业学校</td><td colspan="4"></td></tr>
<tr><td colspan="7"></td><td>技术学校（职业训练中学）</td><td colspan="4"></td></tr>
<tr><td colspan="7"></td><td>师范学校</td><td colspan="4"></td></tr>
<tr><td colspan="8"></td><td colspan="2">专科学院校
大　　学</td><td colspan="2"></td></tr>
<tr><td colspan="10"></td><td colspan="2">研究生院</td></tr>
</table>

图6–3　埃及教育学制图

2. 古科学

天文学：古埃及创造了人类历史上最早的太阳历。早在公元前4000年时，埃及人就已经把一年确定为365天，全年分成12个月，每月30天，余下的5天作为节日；同时还把一年分为三季，即“泛滥季”“播种季”“收割季”，每季为四个月。实际上，古埃及的这种历法并不精确，因为一个天文年是365.25日，所以古埃及历每隔四年便比天文历落后1天。然而在古代世界，它却是最佳的历法。

在古王国时期，埃及人观察到当尼罗河开始泛滥时，天狼星清晨正好出现在埃及的地平线上，于是古埃及人将这一天定为一年的第一天。

建筑中的天文学知识：古埃及的建筑与天文学密切相关，许多建筑中都隐含了一定的天文学知识，著名的金字塔就隐含了许多天文学知识。金字塔的四面正对着东南西北四个方向。胡夫大金字塔的北面有隧道，可以进入金字塔的中心部位，从那儿眺望北方夜空，北极星正好映入眼帘。哈夫拉金字塔王殿内南北方位有两个通气孔，北通气孔指向当时猎户星座的Zeta星。另外，狮身人面像在春分日和秋分日这两天，正面永远都正对着太阳升起的地方，千万年不变。

数学：古埃及人很早就采用了十进制记数法。在现存的莱因特纸草和莫斯科纸草上记载了不少埃及人的数学问题，虽然只是片段，仍然可以表明当时古埃及人的数学已经取得了相当大的成就。古埃及人依次用笔画排列记数到9，然后用一个好像倒写的“U”的符号代表10。但古埃及人写111这个三位数时，每一数位都用一个特殊的符号表示，而不是像现在将1重复写三次。这说明埃及人当时还没有完全掌握十进位制。

医学：古埃及千年不腐的“木乃伊”闻名于世。古埃及人认为人的身体是灵魂的安息处，要想获得永生，就必须把尸体保存好。在古埃及第一王朝之前制作木乃伊就开始了。1991年，埃及科学家穆罕默德·塞闭特博士发现，古埃及人在制作木乃伊时使用了放射性物质。埃及国家博物馆对古代法老和王后的木乃伊进行研究时，利用探测仪器证明，馆内几具古埃及不同时期、不同地点的木乃伊体内的填充物中均含有放射性物质，可以释放出α，β，γ射线。由此可以确认古埃及人早在4000多年前就已经在运用放射性物质保护法老的木乃伊了。

四、民俗文化

1. 埃及主要节日

埃及的主要节日有元旦、闻风节、西奈解放节、宰牲节、开斋节、共和国独立日、穆罕默德诞辰日、七月革命节等，下面主要介绍以下几个富有代表性的节日。

闻风节——4月12日

“闻风节”是埃及民间节日，又称踏青节，时间是在每年的4月间。此时天气转暖，人们纷纷外出踏青、游玩、野餐，享受清风拂面的气息，其乐融融。

七月革命节——7月23日

七月革命节是纪念1952年7月23日阿拉伯埃及共和国第一任总统加马尔·阿卜杜勒，塞纳尔领导的革命胜利日，也是埃及的国庆节。

2. 埃及礼仪文化

（1）埃及的礼仪　埃及人的交往礼仪既有民族传统的习俗，又通行西方人的礼仪，两者皆有，上层人士更倾向于欧美礼仪。男士应刮胡须，头发整齐；女士可适当淡妆，但不应浓妆艳抹，给人以轻浮风骚之感。穿着要整洁，并要注意场合。在埃及，一般正式场合穿西服，家访穿衬衣不扎领带，外出游玩宜穿T恤衫和旅游鞋。

见面礼仪：埃及人与宾朋相见或送别时，一般都惯行握手礼，或施拥抱礼。还时兴亲吻礼，并有多种亲吻礼节：“亲吻礼”分为男女间亲昵性的亲吻、抚爱性亲吻、敬重性亲吻和崇敬性亲吻。“亲手礼”往往是对恩人的亲吻礼的另一种形式。“飞吻”同情人间的一种亲吻礼。“亲脸”多是妇女们相见时的一种礼节。即先亲一下右颊，后亲左颊；若亲戚或关系密切者，再亲一下右颊；男人间也亲吻，不过他们是先亲左颊，再亲右颊，若亲戚或关系密切者，再亲一下左颊。

【知识链接】

据报道，曾有一对热恋中的青年男女，在公园中情到浓时禁不住拥抱亲吻，恰好被警察发现，被带到警察局，在交付罚款后释放。夫妻一方出远门，在车站或机场送别和迎接时，丈夫只能吻妻子的脸颊。

（2）餐饮文化　埃及人喜吃甜食，正式宴会或富有家庭正餐的最后一道菜都是上甜食。著名甜食有“库纳法”和“盖塔伊夫”，“锦葵汤”“基食颗”是埃及人日常生活中的最佳食品，“盖麦尔丁”是埃及人在斋月里的必备食品。“蚕豆”（见图6-4）是必不可少的一种食品，其制造方法多种多样，制成的食品也花样百出。例如，切烂蚕豆、油炸蚕豆饼、炖蚕豆、干炒蚕豆和生吃青蚕豆等。

图6-4　“国菜”蚕豆

埃及人通常以“耶素”为主食，进餐时与“富尔”（煮豆）、“克布奈”（白乳酪）和“摩酪赫亚”（汤类）一并食用。耶素是不用酵母的平圆形埃及面包，此外，他们喜食羊肉、鸡、鸭、鸡蛋以及豌豆、洋葱、南瓜、茄子、胡萝卜、土豆等。

在口味上，一般要求清淡、甜、香、不油腻。串烤全羊是他们的待客佳肴。值得一提的是，很多埃及人还特别爱吃中国川菜。

（3）民俗风情　北非国家埃及人，大多为穆斯林；教义教规重恪守，文明历史永长存；一般都很爱仙鹤，“5”“7”表示喜光临；黑、蓝、黄色属忌讳，更为特殊的是禁说“针”；讨厌当众吐唾沫；称赞女士窈窕视为目的不纯。

埃及人对绿色和白色都有很深的感情，一般人都喜爱这两种颜色，有把绿色喻为吉祥之色，把白色视为“快乐”之色的说法。他们对生活中经常遇到的数字也有喜厌之分。一般人都比较喜欢“5”和“7”。认为“5”会给人们带来“吉祥”，认为“7”是受人崇敬的完整数字。因为“安拉”创造世界用了6天的时间，在第7天休息，所以人们办一些重要的事情总习惯采用“7”，例如：有很多咒语、祷告要说7遍；朝觐者回来后，第7天请客；婴儿出生后，第7天宴请；还有纪念婚后7日，纪念去世后7日等。埃及人有把葱视为真理标志的习惯。他们非常喜爱仙鹤，认为仙鹤是一种吉祥鸟，它美丽又华贵，象征着喜庆和长寿。

埃及人宠猫、敬猫如神，并视猫为神圣的精灵。在埃及人的心目中，猫是女神在人间的象征，是幸运的吉祥物，是受人崇敬的国兽。

关于左手：埃及人（穆斯林皆如此）认为“右比左好”，右是吉祥的，做事要从右手和右脚开始，握手、用餐、递送东西必须用右手，穿衣先穿右袖，穿鞋先穿右脚，进入家门和清真寺先迈右脚。因为穆斯林“方便”和做脏活时都用左手，因此左手被认为是不干净的，用左手与他人握手或递东西是极不礼貌的，甚至被视为污辱性的。

妇女的禁忌：按伊斯兰教义，妇女的“迷人之处”是不能让丈夫以外的人窥见的。即使是同性之间，也不应相互观看对方的私处，因此，短、薄、透、露的服装是禁止的。哪怕是婴儿的身体也不应无掩无盖，街上也不会见到公共澡堂。

五、旅游资源

1. 最佳旅游时间

秋季最佳。埃及夏季平均最高气温为34.2℃，最低气温为20.8℃；冬季平均最高气温为19.9℃，最低气温为9.7℃。如果你想选择一个气温最舒适的时间去旅行，那么冬季的埃及是最佳的选择，但是此时是埃及的旅游旺季，各个景点游客很多，同时物价也会上涨，旅行开支也会增加。

如果选择夏季去埃及，就要忍受骄阳和酷暑，但是有时景点的游客相对较少，可以饱览埃及风光，花费也会比冬季旅游稍低一些。但普通游客一定要避开每年7月中下旬的穆斯林斋月，因为这一个月景点、商场、餐馆开门时间均不固定，容易给旅行造成不便。

2. 美食小吃

埃及人口味偏重，喜欢浓郁、软滑、焦香、麻辣味道的。喜用盐、胡椒、辣椒、咖喱和番茄酱等调味品。埃及人爱吃牛肉、羊肉、鸡、蛋类，也爱吃豌豆、洋葱、南瓜、茄子、番茄、卷心菜、萝卜、马铃薯、胡萝卜等。

埃及人的主食是“耶素”，它是一种不用酵母制作的平圆形面包。进餐时，与煮豆、白乳酪和汤等一并食用。

	**莫洛奇亚：**是一道绿色的浓汤，用绿色蔬菜、米饭及大蒜炖成
	**富尔及塔米亚：**富尔及塔米亚可以说是非正式的埃及国菜。富尔是用蚕豆制成的，加上油、柠檬、盐、肉、蛋以及洋葱加以调味；塔米亚则是将磨碎的鸡豆，和香料炸成的小丸子。把富尔和塔米亚加上一点番茄，用披塔（Pita）面包夹成三明治就是一道美味的小吃了
	**库沙利：**库沙利是埃及的平民特色美食，由米饭、通心粉、洋葱、黑扁豆及番茄酱等做成。材料分开烹调，吃时再拌在一起。可根据喜好加入调料醋、蒜、辣酱，炸洋葱和豌豆等。在埃及的大街小巷都能看到库沙利的专卖店。开罗的库沙利，有的全部用米制成，也有一半米一半空心粉制成的，而亚历山大的库沙利则全部用通心粉

续表

	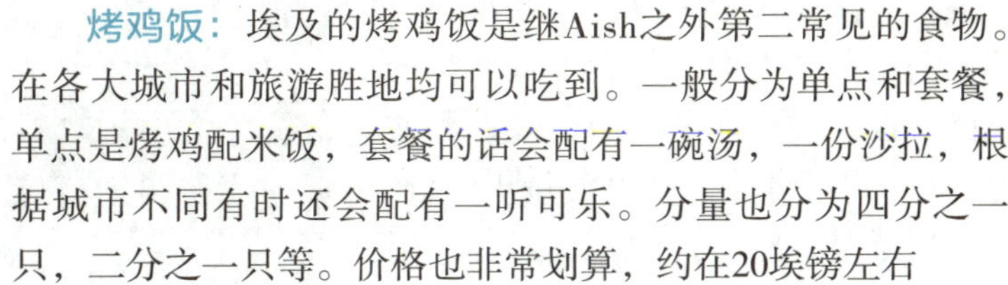 **烤鸡饭：** 埃及的烤鸡饭是继Aish之外第二常见的食物。在各大城市和旅游胜地均可以吃到。一般分为单点和套餐，单点是烤鸡配米饭，套餐的话会配有一碗汤，一份沙拉，根据城市不同有时还会配有一听可乐。分量也分为四分之一只，二分之一只等。价格也非常划算，约在20埃镑左右
	**面包（Aish）：** 这种叫做阿伊施的面包是埃及最重要的主食，无论是高档餐馆还是路边的小店，无处不见它的身影，它是埃及生活的主角，充饥必备佳品。当地人用它来撕开包肉或者沙拉吃，对于中国人来说，这种面包口感略硬，没有味道，似乎在埃及的每一餐总有吃不完的Eish
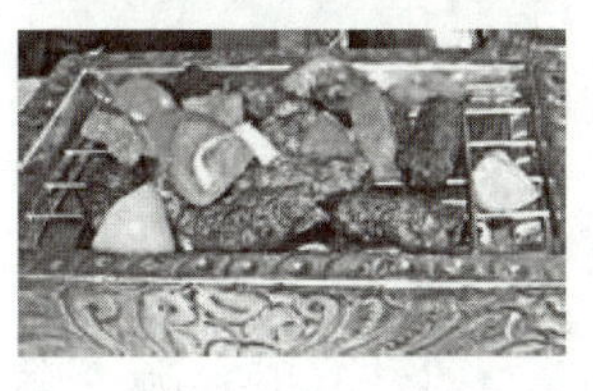	**卡巴布：** 卡巴布在埃及也是非常受欢迎的菜肴，在大小餐馆的菜单上都能找到，价格在20埃镑左右。卡巴布的做法是将加了香料的羊肉或牛肉撒上胡椒粉，用铁钎子串好在烤架上烤制。上菜时通常放在盘子里，配着沙拉、米饭或面包等一起吃，虽然形状较奇怪，但是味道非常好，而且非常充饥

3. 旅游城市及景点

（1）开罗　埃及首都，非洲最大的城市，横跨尼罗河，是整个中东地区的政治、经济和交通中心。（见图6-5）

古埃及人称开罗为“城市之母”，阿拉伯人把开罗叫做“卡海勒”，意为征服者或胜利者。尼罗河，流经市区后，分为两支，继续北去，注入分隔欧非大陆的地中海，形成了广阔富饶的尼罗河三角洲。通都大邑开罗，就在这个三角洲的南部。开罗因地处欧亚非三洲的交通枢纽，汇集着各种肤色的人。本地人，宽袍大袖、俨然古风。在某些街区，偶尔还可见到骑着毛驴放牧的村姑。这也许是旧开罗的缩影或古开罗的残迹，但无伤大雅。历史的车轮仍带着这座名城，向着更现代化的道路前进。全国主要公路和铁路在此交会，与国内各大城市往来方便。

图6-5　开罗

尼罗河： 是由卡盖拉河、白尼罗河、青尼罗河三条河流汇流而成。尼罗河（见图6-6）最下游分成许多汊河流注入地中海，这些汊河流都流经三角洲平原，是古埃及文化的摇篮，也是现代埃及政治、经济和文化中心。几千年来，尼罗河每年6～10月定期泛滥，8月份河水上涨最高时，淹没了河岸两旁的大片田野，之后人们纷纷迁往高处暂住。10月以后，洪水消退，带来了尼罗河丰沛的土壤。在这些肥沃的土壤上，人们栽培了棉花、小麦、水稻和椰枣等农作物。在干旱的沙漠地区上形成了一条“绿色走廊”。埃及流传着“埃及就是尼罗河，尼罗河就是埃及的母亲”等谚语。尼罗河确实是埃及人民的生命源泉，她为沿岸人民积聚了大量的财富、缔造了古埃及文明。

图6-6　尼罗河

狮身人面像：古埃及人很崇拜狮子，他们认为狮子是力量的化身，因此古埃及的法老把狮身人面像放在他们的墓穴外面作为守护神。著名的狮身人面像（Sphinx）（见图6-7）位于开罗市西的吉萨区，在哈扶拉金字塔的南面，距胡夫金字塔约350米。

图6-7　狮身人面像

狮身人面像又叫“斯芬克司”，阿拉伯语的意思是“恐怖之父”，它身长73米，有21米多高，脸足有5米宽。它的头是按照哈扶拉法老的样子雕的。传说斯芬克司常令过路的人猜它出的谜语，猜不出的人即遭害。

如果你来到了狮身人面像，千万要等到晚上再走，日落之后这里会有声光表演，那代表了古埃及悠久历史的回响。

图6-8　胡夫金字塔

胡夫金字塔：位于埃及首都开罗西南约100千米吉萨高地的胡夫金字塔是埃及现存规模最大的金字塔，被喻为“世界古代七大奇迹”之一。胡夫金字塔（见图6-8）塔高146.5米，因年久风化，顶端剥落10米，现高136.5米。塔身是用230万块石料堆砌而成，大小不等的石料重达1.5吨至160吨，塔的总重量约为684万吨，它的规模是埃及迄今发现的108座金字塔中最大的一座。

开罗塔：坐落在尼罗河河中的扎马利克岛上，参照埃及的象征物——莲花所建。（见图6-9）它是钢筋混凝土结构，塔高187米、相当于60层高楼，为开罗的千塔之冠，由已故的埃及总统纳赛尔奠基，于1961年4月1日建成开放，在入口处上方镶有一只高8米，宽5米的铜鹰，是埃及共和国的标志。整个塔身镶有250万块米黄色的瓷砖，塔身设计如莲花状，在塔的第14层有旋转餐厅，埃及政府经常在这里举行宴会招待外国贵宾。餐厅可容纳80人，客人坐在固定的位置上，一面用餐一面可以透过玻璃观赏开罗的全貌，转餐厅每半小时转一周。塔的东面，沿尼罗河的对岸以三道桥相连接，分别是TAHRIR桥、6 OCTOBER桥及ABUL ELA桥，三桥都是人车并行的。塔的西南面是吉萨金字塔区。游客可以塔为标记，寻找方向。开罗塔就像是巴黎的艾菲尔铁塔一样，成为埃及人心中的骄傲。

图6-9　开罗塔

（2）卢克索　埃及人常说："没有到过卢克索就不算到过埃及"。

卢克索神殿：坐落在卢克索高中心的尼罗河东岸，长达260米的卢克索阿蒙神殿（见图6-10）证明了卢克索辉煌的过去。它是古埃及第十八王朝的第十九个法老（公元前1398—1361年在位）艾米诺菲斯三世为祭奉太阳神阿蒙、他的妃子及儿子月亮神而修建的。到第十八王朝后期，又经拉美西斯二世扩建，形成现今留存下来的规模。

图6-10　卢克索神殿

神庙长262米，宽56米，由塔门、庭院、柱厅和诸神殿构成。塔门是神庙的主要入口，在塔门两侧矗立着六尊拉美西斯二世的巨石雕像，其中靠塔门两侧的两尊高达14米。进入塔门的东北角是太阳神阿蒙庙。

帝王谷：在埃及，除了蜚声世界的金字塔外，还有一处令无数旅游者向往的地方，那就是"帝王谷"。

在开罗以南700千米，尼罗河西岸岸边7千米，与卢克索等现代化城市隔河相望的一大片沙漠地带就是古代埃及都城底比斯的所在地。帝王谷（见图6-11）坐落于离底比斯遗址不远处的一片荒无人烟的石灰岩峡谷中。在断崖底下，就是古代埃及新王国时期（公元前1570年—前1090年）安葬法老的地点。几个世纪以来，法老们就在尼罗河西岸的这些峭壁上开凿墓室，用来安放他们显贵的遗体，同时这里还建有许多巨大的柱廊和神庙。这里曾经是一处雄伟的墓葬群，一共有60多座帝王陵墓，埋葬着埃及第17王朝到第20王朝的64位法老，其中有图特摩斯三世、阿蒙霍特普二世、塞提一世、拉美西斯二世等最著名的法老。在这些陵墓中最大的一座是第19王朝塞提一世之墓，从入口到最后的墓室，水平距离210米，垂直下降的距离是45米，巨大的岩石洞被挖成地下宫殿，墙壁和天花板布满壁画，装饰华丽，令人难以想象。墓穴入口往往开在半山腰，有细小通道通向墓穴深处，通道两壁的图案和象形文字至今仍十分清晰。

（3）红海旅游区　位于营口开发区红海办事处南部，北接月牙湾海滨，南临仙人岛旅游区，海岸线长3.47千米，该区域水清沙净，沙滩细软宽阔，沿岸植被保护较好，是一处环境优美独特的海滨。资源实体完整，基本保持原来形态与结构，具有较高的观赏游憩价值。现规划开发为以海滨为主的观光、度假、疗养、休闲娱乐旅游胜地。

【知识链接】

—“红海”名称的由来—

“红海”是从古希腊名演化而来的，意译即“红色的海洋”。此名称的来源，解释甚多。

其一是用海水的颜色来解释红海的名字。这种解释又分为三种观点：有的说红海里有许多色泽鲜艳的贝壳，因而使水色深红；有的认为红海近岸的浅海地带有大量黄红的珊瑚沙，使得海水变红；还有的说红海是世界上温度最高的海，适宜生物的繁衍，所以表层海水中大量繁殖着一种红色海藻，使得海水略呈红色，因而得名红海。

其二是认为红海两岸岩石的色泽是红海得名的原因。远古时代，由于交通工具和技术条件的制约，人们只能驾船在近岸航行。当时人们发现红海两岸特别是非洲沿岸，是一片绵延不断的红黄色岩壁，这些红黄色岩壁将太阳光反射到海上，使海上也红光闪烁，红海因此而得名（见图6-12）。

其三是将红海的得名与气候联系在一起。红海海面上常有来自非洲大沙漠的风，送来一股股炎热的气流和红黄色的尘雾，使天色变暗，而海呈暗红色，所以称为红海。

其四是古代西亚的许多民族用黑色表示北方，用红色表示南方，红海就是“南方的海”。

图6-11　帝王谷

图6-12　红海

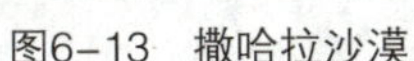
图6-13 撒哈拉沙漠

图6-14 盖贝依城堡

（4）阿斯旺　阿斯旺，埃及南部城市，是阿斯旺省首府，位于尼罗河东岸，人口约20万，是著名古城、旅游景点和贸易中心。阿斯旺是世界上最干燥的地方之一，自2006年5月13日以来，阿斯旺没有任何降水。在古埃及时期，阿斯旺被认为是埃及民族的发源地。它位于尼罗河第一瀑布以北，是埃及和努比亚之间的贸易重镇，据说其名是古埃及语“贸易”一词的对音。这里有古代耶勃城遗址和博物馆、植物园等名胜。

（5）撒哈拉沙漠　撒哈拉在阿拉伯语中本身就是沙漠的意思。撒哈拉沙漠（见图6-13）的总面积超过900万平方千米，大约相当于美国本土的面积。大约从公元前2500年开始，撒哈拉演变成了无边无际的沙海。很早就有人类在撒哈拉地区活动，目前散布在沙漠各地的岩画描绘有鳄鱼、水牛、大象、河马和犀牛等动物，表明这一地区原来有河流和树林。随着大面积的沙漠化，依靠马和骆驼为生的游牧部落逐渐成了撒哈拉的主人。

（6）盖贝依城堡　盖贝依城堡（见图6-14），也叫“玛姆路克苏丹城堡”，它建在世界第七大奇迹的原址上。公元15世纪埃及国王玛姆路克苏丹为了抵抗外来侵略，保卫埃及及其海岸线，下令在灯塔修建了一座城堡，盖贝依城堡就建在亚历山大灯塔的原址上。城堡为15世纪盖贝依苏丹时期建造，修建城堡时还利用了灯塔废墟中的一些石块，这可能是这座神奇建筑的最后痕迹了。城堡是一所典型的阿拉伯建筑，它的总体成四方形，但每个角都有一个圆柱形的炮楼，造型上既整体统一，又有多种变化。现在城堡对外开放，展出航海器具和航海史资料。亚历山大灯塔在距离海岸1千米的法罗斯岛东端，因此也称作法罗斯灯塔。从公元前305年，亚历山大城逐渐成为东西贸易集散地和地中海的重要港口，船只往来频繁，但港口附近地形险恶。亚历山大大帝的部下占领埃及后，下令建造一座灯塔。希腊著名建筑师索斯特拉特奉命设计，花了20年时间，于公元前270年建成。

【课后习题】

1. 课后查阅，公元前3000年埃及金字塔是如何修建而成？
2. 设计一条摄影爱好者在埃及的10天旅游路线。

南非

一、国家概况

1. 位置、领土和地形

南非位于非洲大陆最南端，北邻纳米比亚、博茨瓦纳、津巴布韦、莫桑比克和斯威士兰，东、西、南三面濒临印度洋和大西洋，另被莱索托为南非领土所包围。地处两大洋间的航运要冲，其西南端的好望角航线历来是世界上最繁忙的海上通道之一，有“西方海上生命线”之称。国土面积约122万平方千米。全境大部分为海拔600米以上的高原。德拉肯斯山脉绵亘东南，卡斯金峰高达3660米，为全国最高点；西北部为沙漠，是卡拉哈里盆地的一部分；北部、中部和西南部为高原；沿海是狭窄的平原。奥兰治河和林波波河为两大主要河流。

2. 气候

大部分地区属热带草原气候，东部沿海为热带季风气候，南部沿海为地中海式气候。全境气候分为春、夏、秋、冬4季。12月至次年2月为夏季，最高气温可达32～38℃；6月至8月是冬季，最低气温为-12℃～-10℃。全年降水量由东部的1000毫米逐渐减少到西部的60毫米，平均降水量为450毫米。首都比勒陀利亚的年平均气温17℃。

3. 资源

南非自然资源丰富，是世界五大矿产国之一。黄金、铂族金属、锰、钒、铬、钛和铝硅酸盐的储量居世界第一位，蛭石、锆、钛、氟石居第二位，磷酸盐居世界第三位，锑、铀居世界第四位，煤、钻石、铅居世界第五位。南非是世界上最大的黄金生产国和出口国，黄金出口额占全部对外出口额的三分之一，因此又被誉为“黄金之国”。

4. 民族人口

南非人口约5318万（2014年）万，主要由黑人、白人、有色人和亚裔四大种族构成。在全国总人口中，黑人占79.2%，白人占8.7%，亚裔人占2.5%，其他人口占9.6%。黑人主要有祖鲁、科萨、斯威士、茨瓦纳、北索托、南索托、聪加、文达、恩德贝莱9个部族，主要使用班图语。白人主要是荷兰血统的阿非利卡人和英国血统的白人，语言为阿非利卡语和英语。有色人是殖民时期白人、土著人和奴隶的混血人后裔，主要使用阿非利卡语。亚洲人主要是印度人和华人。有11种官方语言，英语和阿非利卡语（南非荷兰语）为其通用语言。

居民主要信奉基督教新教、天主教、伊斯兰教和原始宗教。

5. 简史

最早的土著居民是桑人、科伊人及后来南迁的班图人。1652年荷兰人开始入侵，对当地黑人发动多次殖民战争。19世纪初英国开始入侵，1806年夺占“开普殖民地”，荷裔布尔人被迫向内地迁徙，并于1852年和1854年先后建立了“奥兰治自由邦”和“德兰士瓦共和国”。1867年和1886年南非发现钻石和黄金后，大批欧洲移民蜂拥而至。英国人通过“英布战争”（1899年—1902年），吞并了“奥兰治自由邦”和德兰士瓦共和国。1910年5月，英国将开普省、德兰士瓦省、纳塔尔省和奥兰治自由邦合并成“南非联邦”，成为英国的自治领地。1961年5月31日，南非退出英联邦，成立了南非共和国。

二、政治经济

1. 政治

全称：南非共和国。

行政区：全国分为9个省：东开普省、西开普省、北开普省、夸祖鲁 / 纳塔尔省、自由省、西北省、姆普马兰加省、豪登省和林波波省。

议会：实行两院制，分为国民议会和全国省级事务委员会（简称省务院），任期均为5年。

首都：南非是世界上唯一同时拥有三个首都的国家：行政首都比勒陀利亚是南非中央政府所在地；立法首都开普敦是南非国会所在地，是全国第二大城市和重要港口，位于西南端，为重要的国际海运航道交汇点；司法首都布隆方丹为全国司法机构的所在地。

国旗：1994年3月15日南非多党过渡行政委员会批准了新国旗。新国旗呈长方形，长与宽之比约为3∶2，由黑、黄、绿、红、白、蓝六色的几何图案构成，象征种族和解、民族团结（见图6–15）。

图6–15　南非国旗

图6-16　南非国徽

图6-17　帝王花

国徽：太阳象征光明的前程；展翅的鹭鹰是上帝的代表，象征防卫的力量；万花筒般的图案象征美丽的国土、非洲的复兴以南非国徽及力量的集合；取代鹭鹰双脚平放的长矛与圆头棒象征和平以及国防和主权；鼓状的盾徽象征富足和防卫精神；盾上取自闻名的石刻艺术的人物图案象征团结；麦穗象征富饶、成长、发展的潜力、人民的温饱以及农业特征；象牙象征智慧、力量、温和与永恒；两侧象牙之间的文字是“多元民族团结”（见图6-16）。

国歌：1995年5月，南非正式通过新的国歌，新国歌的歌词用祖鲁、哲豪萨、苏托、英语和南非荷兰语5种语言写成，包括原国歌《上帝保佑非洲》的祈祷词，全歌长1分35秒，并以原国歌《南非之声》雄壮的高音曲调作结尾。原国歌名为《上帝保佑非洲》，1994年3月15日批准。歌曲由黑人牧师诺克·桑汤加于1897年谱写，1912年首次在南非土著人国民大会上作为黑人民族主义赞歌唱出来，深受广大非洲黑人欢迎。

国花：帝王花（见图6-17）。灌木，又名菩提花，俗称“木百合花”或“龙眼花”。

国石：钻石。

2. 经济

南非属于中等收入的发展中国家，也是非洲经济最发达的国家，其国内生产总值占非洲国内生产总值的20%左右。矿业、制造业、农业和服务业是南非经济四大支柱，深井采矿等技术居世界领先地位。南非的制造业门类齐全，技术先进，主要包括钢铁、金属制品、化工、运输设备、食品加工、纺织、服装等。制造业产值占国内生产总值的近五分之一。南非的电力工业较发达，拥有世界上最大的干冷发电站，发电量占全非洲的三分之二。

工业：制造业、建筑业、能源业和矿业是南非工业四大部门。制造业门类齐全，技术先进，产值约占国内生产总值的16%主要产品有钢铁、金属制品、化工、运输设备、机器制造、食品加工、纺织、服装等。钢铁工业是南非制造业的支柱，拥有六大钢铁联合公司、130多家钢铁企业。南非已成为世界最大的黄金生产国和出口国。电力工业较发达，发电量占全非洲的60%。制造业门类齐全，技术先进，产值约占国内生产总值的16%。

农业：南非的农业也较发达，产值约占国内生产总值的3%。可耕地约占土地面积的13%，但适于耕种的高产土地仅占可耕地的22%。农业、林业、渔业就业人数约占人口的7%，其产品出口收入占非矿业出口收入的15%。农业生产受气候变化影响明显。主要农作物有：玉米、小麦、甘蔗、大麦等，蔗糖出口量居世界前列。农林渔业占国内生产总值的5%，在国民经济中作用不断减小。

旅游业：旅游业是当前南非发展最快的行业之一，产值约占国内生产总值的8%，从业人员达120万人。南非旅游资源丰富，设施完善。有700多家大饭店，2800多家大小宾馆、旅馆及10000多家饭馆。旅游点主要集中于东北部和东、南沿海地区。生态旅游与民俗旅游是南非旅游业两大最主要的增长点。2013年到南非旅游的外国游客达2025万人次。旅游业是南非第三大外汇收入和就业部门。

人民生活：南非属中等收入国家，但贫富悬殊。三分之二的国民收入集中在占总人口20%的富人手中。1994年以来南非政府先后推出多项社会、经济发展计划，通过建造住房、水、电等设施和提供基础医疗保健服务改善贫困黑人生活条件。1997年制定“社会保障白皮书”，把扶贫和对老、残、幼的扶助列为社会福利重点。

三、科技教育

1. 教育

南非教育资源分布不平衡，全国大部分教育资源集中在西开普省和豪登省等经济较为发达的地区，而东开普省等地区及农村地区教育力量依然十分落后。

因长期实行种族隔离的教育制度，黑人受教育机会远远低于白人。1995年1月，南非正式实施7~16岁儿童免费义务教育，并废除了种族隔离时代的教科书。

政府不断加大对教育的投入，着力对教学课程设置、教育资金筹措体系和高等教育体制进行改革。学制分为学前、小学、中学、大学、研究生 5 个阶段。

著名的大学有：金山大学、比勒陀利亚大学、南非大学、开普敦大学、祖鲁兰大学等。

为体现种族平等，南非有11种官方语言。然而，多种官方语言的存在成为南非普及教育的一大障碍。为解决这一问题，2011年起推行教育制度改革，南非将在小学教育的前 3 年普及英语教育。

2. 科技

生物科技：南非政府在转基因作物、生物燃料、生物制药和保护生物多样性等方面的科研领域积极投入，鼓励创新，使得生物技术的研究卓有成效，为南非农业生物技术的实际应用创造了有利条件。

南非转基因作物发展迅速。南非是非洲第一个引入转基因农作物并允许其商业化种植的国家。由于种植转基因农作物需要的投入少、产量高，且比传统品种容易种植，南非农民对转基因农作物持积极的态度，南非政府对转基因作物更是积极鼓励和大力扶持。为保障生物技术的发展，南非先后颁布了《转基因生物法》《南非生物技术战略》《生物技术公众理解计划》《生物多样性法》等法规和政策文件。同时，南非还加紧与南部非洲其他国家合作，努力推动生物技术的地区合作。

太空科技：南非最早的天文研究始于1685年，当时在西开普省设立了一座临时天文台。1820年，开普敦附近设立了永久性的天文台。

1999年，南非自行研制的第一颗卫星由美国火箭送入太空，再次唤起了南非人发展航天技术的热情。2009年，南非自行研制的第二颗卫星进入太空。

四、民俗文化

1. 南非主要节日

南非的节日除新年，劳动节等世界公认法定假日外，更多的是倡导自由宣传人权的具有历史意义的纪念日更被人们所熟知，下面主要介绍几个具有代表性的南非节日。

人权日——3月21日

1960年3月21日，黑人掀起了一阵抗议行动，但是很多黑人都没有通行证，因此遭到警方的袭击，很多人因此丧命，后来，人们为了纪念死去的人，也为了纪念这天奋起反抗运动的兴起，便将这一天作为南非的人权日。

自由日——4月27日

每个民族都有自己独特的庆祝方式，来纪念南非的自由日，在1994年的4月27日，南非历史上首部表达种族平等的宪法正式运行，所以，人们将这一天记为南非的自由日，也就是南非的国庆日。

2. 南非社会风俗

（1）南非的礼仪　南非位于非洲大陆的最南端。英语和南非荷兰语同为官方语言。

由于长久以来种族原因，南非社交礼仪可以概括为"黑白分明""英式为主"。所谓"黑白分明"是指：受到种族、宗教、习俗的制约，南非的黑人和白人所遵从的社交礼仪不同；"英式为主"是指：在很长的一段历史时期内，白人掌握南非政权，白人的社交礼仪特别是英式社交礼仪广泛流行于南非社会。

目前，在社交场合，南非人所采用的普遍见面礼节是握手礼，他们对交往对象的称呼主要是"先生""小姐"或"夫人"。在黑人部族中，尤其是广大农村，南非黑人往往会表现出和社会主流不同的风格。比如，他们习惯以鸵鸟毛或孔雀毛赠给贵宾，客人得体的做法就是把这些珍贵的羽毛插在自己的帽子上或头发上。

（2）习俗禁忌　信仰基督教的南非人，忌讳数字"13"和"星期五"；南非黑人非常敬仰自己的祖先，他们特别忌讳外人对自己的祖先言行失敬。跟南非人交谈，如下四个话题不宜涉及：

①不要为白人评功摆好；

②不要评论不同黑人部族或派别之间的关系及矛盾；

③不要非议黑人的古老习惯；

④不要为对方生了男孩表示祝贺。

（3）餐饮文化　南非当地白人平日以吃西餐为主，经常吃牛肉、鸡肉、鸡蛋和面包，爱喝咖啡与红茶；南非黑人喜欢吃牛肉、羊肉，主食是玉米、薯类、豆类。不喜生食，爱吃熟食。

南非著名的饮料是如宝茶。在南非黑人家做客，主人一般送上刚挤出的牛奶或羊奶，有时是自制的啤酒。客人一定要多喝，最好一饮而尽。

【知识链接】

— 南非奇特的爱情 —

南非布须曼人以臀肥为美。布须曼人与其他非洲人有明显的区别，身材矮小，但比俾格米人略高一些，成年人身高1.2米左右，皮肤呈黄色或黄褐色。并自幼就出现皱纹，头发黑而稀疏，卷成胡椒子状。面部扁平，颧骨突出，鼻子较宽较扁，前额突出，眼窄，没有耳垂。他们与众不同的是，脊椎骨的下部通常向前形成弯曲形向外突出，因而显得臀部特别大，尤其是布须曼妇女，臀部和大腿特别粗，形成一种特殊的肥臀，布须曼人以臀肥为美，以至青年男子在择偶时一个很重要的条件就是看姑娘臀部到底有多大，形成了南非布须曼人独特的审美观。

（4）服饰特色　在城市之中，南非人的穿着打扮基本西化了。大凡正式场合，他们都讲究着装端庄、严谨。因此进行官方交往或商务交往时，最好穿样式保守、色彩偏深的套装或群装，不然就会被对方视做失礼。另外，南非黑人通常还有穿着本民族服装的习惯。不同部族的黑人，在着装上往往会有自己不同的特色。

例如，有的部族，喜欢用兽皮做成斗篷，将自己从头到脚遮在里面。有些部族，则喜欢上身赤裸，仅在腰间围上一块腰布。黑人妇女的打扮，往往也会表现得有别于常规。例如，有的部族中，妇女的门牙必须拔掉。在该部族的人看来，这是一种美。只有如此，才不至于在微笑或用餐时露出牙齿；在另外一些部族，已婚妇女通常比未婚妇女佩戴的首饰要少得多。据说，这种做法有助于使其表现出对自己丈夫的忠贞。

（5）民俗风情

上身裸露成为未婚女孩的习俗：非洲祖鲁族女孩上身露裸是习俗，各民族都有自己的生活习惯，南非祖鲁族女人特别是结婚前按传统习俗是不着上装的，下身也只是用动物的皮制成很小片稍稍遮盖一下。祖鲁族人现在还是实行一夫多妻制。在祖鲁族的风俗中，只有是处女才有资格赤裸上身，其他已婚的、或者不是处女的女人，都没有这样的权利。上身赤裸成为非洲祖鲁民族的习俗时，我们见到他们就不必大惊小怪。

婚丧习俗：南非祖鲁族的姑娘一旦出嫁，就永远属于丈夫的家族。如果丈夫不幸去世，亡夫的弟弟便要娶嫂为妻，故称为“转房婚”。

该族少女如果婚前怀孕，致使其怀孕的男方不仅要被该族酋长罚款，还要送给女方父亲一头阉牛。待私生子落地，女方的父母便要诵经祈祷，求得祖先对婴孩的保护。最后，由女方父母收婴孩为养子，而亲生的母亲只能做孩子的“姐姐”。

南非的布须曼人葬俗独特。治丧时，亲属将死者侧放，使尸体呈卧眠状，葬于住房附近，并在墓上堆起石头。亲属迁居别处，两年内不得返归。

建筑特色：南非的建筑文化是欧非亚建筑的大熔炉，有壮丽的英国维多利亚式的建筑、典雅的荷兰开普式建筑、回教清真寺及现代化的高楼大厦。南非的剧院、博物馆、艺术馆和土著村落以及早期移民时期的欧式房屋都反映了它深厚的文化积淀。首都比勒陀利亚著名的教堂大街全长18. 64千米，为世界上最长的街道之一；约翰内斯堡市金光闪闪的街道价值连城。据说

100多年前，这个市修建街道时，铺路用的沙子是从开发金矿的废石场运来的，沙子含金量很高，如果用现代的技术工艺将这批金沙加工提炼，可以收回黄金1千吨。农村的住房条件也相当不错，有砖瓦房，也有两三层的楼房。黑人非常喜欢装饰自己的庭院，房屋大多用白灰抹墙，墙上用赭石粉作颜料画上色彩斑斓的壁画，构成一个“艺术画廊”。

其他：当地人为人处世率真，因此在与南非人交谈时，过分地委婉或兜圈子，都是不受欢迎的。

在许多黑人部族里，妇女的地位十分低下，绝对禁止妇女接近火堆、牲口棚等神圣宝地。

祖鲁族人重女轻男，妇女生男孩则会降低其在家庭中的地位。

五、旅游资源

1. 最佳旅游时间

9～11月最佳，这时天气良好，气温适宜，适宜观察野生动物。

2. 美食小吃

南非具有浓郁风情的非洲美食（见图6-18，图6-19）。南非的美食“重镇”是开普敦，是南非美食的发源地，长久以来，深受东西方以及非洲饮食文化的影响，形成了自己独特的美食文化。许多来南非的游客都为这里美味菜肴的繁多所折服。

“物有所值”这是现代南非菜肴的一个显著特点。在南非享用美食，花费只需要在其他任何地方所需的三成费用。开普葡萄酒物美价廉，极其受欢迎。同样，还有海鲜，如贻贝、牡蛎、鲍鱼、螃蟹和小龙虾，仅仅是南非的五花牛肉和美味的卡鲁羊，就值得你前来一游。

玉米粥

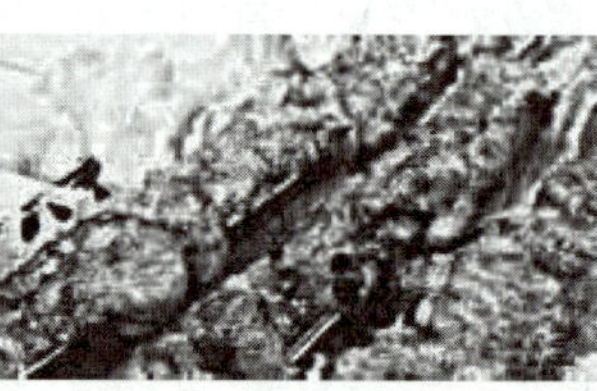
鸵鸟炖肉

鲍鱼

炸鸡

图6-18　南非美食（1）

玉米粥：玉米一直是非洲人的饮食基础。非洲人或把它们用火烤，或碾成细粉，以烹制他们所喜爱的玉米粥。在早餐时喝玉米粥，佐以酸奶、糖或醮有西红柿和洋葱汁的肉，那真是天下的美味。

鸵鸟炖肉：南非的厨师们无疑在倾力而为，满足世间一流美食家的口味。人的一生中并不是总有机会可以品尝到鳄鱼肉、跳羚肉或者鸵鸟肉。所以，如果有机会在南非旅游最好还是利用这个机会在南非品尝一下。

南非鲍鱼：在南非你可以买到上等的鲍鱼，且价格便宜，个头很大。

Nando’s炸鸡：这是一种真正健康、美味的快餐食品。这种葡萄牙和南非混合式的炸鸡在葡萄牙、澳大利亚和新西兰等地有很多，Nando’s特许经营店也遍地都是。有机会，你必须尝尝这种炸鸡——它是南非饮食文化的代表。它使用一种由辣椒、大蒜、鲜柠檬汁、香草和胡椒制成的调料，经过烹制，绵软无味鸡肉。

卡鲁小羔羊肉： 南非的卡鲁小羔羊以香草和灌木为食，所以它们的肉有一种特殊的香味。无论是煎、炒、烹、炸，都会给你不一样的味道。

猴腺肉： 吃起来味道比听起来要好得多。它起源于一个玩笑，此后便顽强地留存了下来。

岬羽鼬： 世界上没有哪个国家像南非这样消费如此多的岬羽鼬（又被称为冈鳗，在南半球的其他地区也被称为鳕鱼或石鳕鱼）。这种鱼肉质结实，有着漂亮的鳞，能很好地吸收香味，是一道佐酒的好菜。

咖喱角： 这种三角形的开胃饼是印度、南非人对世界饮食的贡献。当地人称其Samoosas咖喱角。馅既可以是辣椒末儿，也可以是多种蔬菜的混合物。

大龙虾： 对于注重健康的海鲜爱好者来说，清澈的水质和交汇于此的两大洋为他们提供了众多的选择。南非的大龙虾个大，味道非常鲜美。

烤肉： 全世界都有，可是南非的烤肉绝对能让你的味蕾放开，感受到原来肉可以如此鲜嫩。轻轻的咬一口，汁液流下来，恨不得再来一口。所以来到南非一定要尝尝烤肉，绝对让你流连忘返。

卡鲁小羔羊肉　猴腺肉　大龙虾

Samoosas咖喱角　岬羽鼬　烤肉

图6-19　南非美食（2）

3. 旅游城市及景点

（1）比勒陀利亚　比勒陀利亚是南非行政首都，位于东北部高原的马加莱斯堡山谷地，跨林波波河支流阿皮斯河两岸。海拔1300米以上，年平均气温为17℃。比勒陀利亚建于1855年，以布尔人领袖比勒陀利乌斯名字命名，其子马尔锡劳斯是比勒陀利亚城的创建者，市内立有他们父子的塑像。1860年，它是布尔人建立的德兰士瓦共和国的首都。1900年，被英国占领。

1910年起，成为白人种族主义者统治的南非联邦（1961年改为南非共和国）的行政首府。比勒陀利亚的风光秀美，有“花园城”之称，街道两旁种植紫葳，又称“紫葳城”。每年10～11月，百花盛开，全城举行节日庆祝，时达1周。

玛格诺莉娅公园： 以木莲花出名的景色优美的公园（见图6-20），位于威尔赫蜜娜皇后街。在每个月第一个和最后一个周末有艺术展览举办，看中的作品可以现场购买。

比勒陀利亚美术馆： 位于南非的比勒陀利亚，馆内收藏有很多南非和其他国家的珍贵艺术品。馆内还有图书馆，有不定期的艺术讲座、各国影片介绍及其他艺术活动。

比勒陀利亚动物园： 位于南非行政首都比勒陀利亚市，是世界上最大的动物园之一，园内的动物超过3500种。占地面积85公顷，始建于1899年，1916年上升为国家动物园，是世界最大的动物园之一。游客可乘缆车到达，岛笼兽上方的瞭望台。动物园前方有一片街头市场，贩卖木刻、篮筐、石刻等。

（2）开普敦　南非第二大城市，南非立法首都，西开普省省会，是开普敦都会城区的组成部分。开普敦以其美丽的自然景观及码头而闻名于世，知名的地标有被誉为“上帝之餐桌”的桌山以及印度洋和大西洋的交汇点——好望角。因其美丽的自然及地理环境，开普敦被称为世界最美丽的城市之一，也成为南非其中一处旅游胜地。

开普敦位于好望角北端的狭长地带，濒大西洋特布尔湾。始建于1652年，原为东印度公司供应站驻地，是西欧殖民者最早在南部非洲建立的据点，故有“南非诸城之母”之称，长期是荷兰、英国殖民者向非洲内陆扩张的基地。现为立法机关所在地。

开普敦拥有南非第二繁忙的机场开普敦国际机场，是世界旅客到南非的主要渠道之一。

开普敦是欧裔白人在南非建立的第一座城市，这座南非白人心中的母城三百余年来数度易主，历经荷、英、德、法等欧洲诸国的统治及殖民，虽然地处非洲，但却充满多元欧洲殖民地文化色彩。开普敦集欧洲和非洲人文、自然景观特色于一身，因此名列世界最美丽的都市之一，也是南非最受欢迎的观光都市。

海豹岛： 本名德克岛，又译杜克岛，是一座位于豪特湾的礁石小岛（见图6-21），距海岸只有几百米，因岛上为数众多的海豹与海鸥而闻名，是开普敦半岛著名的游览胜地之一。小岛方圆几千平方米，全是光秃秃的石头，岛上或站或趴地挤满了海豹，黑压压的一片。据说这里的海豹有几千只，为了保护这些动物，游客只能远观海豹而不能登上海豹岛。码头有专用游艇带游客前往观赏，在离岛很近的地方缓慢绕行，让游客近距离观赏海豹们捕食、嬉水、栖息的情景。

图6-20　玛格诺莉娅公园

图6-21　海豹岛

企鹅滩：1982年，西蒙镇渔民在这里发现了最初的两对企鹅，在当地居民的自发保护下，经过20多年的繁衍，企鹅的数量已发展超过了3000只。海湾附近丰富的海产品——沙丁鱼和凤尾鱼，给企鹅提供了充足的营养，加上当地政府和动物保护组织的大力保护，使南非企鹅得以大量增加，如今它已成为南非著名的旅游景点。来到企鹅海滩（见图6-22），可以看见成群的企鹅在海水中冲浪、戏水、觅食或是在沙滩上享受阳光。和澳洲的企鹅比起来，南非企鹅可谓是生活在天堂里，它们不用起早贪黑游出整个海湾以求填饱肚子。南非企鹅饿了就游到海里转一圈觅食。冷了，就在银白色的沙滩上晒太阳。

人们用木板搭建了一条长长的走廊，深入到企鹅们栖息的海滩上，游客可以游走于企鹅群中，近距离地观赏企鹅。

好望角：开普敦的地标，也是世界闻名的旅游景点。甚至开普敦因好望角而建城，CapeTown的名字也由好望角而来。

好望角（见图6-23）正位于大西洋和印度洋的汇合处，即非洲南非共和国南部。强劲的西风急流掀起的惊涛骇浪常年不断，这里除风暴为害外，还常常有“杀人浪”出现。这种海浪前部犹如悬崖峭壁，后部则像缓缓的山坡，波高一般有15～20米，在冬季频繁出现，还不时加上极地风引起的旋转浪，当这两种海浪叠加在一起时，海况就更加恶劣。而且，这里还有一股很强的沿岸流，当浪与流相遇时，整个海面如同开锅似的翻滚，航行到这里的船舶往往遭难。因此，这里成为世界上最危险的航海地段。

图6-22　企鹅滩

图6-23　好望角

阿古拉斯角：与大多数人的地理概念不同，非洲真正的最南端不是好望角，而是距好望角约200千米的阿古拉斯角（见图6-24），印度洋与大西洋的地理分界线也在这里。

“阿古拉斯”是罗盘针的意思。据说在这里，航海家发现罗盘针不偏不倚指向正北方，于是知道这就是非洲大陆的最南端了。

阿古拉斯是一座安静的小镇，造型各异的两层住宅错落地掩映在树丛中，只有一条直通灯塔的主要街道。因为有了阿古拉斯角，小镇上才不时有游客来访，也才有了家庭旅馆、纪念品商店。

图6-24　阿古拉斯角

这里有一块铜牌分别用英语、葡萄牙语和南非文字写着："这里是非洲大陆的最南端，大西洋和印度洋的分界线"，并刻着经纬度及印度洋和大西洋的名字，供游客留影。

（3）太阳城　在太阳城最不够用的是眼睛，最不够花的是时间，来奢华的皇宫大酒店和匹兰斯堡国家公园呼吸清新空气是绝佳的选择。

太阳城位于南非第一大城约翰内斯堡的西北方187千米处。事实上，它是位于南非与博茨瓦纳的边境上。当年，南非种族隔离主义，将这块边境土地列为"不管地带"，同意在此地可以进行"非正常性"的娱乐活动（只设赌博场所）。

在南非，太阳城就是娱乐、美食、赌博、舒适、浪漫和惊奇的集合体，很少人能摆脱它的迷人魅力。尤其是太阳城内的失落城，是个耗资8.3亿兰德所打造出来的娱乐城，有处令人屏息的人造森林，动感十足的人工海浪游泳池、城内的皇宫饭店，以金碧辉煌和尊贵舒适等特色，名列世界十大饭店之列。

露天剧场：作为罗马式的古代城市，圆形露天剧场必不可少，失落城的设计者也没有忘记这一点，特意在皇宫酒店和波涛谷之间的山腰平台上建造了一座剧场。为了表现被地震摧毁的情形，失落城的露天剧场刻意营造出荒凉衰颓的气氛，（见图6-25）断裂的圆柱滚落在草丛中，门廊上爬满藤蔓。但仔细观察，那些看似随意丢弃的巨石都满布精美的花纹，体现出建造者对细节完美的追求。失落城罗马剧场作为正式演出场所，可以容纳800名观众。有时也可租借举办篝火晚会等活动。

时光之桥：时光之桥长约100米，是一座人行桥，连接着娱乐中心和波涛谷。时光之桥模拟失落之城的入城大桥，一端是大山，岩壁上雕凿出雄狮、大象、猴子等形象；另一端是两扇城门，在地震的威力和岁月的侵蚀下显得残破不堪。桥两边六对大象威严肃立，更显示出非洲特点。每到整点，时光之桥上都会烟雾弥漫，巨大的轰鸣伴随着一阵阵颤抖，仿佛地震又再次爆发。

波涛谷：是失落城中最重要的主题乐园，由娱乐中心经过时光之桥，或由皇宫酒店下台阶经过罗马剧场都能到达。波涛谷的中心是占地6500平方米的波涛泳池，泳池周围以棕榈树、沙滩、草顶凉亭和躺椅营造出一派热带海滨风光（见图6-26）。液压造波系统可以平均90秒制造出一次1.8米高的大浪，还能在无浪状态下在水面制造出奇妙的钻石花纹。如果仅仅是日光浴和冲浪还不够刺激，你还可以试试水滑梯。水上乐园共有五处水滑梯，其中最为惊险的是勇

图6-25　露天剧场

气神庙，滑梯全长70米，其中有17米的管道几乎与地面垂直。懒人河是较为悠闲的项目，游客可以坐在救生圈上顺流漂荡，时而漂过小桥，时而潜入地下，还可以随时登陆民俗村休息一下。

（4）克鲁格国家公园　克鲁格国家公园（见图6–27）是南非最大的野生动物园。位于德兰士瓦省东北部，勒邦博山脉以西地区。毗邻津巴布韦、莫桑比克两国边境。公园长约320千米，宽64千米，占地约2万平方千米。园中一望无际的旷野上，分布着众多的大象、狮子、犀牛、羚羊、长颈鹿、野水牛、斑马、鳄鱼、河马、豹、猎豹、牛羚、黑斑羚、鸟类等异兽珍禽。公园内的植物有非洲独特的、高大的猴面包树。每年6～9月的旱季，是入园观览旅行的最好季节，年均游客量25万人次以上。

（5）德班　非洲最佳管理城市，著名的国际会议之都。这里有四季如春的气候和迷人的海滩，这里是帆船、冲浪和潜水运动爱好者以及钓鱼爱好者的天堂。

德班（见图6–28）拥有怡人的亚热带气候，一年四季阳光普照。这里有众多美丽的公园和秀美的自然景观，包括：伯利亚山脚下的植物园、景色优美的米切尔公园、乌姆吉尼河南岸的乌姆吉尼鸟类公园，还有KZN管辖下的几个野生公园。其中，斯坦岸、乌姆琅加、海岸红树森林和科兰特克洛夫自然保护区，不仅可以游览还可以进行野餐。

各类运动项目应有尽有。高尔夫乐园——德班乡村俱乐部，紧邻其会员俱乐部——海滩森林。德班皇家高尔夫球场被格雷镇蕾丝高尔夫球场环抱着，这里不仅提供比赛设施，同时也欢迎来访的其他高尔夫兄弟会。此外，悬挂式滑翔等刺激的空中运动在乌姆琅加北部的拜利特地区也十分盛行。

纳塔耳鲨鱼船全周向游客开放，游客可乘船去看鲨鱼，周末还可以去看海豚和鲸鱼。KZN

图6–26　波涛谷

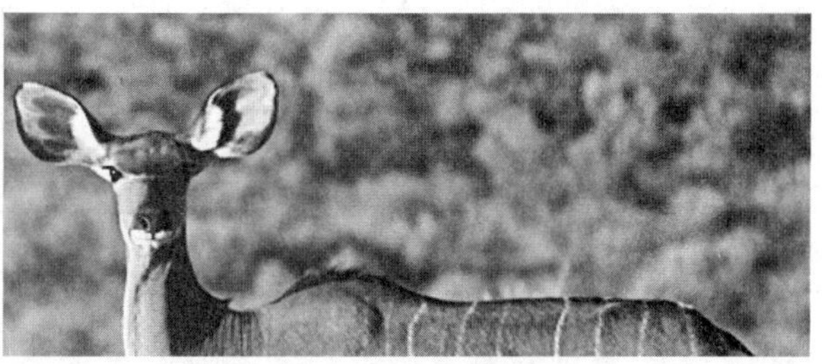

图6–27　克鲁格国家公园

图6–28　德班

著名的沙丁鱼群是冬季里一大景观，吸引了大批渔民和游客前来海边观看这一壮观景象。

图6-29　布隆方丹

（6）布隆方丹　南非的司法首都，奥兰治自然邦首府。布隆方丹一词，原意为“花之根源”。（见图6-29）人们的生活悠然自得。这座城市有许多公园，最令人着迷的是占地120公顷、位于市中心，种植着超过4000丛玫瑰花的国王公园，这里每年都会举办盛大的玫瑰节活动，所以布隆方丹也有“玫瑰之城”的美誉；在军舰山公园里，游人可以饱览整个城市的优美风景；布隆方丹动物园则是一座世界级的动物园，建于1906 年，以各种灵长类动物闻名；著名的斯瓦特总统公园和洛根湖滨水区也是非常受游客欢迎的景点。这里天气晴朗，为观测天文现象提供优越条件，美国密执安大学在城郊的纳瓦尔山上建有拉蒙特-胡塞天文台；哈佛大学也曾在城东24千米的马泽尔斯普特建有波伊登观测站。附近的富兰克林野生动物保护地，是南非的旅游胜地之一。布隆方丹位于中部高原，为全国的地理中心，四周有小丘环绕，夏热，冬寒有霜。它最初为一堡垒，1846年正式建城，现为重要交通枢纽。

（7）约翰内斯堡　约翰内斯堡是南非最大的城市。始建于1886年，原是一个探矿站，以后随金矿的发现和开采迅速发展为城市。地处世界最大金矿区和南非经济中枢区的中心，附近绵延240千米地带内有60多处金矿，周围还有众多工矿业城市，约占南非工业总产值一半。

约翰内斯堡动物园：约翰内斯堡动物园（见图6-30）拥有3000种以上的哺乳动物、鸟类和爬虫类。狮子、大象、长颈鹿，以及大型猿类的围场四周只有壕沟划分，完全没有铁栏杆，因此大受游客欢迎。另外新设计的北极熊栖息地，以及大鸟笼（人可在里面来回走动）也同样受到游客的青睐。

位于约翰内斯堡地方的米德兰德有座特兰斯瓦蛇园，园里展出各式各样的非洲蛇，布景相当吸引人。一天两次，专为游客表演如何抽取世上最毒毒蛇的毒液。

黄金城：黄金城（见图6-31）在约堡南部，是在金矿旧址上建立的主题公园，也是约翰内

图6-30　约翰内斯堡动物园

图6-31　黄金城

斯堡最出名的旅游点。园黄金城内逼真地重现了18世纪后期到19世纪初期淘金热潮时黄金城的建筑，反映了当时繁荣的银行、邮局、警察局、餐厅、酒吧等。乘着喷着蒸汽缓缓行进的老式火车，游览着这些古老建筑，游客仿佛回到了18世纪。黄金城的矿井曾挖到地下3200米深处，现在游客最多可下到地下220米处参观当时开采黄金的实际作业状况，还可以参观黄金的实际融解和浇铸金币的过程。

约翰内斯堡的黄金城，曾开采过无数黄金，由于当年金价大跌，被迫倒闭，现在已成为一个游乐场式的黄金博物馆，只作为工业旅游景点。这是按照当年淘金热潮时代的市镇面貌的重建体，里面有一个很大的矿区，现已停用。

【课后习题】

1. 试为汽车销售公司策划一份120人的南非奖励旅游方案，要求2000字以上。
2. 课后阅读，南非被称为“黄金王国”，试阐述南非的黄金管理方式和政策。

参考文献

1．赵利民．旅游客源国概况［M］．东北财经大学出版社，2009．

2．何丽芳．中国旅游客源国概况［M］．长沙：湖南大学出版社，2010．

3．王兴斌．中国旅游客源国概况（第6版）［M］．北京：旅游教育出版社，2013．

4．尹德涛．世界旅游地理［M］．天津：南开大学出版社，2007．

5．孙克勤．世界旅游地理［M］．北京：旅游教育出版社2011．

6．张爱国，李铁．图说世界地理文化［M］．吉林：吉林人民出版社，2008．